高职高专机电类专业系列教材

工程材料及成形工艺基础

主　编　李　辉　尹甜甜

副主编　李小红　王春光

西安电子科技大学出版社

内 容 简 介

本书主要介绍了当前机械制造常用工程材料的性能、组织、改性方法、种类以及毛坯铸锻焊成形技术，并融入了课程思政，精简了深奥的理论和烦冗的工艺细节，保留了必要的原理和工艺技术。

本书主要内容分为工程材料篇、毛坯成形篇和综合应用篇。工程材料篇包括金属材料的性能、金属的结构与组织、钢的热处理、金属材料和其他工程材料共 5 个项目；毛坯成形篇包括铸造成形、锻压加工、焊接成形共 3 个项目；综合应用篇介绍机械零件材料及毛坯制造工艺的选择。各项目以“技能目标—思政目标—知识链接—技能训练—项目小节”为主线，旨在实现课程理论教学与实践一体化。

本书可作为高等职业院校机械类和近机械类专业的教材，也可供有关工程技术人员参考。

图书在版编目(CIP)数据

工程材料及成形工艺基础 / 李辉，尹甜甜主编. —西安：西安电子科技大学出版社，2023.1
ISBN 978-7-5606-6701-0

Ⅰ. ①工…　Ⅱ. ①李…　②尹…　Ⅲ. ①工程材料—成型—工艺—高等职业教育—教材
Ⅳ. ①TB3

中国版本图书馆 CIP 数据核字(2022)第 224168 号

策　　划　秦志峰
责任编辑　许青青
出版发行　西安电子科技大学出版社(西安市太白南路 2 号)
电　　话　(029)88202421　88201467　　　邮　　编　710071
网　　址　www.xduph.com　　　电子邮箱　xdupfxb001@163.com
经　　销　新华书店
印刷单位　陕西博文印务有限责任公司
版　　次　2023 年 1 月第 1 版　2023 年 1 月第 1 次印刷
开　　本　787 毫米×1092 毫米　1/16　印 张　16
字　　数　377 千字
印　　数　1～2000 册
定　　价　43.00 元
ISBN 978-7-5606-6701-0 / TB
XDUP　7003001-1

前　言

材料是人类文明的物质基础。人类历史的石器时代、青铜器时代和铁器时代就是按在生产活动中起主要作用的工具材料来划分的，可见材料的发展对社会的进步起着极为重要的作用。工程材料及成形工艺基础是机械类和近机械类专业的一门重要的专业基础课，主要内容包括当前机械制造中工程材料的性能、组织、改性方法、种类和毛坯铸锻焊成形技术。

本书是编者在总结多年教学实践经验的基础上结合国家高等职业教育“三教”改革、示范院校建设的要求编写的；书中内容融入了课程思政，精简了深奥的理论和烦冗的工艺细节，保留了必要的原理和工艺技术。全书共分为 9 个项目，主要内容包括金属材料的性能、金属的结构与组织、钢的热处理、金属材料、其他工程材料、铸造成形、锻压加工、焊接成形和机械零件材料及毛坯制造工艺的选择。

本书深入浅出、难易适中，主要体现以下特色：

(1) 在结构设计上，各项目以“技能目标—思政目标—知识链接—技能训练—项目小结”为主线，旨在实现课程理论教学与实践一体化。

(2) 全书密切结合实际机械工程的需求，简化基本理论，突出零件选材和毛坯成形在工程实践中的应用，为学生的职业生涯奠定基础。

(3) 书中介绍了机械工程领域的新材料、新工艺及其发展趋势。

(4) 书中采用现行国家标准规定的基本术语和法定计量单位。

(5) 本书配备了 PPT、电子教案、习题参考答案和微课视频，以便于教师进行教学和学生自主学习，需要者可在出版社网站下载。

开封大学李辉、尹甜甜担任本书主编，石家庄理工职业学院李小红、开封大学王春光担任副主编。编写分工如下：项目 1、项目 3、项目 6 由开封大学李辉编写，绪论、项目 4、项目 5 由开封大学尹甜甜编写，项目 2、项目 7 由石家庄理工职业学院李小红编写，项目

8、项目 9 由开封大学王春光编写。全书由李辉统稿。开封大学陈艳红教授审阅了本书，并提出了许多宝贵意见。

本书在编写过程中参考和借鉴了国内外的许多著作和相关文献资料，在此谨向这些著作和文献资料的作者表示衷心的感谢。

由于编者水平有限，书中难免有不完善之处，敬请广大读者指正。

编　者

2022 年 11 月

目　　录

工程材料篇

毛坯成形篇

综 合 应 用 篇

绪　论

1. 材料与社会发展

材料是人类用来制造各种产品的物质。材料是人类社会发展的基石，它无处不在，广泛用于工农业生产、国防建设、科学技术现代化、人民生活等领域。人类文明发展史就是一部如何更好地利用材料和创造材料的历史。材料作为现代科学技术的三大支柱之一，其作用和意义尤为重要。

材料是人类赖以生存和发展的物质基础，是科技进步的核心，是高新技术发展和社会现代化的先导，也是一个国家科学技术和工业水平的反映和标志。新材料的出现和使用往往会给技术的进步、新产业的形成乃至整个经济和社会的发展带来重大影响。不断开发和有效使用材料的能力是衡量社会技术水平和未来技术发展的重要尺度。

随着科学技术和现代工业的迅猛发展，人们对材料性能的要求越来越高，这些问题亟待通过新材料的研究来解决。新材料是指新近发展或正在发展的具有优异性能的结构材料和有特殊性质的功能材料，如特种金属功能材料、高端金属结构材料、先进高分子材料、新型无机非金属材料、高性能复合材料和前沿新材料等。现在，材料与国家实力更是密不可分，我国高度重视新材料产业的发展，新材料产业已被列为国家高新技术产业、战略性新兴产业、中国制造 2025 重点领域。以支撑重大应用示范工程为例，以有色金属结构新材料、高温合金和碳纤维及其复合材料为代表的高性能结构材料，为高速铁路、大飞机、载人航天、探月工程、超高压电力输送、深海油气开发等重大工程的顺利实施做出了贡献。

2. 工程材料及其类别

工程材料是用于制造工程结构件和机器零部件及元器件的材料，主要应用于机械、船舶、化工、建筑、车辆、仪表、航空航天等工程领域。

工程材料的种类很多，可按照组成与结构特点、使用性能、应用领域等进行分类。

按照组成与结构特点，工程材料可分为金属材料、高分子材料、无机非金属材料和复合材料，如表 0-1 所示。其中，金属材料的综合性能好，用量最大，应用最为广泛；高分子材料、无机非金属材料可统称为非金属材料，其发展速度远快于金属材料；复合材料既保留了原组分材料的特性，又具有原单一组分材料所无法获得的或更优异的特性。

表 0-1　工程材料的分类(按组成与结构特点划分)

名称	类别	内　容
工程材料	金属材料	黑色金属，如钢和铸铁
		有色金属，如铝合金、铜合金、镁合金、钛合金等
	高分子材料	塑料、橡胶、合成纤维等
	无机非金属材料	水泥、玻璃、陶瓷材料等
	复合材料	树脂基复合材料、金属基复合材料、陶瓷基复合材料等

按照使用性能，工程材料可分为结构材料和功能材料。结构材料是以力学性能为主要使用性能，制造工程结构和机器零件的材料，如机器结构、建筑结构材料等；功能材料是以物理、化学或生物功能为主要使用性能，制造具有特殊功能的元器件或生物组织的材料，如集成电路材料、信息记录材料、充电材料、激光材料、超导材料、传感器材料等。

按照应用领域，工程材料可分为机械工程材料、建筑工程材料、电子工程材料、航空材料等。本书侧重介绍机械工程材料。

3. “工程材料及成形工艺”课程的学习目的、内容和要求

“工程材料及成形工艺”是机械类及近机械类专业的必修课，是研究工程材料性能、组织、改性方法、种类和毛坯铸锻焊成形技术的一门综合课程。通过学习该课程，学生可具备关于综合运用工程材料及毛坯成形技术的知识，具有选择零件材料与改性方法、选择毛坯制造方法以及分析零件工艺路线的初步能力，即具有“两选一线”的能力，并为学习其他有关课程和从事工业工程生产第一线技术工作奠定必要的基础。

“工程材料及成形工艺”课程的学习内容和要求如表 0-2 所示。

表 0-2 “工程材料及成形工艺”课程的学习内容和要求

课程模块	学习内容	学习要求	
		知识	技能（两选一线）
工程材料	项目一　金属材料的性能 项目二　金属的结构与组织 项目三　钢的热处理 项目四　金属材料 项目五　其他工程材料	工程材料的性能、组织、改性方法和种类	选择零件材料和改性方法
毛坯成形	项目六　铸造成形 项目七　锻压加工 项目八　焊接成形	毛坯铸锻焊成形技术	选择毛坯制造方法
综合应用	项目九　机械零件材料及毛坯制造工艺的选择	典型零件选材和工艺分析	分析零件工艺路线

工 程 材 料 篇

项目1 金属材料的性能

技能目标

(1) 能检测金属材料的强度、塑性、硬度指标。

(2) 能依据检测结果判断金属材料是否符合使用要求。

思政目标

理解金属材料性能在实际工程应用中的重要意义，培养学生认真严谨的学习与工作态度，树立对所从事行业的使命感和责任感。

知识链接

金属材料是重要的工程材料，其由于特有的性能被广泛应用于生产和生活中。为了正确认识和合理使用金属材料，充分发挥金属材料的潜力，必须了解和掌握金属材料的性能。

金属材料的性能包括使用性能和工艺性能。使用性能是金属材料在使用中表现出来的性能，包括金属材料的力学性能、物理性能和化学性能。工艺性能是金属在加工过程中表现出来的性能，包括金属材料的铸造性能、锻压性能、焊接性能、切削加工性能和热处理工艺性能等。

1.1 金属材料的力学性能

金属材料在加工和使用过程中所受的外力称为载荷。根据作用形式的不同，载荷分为拉伸载荷、压缩载荷、弯曲载荷、扭转载荷和剪切载荷。根据作用的性质不同，载荷可分为静载荷、冲击载荷和交变载荷三种。

(1) 静载荷是指大小不变或变化缓慢的载荷。

(2) 冲击载荷是指短时间高速作用于材料上的载荷。

(3) 交变载荷是指大小、方向随时间周期性变化的载荷。

金属材料在载荷作用下产生的几何形状和尺寸的变化称为变形。变形分为弹性变形和塑性变形两种。随着载荷的去除而消除的变形称为弹性变形，随着载荷的去除而不能完全消除的变形称为塑性变形。

金属材料的力学性能是指金属材料在承受载荷时不超过许可变形或不被破坏的能力。金属的力学性能是衡量金属材料质量和选用金属材料的重要依据，也是合理选择刀具和模具、制订正确加工方案及选用切削用量的重要参数。

衡量金属材料力学性能的指标有强度、塑性、刚度、硬度、韧性和疲劳强度等。强度、塑性、硬度属于静态力学性能，韧性和疲劳强度属于动态力学性能。

1.1.1 强度

强度是指金属材料抵抗过度变形或断裂的力学性能之一。强度大小通常用应力大小来表示。

根据载荷的作用形式不同，强度可分为抗拉强度、抗压强度、抗弯强度、抗扭强度、抗剪强度。在工程应用中常用抗拉强度作为判断金属强度大小的指标。抗拉强度的数值由拉伸试验测定。

1. 拉伸试验

拉伸试验是检验金属材料力学性能的基本试验。按照国家标准 GB/T 228.1—2021，拉伸试验的方法是将标准金属试样安装在拉伸试验机上，然后对试样施加一个轴向拉力，随着拉力的不断增加，试样产生的伸长量也不断增加，直至试样断裂。通过拉伸试验可同时测得金属的强度指标和塑性指标。

在拉伸试验中，拉伸试验机自动绘出载荷 F 和试样相应伸长量 ΔL 之间的关系曲线。为消除试样几何尺寸对试验结果的影响，我们将拉伸过程中试样所受的拉伸力转换为试样单位面积上所受的力，用 R 表示，即

$$R = \frac{F}{S_0}$$

式中：F——载荷(N)；

S_0——试样的横截面积(mm^2)。

我们将试样伸长量 ΔL 与试样的原始标距长度 L_0 之比称为延伸率，用 e 表示，即 $e = \Delta L/L_0$，从而得到应力(R)与延伸率(e)的关系曲线。图 1-1 所示为低碳钢试样的 R-e 曲线。

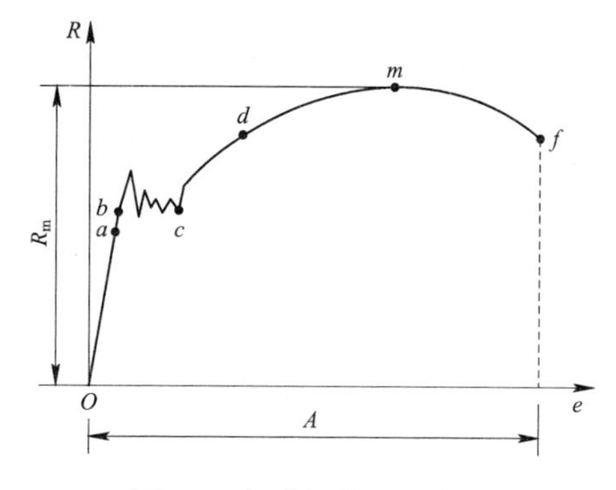

图 1-1 低碳钢的 R-e 曲线

在拉伸载荷作用下，金属材料内部会产生变形，一般经过弹性变形、塑性变形和断裂三个阶段。图 1-1 所示为低碳钢在拉伸过程中的几个变形阶段。

(1) Oab——弹性变形阶段。Oa 段为斜直线，说明载荷与伸长量成正比，试样在消除载荷后可恢复到原始尺寸。在 Oab 段，当载荷大于 a 点而不大于 b 点对应的载荷时，载荷与伸长量不再成正比例关系，试样发生极微量的塑性变形，但仍属于弹性变形阶段。

在弹性变形范围内，应力与应变的比值为弹性模量，用符号 E 表示，即 $E = R/e$，单位是 MPa。弹性模量是衡量材料抵抗弹性变形的能力，工程上常把它称为材料的刚度。材料的弹性模量越大，则抵抗弹性变形的能力越强，刚度越大。

(2) bc——屈服阶段。拉伸力超过 b 点后，试样开始产生塑性变形，即消除载荷后的试样只能恢复部分变形，同时也保留部分变形。在 bc 段，R-e 曲线出现平台和锯齿形，说明即使载荷不增加或略有减小时，试样也能继续伸长，此时金属材料丧失了抵抗变形的能力，这种现象称为屈服。

(3) cdm——强化阶段。cdm 段为上升曲线，说明只有不断增加载荷，才能使试样继续伸长。在 cdm 段，随着塑性变形的增大，试样变形抗力逐渐增加，这种现象称为冷变形强化，也叫作加工硬化。

(4) mf——局部塑性变形（缩颈）阶段。mf 段为下降曲线，试样的直径发生局部收缩变细的现象，称为缩颈，如图 1-2 所示。在 mf 段，试样直径变小，继续变形需要的载荷变小。继续拉伸，试样将从缩颈处断裂。

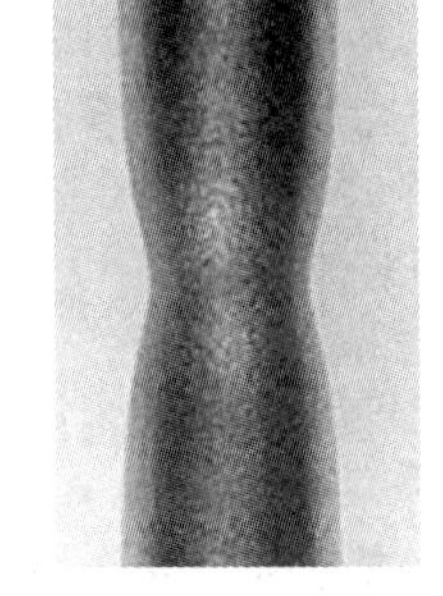

图 1-2　缩颈现象

2. 强度指标

金属材料的强度指标主要有屈服强度和抗拉强度。

1) 屈服强度

(1) 塑性材料的屈服强度。试样产生屈服现象时所受的应力称为屈服强度，用 R_e 表示，单位为 MPa。屈服强度分为上屈服强度 R_{eH} 和下屈服强度 R_{eL}。如图 1-3 所示，上屈服强度 R_{eH} 是指试样发生屈服而应力首次下降前的最大应力，下屈服强度 R_{eL} 是指在屈服期间不计初始瞬间效应时的最小应力。一般将下屈服强度 R_{eL} 作为衡量屈服强度的指标，可表示为

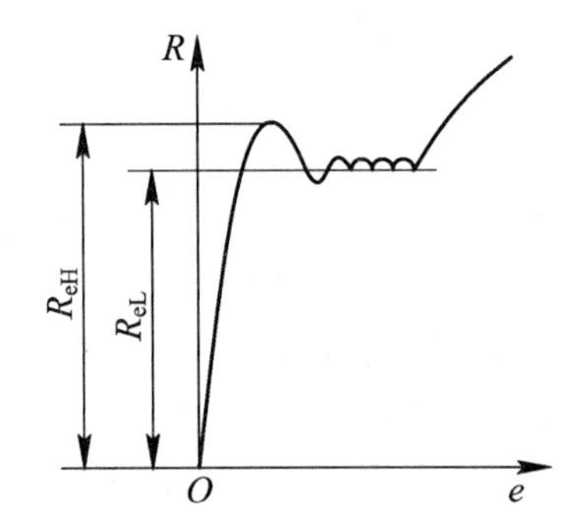

图 1-3　R-e 曲线的上屈服强度和下屈服强度

$$R_{eL} = \frac{F_{eL}}{S_0}$$

式中：F_{eL}——试样屈服时不计初始瞬间效应的最小载荷(N)；

S_0——试样原始横截面面积(mm^2)。

(2) 脆性材料的屈服强度。如图 1-4 所示，对于无明显屈服现象的金属材料(如高碳钢、铸铁和某些经过热处理的钢等)，测量屈服点比较困难，工程上常采用塑性延伸强度 R_p 来表示材料对微量塑性变形的抗力。R_p 定义为塑性延伸率等于规定的引伸计标距 L_e 百分率时对应的应力，使用的符号应附下标说明所规定的塑性延伸率，如 $R_{p0.2}$ 表示规定塑性延伸率为 0.2%时的应力。

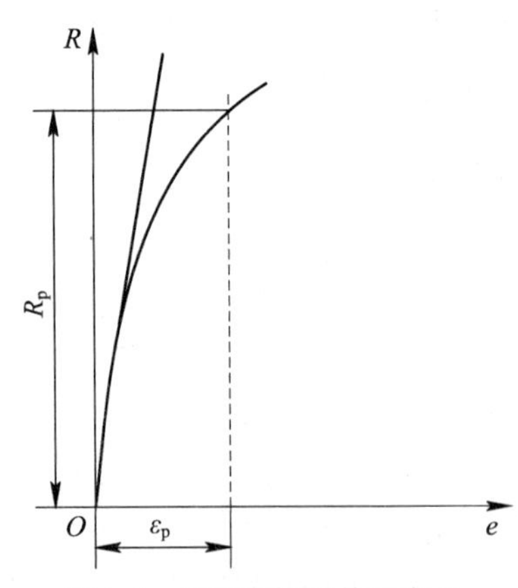

图 1-4　规定塑性延伸强度 R_p

2) 抗拉强度

试样拉断前所受的最大应力称为抗拉强度，用符号 R_m 表示，单位是 MPa。抗拉强度是金属材料抵抗断裂的能力，其表达式为

$$R_m = \frac{F_m}{S_0}$$

式中：F_m——试样拉断前承受的最大载荷(N)。

强度是金属材料最重要的力学性能之一。零件、构件和结构件在工作过程中受到超出其材料强度的载荷作用时，会发生变形甚至失效。因此，零件的设计工作应力不得超过其材料的下屈服强度。

1.1.2　塑性

金属材料在载荷的作用下产生塑性变形而不断裂的能力称为塑性。塑性的衡量指标为断后伸长率 A 和断面收缩率 Z，可通过拉伸试验测得。

1. 断后伸长率 A

试样拉断后的标距伸长量与原始标距的百分比，称为断后伸长率，用 A 表示，即

$$A=\frac{L_u - L_0}{L_0}\times 100\%$$

式中：L_0——试样原始标距长度(mm)；

L_u——试样拉断后的标距长度(mm)。

2. 断面收缩率 Z

试样拉断处横截面面积的缩减量与原始横截面面积之比，称为断面收缩率，用 Z 表示，即

$$Z=\frac{S_0 - S_u}{S_0}\times 100\%$$

式中：S_0——试样的原始横截面面积(mm^2)；

S_u——试样断口处的横截面面积(mm^2)。

金属材料的断后伸长率 A 和断面收缩率 Z 越大，说明金属材料的塑性越好。工程应用中，$A \geqslant 5\%$的金属材料称为塑性材料，如低碳钢；$A < 5\%$的材料称为脆性材料，如灰铸铁。金属材料的塑性直接影响到材料的加工和使用。塑性好的材料，使用时一旦超载也能产生塑性变形，从而避免突然断裂。因此，零件除要求具有一定的强度外，还要求具有一定的塑性。断后伸长率达到 5%或断面收缩率达 10%的材料，可满足大多数零件的塑性要求。

【例 1-1】　宏利机械加工厂购进了一批 25 钢，国标规定其力学性能指标应不低于下列数值：下屈服强度 R_{eL} 为 275 MPa，抗拉强度 R_m 为 450 MPa，断后伸长率 A 为 23%，断面收缩率 Z 为 50%。验收时，将钢材制成 $d_0 = 10$ mm 的短试样做拉伸试验，测得 $F_{eL} = 23\ 100$ N，$F_m = 37\ 600$ N，$L_u = 62.9$ mm，$d_u = 6.8$ mm。试列式计算并判断这批钢材是否合格。

解　由题意可知：

$$L_0 = 5d_0 = 5\times 10 = 50\ \text{mm}$$

$$S_0 = \frac{\pi d_0^2}{4} \approx \frac{3.14\times 10^2}{4} \approx 79\ \text{mm}^2$$

$$S_u=\frac{\pi d_u^2}{4}\approx\frac{3.14\times 6.8^2}{4}\approx 36\ \text{mm}^2$$

根据计算公式得

$$R'_{eL}=\frac{F_{eL}}{S_0}=\frac{23\,100}{79}\approx 292\ \text{N/mm}^2\ >275\ \text{MPa}$$

$$R'_m=\frac{F_m}{S_0}=\frac{37\,600}{79}\approx 476\ \text{N/mm}^2\ >450\ \text{MPa}$$

$$Z'=\frac{S_0-S_u}{S_0}\times 100\%=\frac{79-36}{79}\times 100\%\approx 54\%>50\%$$

$$A'=\frac{L_u-L_0}{L_0}\times 100\%=\frac{62.9-50}{50}\times 100\%\approx 26\%>23\%$$

计算结果显示此材料的各项力学性能均优于国标，所以是合格的。

1.1.3 硬度

硬度是指金属材料抵抗局部变形特别是塑性变形、压痕或划痕的能力。

硬度反映的是金属材料抵抗外物压入其表面的能力，是衡量金属材料软硬程度的依据。硬度还可以间接地反映金属的强度以及金属在化学成分、金相组织和热处理工艺等方面的差别。因此，硬度是各种零件和工具必备的性能指标。一般来说，硬度高的金属材料耐磨性好，强度也高。

相比拉伸试验，硬度试验简便易行，因此硬度试验的应用更广泛。测试金属硬度的方法很多，通常用静载荷压入法进行，有布氏硬度试验法、洛氏硬度试验法、维氏硬度试验法三种。

1. 布氏硬度

1) 布氏硬度的测试原理

布氏硬度的测原理是：使用硬质合金球压头以规定的试验力压入试样表面，经规定的保持时间后卸除试验力，测量金属材料表面的压痕直径，以金属表面压痕单位面积上所承受载荷的大小来确定被测金属材料的硬度，如图1-5所示。

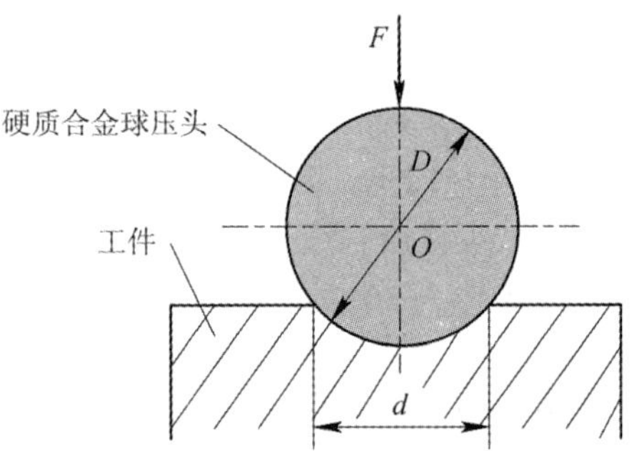

图 1-5　布氏硬度测试原理

布氏硬度用符号 HBW(硬质合金球压头)表示，新标准中不再用符号 HBS(钢球压头)表示。布氏硬度值可按下式计算：

$$\text{HBW}=\frac{F}{S}=0.012\times\frac{2F}{\pi D(D-\sqrt{D^2-d^2})}$$

式中：F——试验力(N)；

S——球面压痕面积(mm^2)；

D——球体直径(mm)；

d——压痕平均直径(mm)。

布氏硬度的单位为 N/mm^2，习惯上只写出硬度值而不写出单位。

试验时，不用计算，根据测得压痕的直径可查表得到布氏硬度。

2) 布氏硬度的试验条件

按照国家标准 GB/T 231.1—2018 规定，做布氏硬度试验时，压头直径、试验力应根据金属材料的种类、硬度值的范围进行选择，如表 1-1 所示。

表 1-1　试验力-压头直径平方之比的选择

材　料	布氏硬度/HBW	试验力-压头直径平方的比率 $0.102F/D^2$
钢、镍合金、钛合金		30
铸铁	<140	10
	≥140	30
铜及铜合金	<35	5
	35～200	10
	>200	30
轻金属及合金	35～80	5
		10
		15
	>80	10
		15
铅、锡		1

国家标准规定不论何种金属，在做布氏硬度试验时，试验力保持时间都是 10～15s。对于要求试验力保持时间较长的材料，试验力保持时间允许误差为±2s。一般而言，软金属要获得稳定的布氏硬度值，其试验力保持时间应适当加长。

3) 布氏硬度的表示方法

布氏硬度的表示方法是将测定的硬度数值标注在符号 HBW 的前面，符号 HBW 后面按压头直径、试验力、试验力保持时间(保持时间为 10～15 s 不标注)的顺序，用相应的数字表示试验的条件。例如，600HBW1/30/20 表示用直径为 1 mm 的硬质合金球，在 294.2 N(30 kgf)试验力下保持 20 s 测定布氏硬度值为 600。

4) 布氏硬度试验的特点及应用

布氏硬度试验的优点是压头直径大，压痕面积较大，硬度代表性好，能反映较大范围内金属各组成相综合影响的平均值，因此特别适用于测定灰铸铁、轴承合金和具有粗大晶粒的金属材料。它的试验数据稳定，精度高于洛氏硬度，低于维氏硬度。此外，布氏硬度值与抗拉强度值之间存在着较好的对应关系。通过测试布氏硬度可以间接得到材料近似的抗拉强度值，这一点在生产实际应用中具有重大意义。

布氏硬度试验的缺点是压痕面积较大，不宜测量薄件、成品件，且不能测定硬度较高的金属材料。试验过程比洛氏硬度试验复杂，测量操作和压痕测量都比较费时。为避免球体本身变形而影响试验结果的准确性，金属的硬度值的有效范围应小于 650 HBW。

布氏硬度主要用于测定灰铸铁、有色金属及经过退火及调质处理后的钢材等硬度不是太高的金属材料。

2. 洛氏硬度

1) 洛氏硬度的测试原理

用 120° 的金刚石圆锥压头或尺寸很小的淬火钢球或硬质合金球作为压头，在初试验力和主试验力的先后作用下，将其压入金属材料表面，经规定保持时间后卸除主试验力，在保持初试验力的状态下，根据压痕的深度测定洛氏硬度值，测试原理如图 1-6 所示。

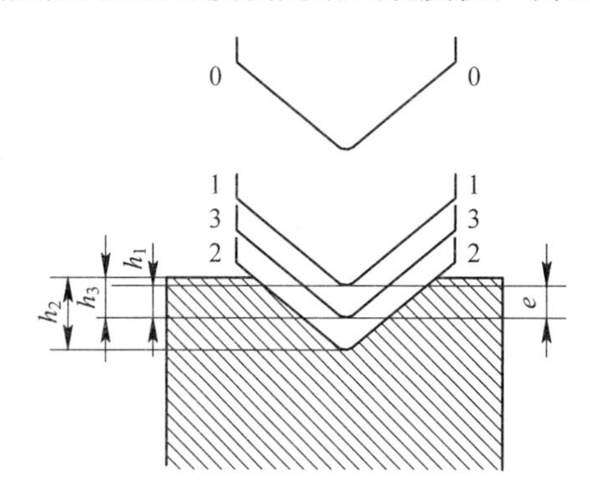

图 1-6 洛氏硬度试验原理

图 1-6 中：

0-0：未加载荷，压头未接触试样时的位置。

1-1：压头在预载荷 P_0 作用下压入试样的位置，深度为 h_1。

2-2：加主载荷 P_1 后，压头在总载荷 $P = P_0 + P_1$ 的作用下压入试样的位置，压入深度为 h_2。

3-3：去除主载荷 P_1 但仍保留预载荷 P_0 时压头回升的位置，压头压入试样的深度为 h_3。卸除主试验力金属材料弹性变形恢复，压头位置提高到 h_3，此时压头受主载荷作用实际塑性变形引起的压痕深度为 $e = h_3 - h_1$。

e 值越大，说明试样越软；e 值越小，说明试样越硬。为了适应人们习惯上数值越大硬度越高的概念，人为规定用一常数 K 减去压痕深度 e 的数值来表示硬度的大小，并规定 0.002 mm 为一个洛氏硬度单位，则洛氏硬度值为

$$\mathrm{HR} = \frac{K - e}{0.002}$$

洛氏硬度用符号 HR 表示，没有单位。在测量时，硬度值可直接从表盘上读出。表盘上有红、黑两种刻度，HRA、HRC 零点为 0，HRB 零点为 30，红色的 30 和黑色的 0 相重合。使用金刚石圆锥压头时，常数 K 值为 0.2 mm，硬度值由黑色表盘表示；使用钢球(Φ = 1.588 mm)压头时，常数 K 值为 0.26 mm，硬度值由红色表盘表示。

2) 洛氏硬度的标尺和适用范围

因为在试验时施加的压力和压头材料的不同，所以洛氏硬度的测量尺度也不同。常见的洛氏硬度标尺有 A、B、C 三种，记作 HRA、HRB、HRC。三种洛氏硬度标尺的试验条件和应用范围见表 1-2，其中 HRC 应用较广泛，一般淬火零件和工具都采用 HRC 表示。

表 1-2　常用洛氏硬度标尺的试验条件及应用范围

符号	压头	总载荷/kgf(N)	硬度值有效范围	使用范围
HRA	金刚石圆锥 120°	60(588.4)	(20～88) HRA	适用于测量硬质合金、表面淬火钢
HRB	1.588 mm(1/16″) 淬火钢球	100(980.1)	(20～100) HRB	适用于测量有色金属、退火钢、正火钢等
HRC	金刚石圆锥 120°	150(1471.1)	(20～70) HRC	适用于测量调质钢、淬火钢等

3) 洛氏硬度的表示方法

洛氏硬度的表示方法是将测定的硬度数值标注在符号 HR 的前面，符号 HR 后面标注标尺符号和压头的类型。压头类型采用硬质合金球压头时，用 W 表示；当采用淬火钢球压头时，用 S 表示；当采用金刚石圆锥压头时，不用任何附加符号。例如，60HRBW 表示 B 标尺，硬质合金球压头测定的洛氏硬度值为 60。

国家标准规定，标尺为 A、C、D、15N、30N、45N 的洛氏硬度试验均采用金刚石圆锥压头，其余标尺的洛氏硬度试验均采用钢球或硬质合金球压头。因此，对标尺为 A、C、D、15N、30N、45N 的洛氏硬度试验表示硬度值时，不必考虑附加任何符号。采用其他标尺的硬度试验需要考虑硬度符号后面附加字母 S 或 W。

4) 洛氏硬度的特点及应用

洛氏硬度试验的优点是压痕小，宜测量薄件、半成品件和成品件的硬度。试验操作简单，可直接读出硬度值。选用不同的标尺，可测量从软到硬不同材料的硬度，测试硬度范围较大。

布氏硬度试验的缺点是压痕小，硬度代表性不好。金属材料组织不均匀时测到的硬度值波动较大，需在材料的不同部位测四次以上并取平均值。测试范围较大，但是由于所用标尺不同，故其硬度值之间不能作比较。

洛氏硬度可用于测量硬质合金、表面淬火层、渗碳层、调质钢等硬度较高的场合，可测量薄件、半成品件和成品件的硬度。洛氏硬度压痕几乎不损伤工件表面，在实际生产的质量检验中应用较广泛。

3. 维氏硬度

1) 维氏硬度的测试原理

测试原理与布氏硬度基本相同，用正四棱锥体金刚石压头在试验力作用下压入试样表面，保持规定的时间后，去除试验力，测量试样表面压痕对角线的长度，以压痕单位面积上所承受的平均压力大小来表示材料的硬度，符号为 HV，测试原理如图 1-7 所示。

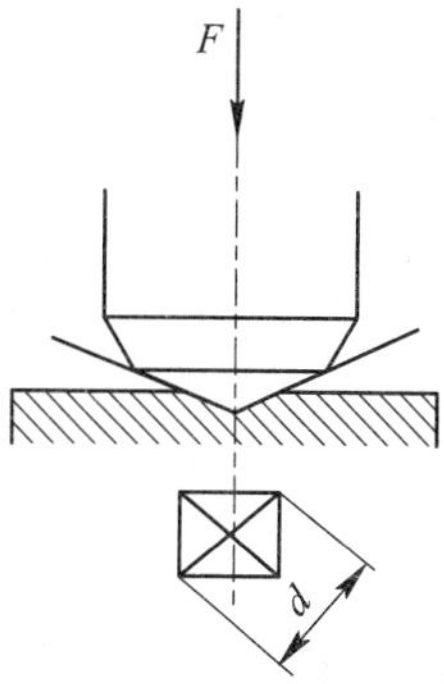

维氏硬度的单位为 N/mm^2，习惯上只写出硬度值不标单位。试验时，也不用计算，根据测得压痕对角线的长度可查表求值。

图 1-7　维氏硬度的测试原理

2) 维氏硬度的表示方法

维氏硬度符号 HV 前面的数值为硬度值，符号 HV 后面为试验力值。标准的试验保持时间为 10～15 s，如果选用的时间超出这一范围，应在试验力值后面注明保持时间。例如，600HV30 表示采用 294.2 N(30 kgf)的试验力，保持时间 10～15 s 时得到的维氏硬度值为 600。600HV30/20 表示采用 294.2 N(30 kgf)的试验力，保持时间 20 s 时得到的硬度值为 600。

3) 维氏硬度的特点

相比于洛氏硬度，维氏硬度的优点在于其硬度值与试验力的大小无关。只要是硬度均匀的材料，可以任意选择试验力，其硬度值不变，使维氏硬度在一个很宽广的硬度范围内具有一个统一的标尺。相比于布氏硬度，维氏硬度试验测量范围宽广，可以测量目前工业上所用到的几乎全部金属材料，从很软的材料(几个维氏硬度单位)到很硬的材料(3000 个维氏硬度单位)都可测量。维氏硬度试验是常用硬度试验方法中精度最高的。维氏硬度试验的试验力可以很小，压痕非常小，特别适合测试薄小材料。

维氏硬度试验效率较低，要求有较高的试验技术，且对试样表面的光洁度要求较高，通常需要制作专门的试样，操作麻烦费时，通常只用来测试小型精密零件的硬度，表面硬化层硬度和有效硬化层深度，镀层的表面硬度，薄片材料和细线材的硬度，刀刃附近的硬度等。

1.1.4 韧性

韧性是金属材料在塑性变形和断裂的全过程中吸收能量的能力或材料抵抗裂纹扩展的能力。韧性是金属材料强度和塑性的综合表现。韧性常用指标有冲击韧性和断裂韧性。

1. 冲击韧性

1) 冲击韧性的概念

金属材料抵抗冲击载荷的作用而不被破坏的能力称为冲击韧性，是用来评价金属材料在冲击载荷作用下的脆断倾向的。对于承受冲击载荷的汽车发动机中的活塞，锻锤的锻杆等零件不仅要求具有较高的强度和一定的塑性，还必须具备足够的冲击韧性。冲击韧性的好坏由冲击韧度的大小来反映。

2) 冲击韧性的测定

冲击韧性的测定方法，将被测金属材料制成标准缺口试样，在冲击试验机上由置于一定高度的摆锤自由落下而一次冲断。冲断试样所消耗的能量 K 称为冲击吸收能量，其数值为摆锤冲断试样的势能差。冲击韧度值 α_K 即试样缺口处单位截面积上所消耗的冲击吸收能量，α_K 值越大，试样在受冲击时，越不容易断裂，则韧性越好，如图 1-8 所示。

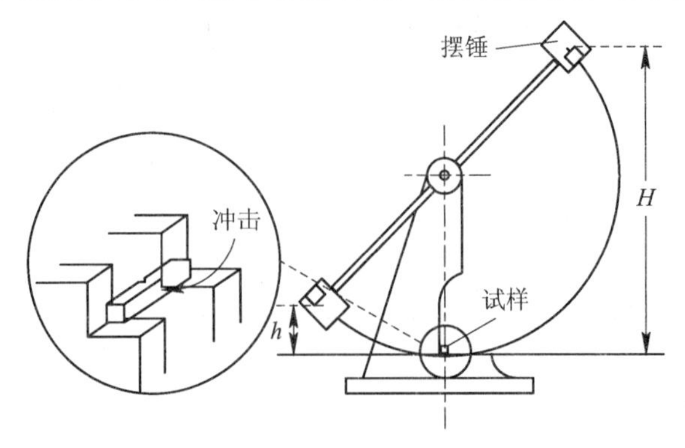

图 1-8 冲击试验示意图

实践证明，冲击韧性对材料的缺陷很敏感，金属材料中的白点、夹杂以及处理过程中产生的过热等缺陷都会降低金属材料的冲击韧性。因此，在进行材料处理时要尽量避免出现这些缺陷，以提高材料的冲击韧性。

2. 断裂韧性

材料中宏观裂纹的出现是难免的，宏观裂纹会造成零件的低应力脆断，从而引发工程事故。

断裂韧性反映当金属材料中有宏观裂纹存在时，材料抵抗脆性断裂的能力。断裂韧性的好坏由断裂韧度来反映。断裂韧性是裂纹失稳扩展时的应力场强度因子的临界值，符号为K_{IC}。K_{IC}的值越大，金属材料裂纹扩展所需的外力越大，抵抗低应力脆断的能力越高。

断裂韧性与材料本身的成分、成形工艺有关，与裂纹的形状、尺寸及外应力的大小无关。

1.1.5 疲劳强度

1. 疲劳断裂

疲劳断裂是指零件在交变载荷的作用下，虽然工作应力远低于材料的屈服强度，但经较长时间工作后也会发生断裂的现象，构件的失效约80%是疲劳失效。某些零件，如轴、弹簧、齿轮和叶片等都是在交变载荷下长期工作的，工作应力并不太高，符合静强度的设计要求。但是在工作过程中，往往是在工作应力远低于屈服强度的情况下发生疲劳断裂，疲劳断裂前无论是韧性材料还是脆性材料均无明显的塑性变形，是一种无预兆、突然发生的断裂，危险性极大。

图1-9所示为疲劳断裂断口示意图。疲劳断裂是一个累计损伤的过程，一般可分为裂纹的产生、裂纹扩展和最后断裂。

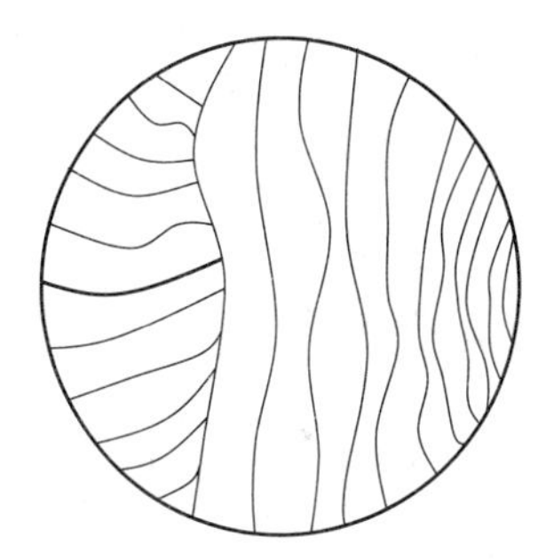

图1-9　疲劳断裂断口示意图

2. 疲劳强度

研究表明，材料所受的应力越低，断裂前的循环次数越多。

疲劳强度是指材料在“无数”次(试验时，黑色金属的循环次数以10^7为基数，有色金属的循环次数以10^8为基数)重复交变载荷的作用下而不被破坏的最大应力。当交变应力循环对称时，用符号σ_{-1}表示。σ_{-1}的值越大，材料抵抗疲劳破坏的能力越强。

3. 提高疲劳强度的措施

疲劳强度除与材料本质有关外，还与内部组织、零件表面状态、工作温度、腐蚀介质有关。零件的表面粗糙度、表面加工缺陷、表面尖角、温度升高和腐蚀环境在一定程度上都会影响疲劳强度。提高零件疲劳强度的措施主要有：

(1) 改善材料的内部组织，细化晶粒，减少缺陷。

(2) 降低零件的表面粗糙度。

(3) 零件的表面尽量避免出现尖角、缺口和截面突变的结构。

(4) 采取表面强化措施，如化学热处理、表面淬火、表面涂层、喷丸等，提高表面的压应力和减少表面拉应力造成裂纹的可能性。

1.2 金属材料的物理性能

金属材料的物理性能是指材料固有的属性，金属的物理性能包括密度、熔点、导电性、导热性、热膨胀性、磁性等。

1. 密度

密度是指在一定温度下单位体积物质的质量，单位为 g/cm^3 或 kg/m^3。

密度的大小很大程度上决定了工件的质量，工程上对零件或计算毛坯的质量要利用密度，要求质量轻的工件宜采用密度较小的材料，如铝、钛等。常见金属的密度：铁为 7.8，铜为 8.9，铝为 2.7，钛为 4.5，锡为 7.28，铅为 11.3。

2. 熔点

熔点是金属材料从固态转变为液态的温度，金属等晶体材料一般具有固定的熔点，而高分子材料等非晶体材料一般没有固定的熔点。

金属的熔点是热加工的重要工艺参数，对选材和加工有影响。不同熔点的金属具有不同的应用场合：高熔点金属(如钨、钼等)可用于制造耐高温的零件(如火箭、导弹、燃气轮机零件，电火花加工、焊接电极等)；低熔点金属(如铅、铋、锡等)可用于制造熔丝、焊接钎料等。金属的熔点不同，其熔炼温度工艺也不同。

3. 导电性

导电性是指金属材料传导电流的能力。

金属材料的电阻率越小，导电性能越好。金属中银的导电性最好、铜与铝次之。合金的导电性比纯金属差，高分子材料和陶瓷一般都是绝缘体。导电器材常选用导电性良好的材料，以减少损耗，加热元器件、电阻丝则选用导电性较差的材料制作。

4. 导热性

导热性是指金属材料传导热的能力。

金属具有良好的导热性，尤其是银、铜、铝的导热性很好。一般纯金属具有良好的导热性，合金的成分越复杂，其导热性越差。

导热性是传热设备和元件应考虑的主要性能，对热加工工艺性能也有影响。散热器等传热元件应采用导热性较好的材料制造，保温器材应采用导热性较差的材料制造。热加工工艺与导热性有密切关系，在热处理、铸造、锻造、焊接过程中，若材料的导热性较差，则会使工件因内外温差大而出现较大的内应力，导致工件变形或开裂。采用缓慢加热和冷却的方法可降低工件的内外温差，防止变形和开裂。

5. 热膨胀性

材料随温度的改变而出现体积变化的现象称为金属材料的热膨胀性。金属材料的热膨胀性常用线膨胀系数表示，描述固体材料在一维方向上的热膨胀伸长。

热膨胀性影响工件的精度。精密量具、零件、仪表、机器等，应选用线膨胀系数小的材料，以免影响精度。机械加工和装配中也应考虑材料的热膨胀性，以保证构件尺寸精度和装配尺寸精度。

6. 磁性

金属材料在磁场中被磁化或导磁的能力称为金属材料的导磁性或磁性。

非铁磁性物质不能被磁铁吸引，即不能被磁化，如 Al、Cu 等。非铁磁性物质可用于制作要求避免电磁场干扰的零件和结构件。铁磁性物质可以被磁铁吸引，即能被磁化，如 Fe、Ni、Co 等，可用于制造变压器的铁芯、发电机的转子等。

1.3　金属材料的化学性能

金属材料的化学性能主要包括耐腐蚀性和抗氧化性。

1. 耐腐蚀性

金属材料在常温下抵抗氧气、水及其他化学物质腐蚀的能力称为耐腐蚀性。

金属腐蚀形式主要有两种：一种是化学腐蚀，另一种是电化学腐蚀。化学腐蚀是金属直接与周围介质发生纯化学作用，如钢的氧化反应。电化学腐蚀是金属在酸、碱、盐等电解质溶液中由于原电池的作用而引起的腐蚀。金属的腐蚀既能造成金属表面光泽的缺失和材料的损失，也能造成一些隐蔽性和突发性的事故。

提高金属材料耐腐蚀性的方法有很多，如均匀化处理、表面处理等都可以提高金属材料的耐腐蚀性。金属材料中铬镍不锈钢可以抵抗含氧酸的腐蚀；而耐候钢、铜及铜合金、铝及铝合金能抵抗大气的腐蚀。

2. 抗氧化性

金属材料在高温下抵抗氧化的能力称为抗氧化性。在高温下金属材料易与氧气结合形成氧化皮，造成金属的损耗。

在高温下使用的工件，如加热炉、锅炉等，要求选用抗氧化性好的材料。耐热钢、高温合金、钛合金等材料都具有较好的高温抗氧化性。

提高高温抗氧化性的措施是使金属材料在迅速氧化后，在金属材料表面形成一层连续而致密并与母体结合牢靠的膜，从而阻止金属材料的进一步氧化。

1.4　金属材料的工艺性能

金属材料的工艺性能是金属在加工过程中反映出来的性能。根据不同的加工过程，工艺性能包括铸造性能、锻造性能(可锻性)、焊接性能、切削加工性能、热处理工艺性能等几个方面。

1. 铸造性能

铸造性能是指金属材料铸造成形获得优良铸件的能力。铸造性能用流动性、收缩性和偏析来衡量。

熔融金属的流动能力称为流动性。流动性好的金属易充满铸型，获得外形完整、尺寸精确、轮廓完整的铸件。

铸件在凝固和冷却过程中，其体积和尺寸减小的现象称为收缩性。收缩不仅影响铸件的尺寸，还会使铸件产生缩孔、疏松、内应力、变形和开裂等缺陷。

金属凝固后，铸锭或铸件的化学成分和组织的不均匀现象称为偏析。偏析会使铸件各部分的力学性能有很大的差异，降低铸件的质量。

2. 锻造性能

锻造性能(可锻性)是指金属材料在进行锻造时成形而不开裂的能力。金属材料的塑性好、变形抗力小，则其锻造性能好。低碳钢的锻造性能好于高碳钢。

3. 焊接性能

金属材料对焊接加工的适应性称为焊接性。在机械行业中，焊接的主要对象是钢材。钢材中碳含量的多少是影响焊接性能好坏的主要因素。钢材中碳的质量分数和合金元素的质量分数越高，则钢材的焊接性能越差。焊接性能还受到材料本身特性和工艺条件的影响。

4. 切削加工性能

切削加工性能是指金属材料在进行切削加工时的难易程度，一般用切削后的表面质量(以表面粗糙度高低衡量)和刀具使用寿命来衡量。金属材料具有适当的硬度和足够的脆性时切削性能良好。铸铁、铝合金、铜合金有较好的切削加工性能，高合金钢的切削性能较差。改变钢的化学成分(加入少量的铅、磷元素)和进行适当的热处理(低碳钢正火、高碳钢球化退火)可提高钢的切削加工性能。

5. 热处理工艺性能

热处理工艺性能是指金属材料适应热处理工艺的能力。热处理工艺性能对于钢材是非常重要的，包括淬透性、热应力倾向、加热和冷却过程中裂纹形成倾向等。主要考虑其淬透性，即钢接受淬火的能力，含锰(Mn)、铬(Cr)、镍(Ni)等合金元素的合金钢淬透性比较好，碳钢的淬透性比较差。

技 能 训 练

一、金属材料强度和塑性的测定

1. 实训目的

(1) 了解金属材料在拉伸试验时拉力与试样伸长量 ΔL 的关系，观察拉伸过程中的各种现象(屈服、强化、颈缩、断裂)。

(2) 测定塑性金属材料低碳钢的下屈服强度 R_{eL}、抗拉强度 R_m、断后伸长率 A 和断面收缩率 Z。

(3) 测定脆性金属材料白口铸铁的抗拉强度 R_m。

(4) 比较塑性金属材料与脆性金属材料在拉伸时的不同表现。

2. 实训设备及用品

拉伸试验机、游标卡尺、分规。

3. 实训指导

将标准试样装夹在拉伸试验机上，对试样施加一个静载荷的轴向拉力。随着轴向拉力 F 的增加，试样不断产生变形，直至试样断裂为止。在试验过程中，试验机能自动绘制出轴向拉伸力 F 和试样变形量 ΔL 的关系曲线，即拉伸曲线。不同性质的金属材料拉伸过程不同，拉伸曲线的形状也不一样。

1) 试样

本次拉伸试验采用低碳钢试样、灰铸铁试样各一件，直径 $d_0 = 10$ mm，标距长度 $L_0 = 50$ mm。

2) 主要指标的测定

(1) 低碳钢强度塑性指标的测定。以低碳钢作为塑性金属材料的代表，在常温、静载荷下做拉伸试验。测试步骤如下：

① 用划线机划出试样的标距，将试样 10 等份，以便观察变形量 ΔL 沿试样轴线的分布情况。

② 用分规和游标卡尺测量试样的直径 d_0 和标距 L_0。在标距中央及两条标距线附近各取一截面进行测量，每一横截面沿互相垂直方向各测一次并取其平均值，选用所得三个数据中的最小值计算试样的横截面面积。

③ 检查拉伸试验机，选择度盘并配上相应的摆锤。先将试样夹装在上夹头中，转动齿杆调整度盘零点，再把试样夹在下夹头中，最后将自动绘图装置调整好。

④ 开动拉伸试验机进行实验。实验过程中，观察自动绘图装置、载荷刻度盘及试样的变形，特别是弹性、屈服、强化和颈缩各阶段的特征，记录 F_{eL} 及 F_m。试样断裂后，立即关闭马达。

> 下屈服力判定：屈服阶段中如呈现两个或两个以上的谷值力，舍去第一个谷值力(第一个极小值力)，取其余谷值力中之最小者判为下屈服力。如只呈现一个下降谷值力，则将此谷值力判为下屈服力。屈服阶段中呈现屈服平台，平台力判为下屈服力。如呈现多个且后者高于前者的屈服平台，则判第一个平台力为下屈服力。

⑤ 卸下拉断的试样，测量颈缩处之最小直径 d_u 和标距长度 L_u。

对于圆棒形试样，在颈缩最小处两个垂直方向上测量试样的直径，用两者的平均值作为最小直径 d_u。

拉断后标距长度 L_u 的测量：将试样拉断后的两段在拉断处紧密拼接起来，尽量使轴线位于同一条直线上。若断口位于标距中间 $L_0/3$ 的长度内，则直接测量两端点的标距长度 L_u。若断口离邻近的标距端点距离小于或等于 $L_0/3$ 时，因为试样头部较粗部分将影响颈缩部分的局部伸长量，使断后伸长率 A 偏小，因此需用“断口移中法”来确定。若断口在标距两端点或标距之外，则说明实验结果无效。

⑥ 观察破坏现象并画出破坏断口的草图。

⑦ 取下绘图纸，对拉伸图进行修整。

⑧ 切断电源，整理现场。

(2) 铸铁的强度塑性指标的测定。以铸铁试样作为脆性金属材料的代表，在常温、静载荷下做拉伸试验。铸铁拉伸测试过程参照低碳钢的拉伸测试过程进行。铸铁没有明显的屈服现象，只测定抗拉强度。

3) 填写实训报告

填写实训报告，如表 1-3 和表 1-4 所示。

表 1-3　低碳钢拉伸时的强度和塑性性能指标

试 样 尺 寸	实 验 数 据
实验前： 标距 $L_0=$ 　　mm 直径 $d_0=$ 　　mm 实验后： 标距 $L_u=$ 　　mm 最小直径 $d_u=$ 　　mm	屈服载荷 $F_{eL}=$ 　　kN 最大载荷 $F_m=$ 　　kN 屈服应力 $R_{eL}=\frac{F_{eL}}{S_0}$ 　　MPa 抗拉强度 $R_m=\frac{F_m}{S_0}$ 　　MPa 伸长率 $A=\frac{L_u-L_0}{L_0}\times 100\%=$ 断面收缩率 $Z=\frac{S_0-S_u}{S_0}\times 100\%=$
拉断后的试样草图	试样的拉伸图

表 1-4　灰铸铁拉伸时的强度性能指标

试 样 尺 寸	实 验 数 据
实验前： 直径 d_0=　　mm	最大载荷 F_m=　　　　　　kN 抗拉强度 $R_m=\frac{F_m}{S_0}$=　　　　　MPa
拉断后的试样草图	试样的拉伸图

二、金属材料硬度的测定

1. 实训目的

(1) 分别在洛氏硬度计上测定 20 钢正火试样、45 钢退火试样、T8 钢淬火试样的 HR 值。在布氏硬度计上测定铝、黄铜、45 钢退火试样。

(2) 掌握布氏、洛氏硬度测定的基本原理及应用范围。

(3) 了解布氏、洛氏硬度试验机硬度数据的测试方法。

2. 实训设备及用品

HB-3000 型布氏硬度试验机、HR-150 型洛氏硬度试验机。

3. 实训指导

1) 布氏硬度的测定

(1) 根据试样的金属类型、硬度范围及厚度按表 1-1 选择压头(球直径)及试验力 F。根据材料种类和硬度范围，按表 1-1 选择 $0.102F/D^2$ 值。一般较硬的金属材料选择较高的 $0.102F/D^2$ 值，较软的金属材料选择较低的 $0.102F/D^2$ 值，钢材料选择 $0.102F/D^2=30$。根据试样的厚度和大小选择压头试验力 F，对于较厚、较大的试样，应尽量选用 10 mm 的压头和相应的试验力，因为这样最能体现布氏硬度计的特点。对于较薄、较小的试样，应选用较小的压头和较小的试验力，以保证满足布氏硬度试验关于“试样厚度应大于压痕深度的 8 倍”的要求。完成上述选择之后进行初步试验，确定压痕直径是否满足 $0.24D<d<0.6D$。如果满足要求，就可进行试验，并查表得到布氏硬度值；如果不满足要求，当压痕直径小于 $0.24D$ 时，说明压痕过小，应重新选择大一些的试验力。当压痕直径大于 $0.6D$ 时，说明压痕过大，应重新选择小一些的试验力。

(2) 放置试样。试样应稳固地放在试台上，试样背面与试台面之间无杂物。

(3) 转动手轮上升试台，使压头与试样接触。

(4) 试验力保持时间。根据表 1-1 所列类型，选择试验力并保持时间后，将螺钉松开，把圆盘的弹簧定位器旋转至所需的时间位置上。

(5) 打开电源开关，接通电源，此时电源指示灯(红灯)亮。启动按钮开关，按住延时 2 s 后，做好立即拧紧固定螺丝钉的准备，在保荷指示灯(绿灯)亮的同时迅速拧紧固定螺钉，使圆盘随曲柄一起转至换向、停止。保荷指示灯从闪亮到熄灭为试验保荷时间。

(6) 试验结果。试验结束后，旋转手轮取下试样，用读数显微镜测量试样表面的压痕直径，压痕直径应从两个相互垂直的方向测量，取其算术平均值。压痕两直径之差应不超过较小直径的 2%，将测得数值查表得出硬度值。

(7) 填写实训报告，如表 1-5 所示。

表 1-5　布氏硬度值的测定

材　料			钢的载荷选择		压痕直径 d/mm	布氏硬度值
名称	厚度/mm	状态	压球直径 D/mm	载荷大小 /kg		

2) 洛氏硬度的测定

(1) 按表 1-6 选用压头和总试验力。

表 1-6　洛氏硬度压头类型和总试验力

洛氏硬度标尺	硬度符号	压头类型	初试验力 F_0/N	主试验力 F_1/N	总试验力 $(F_0 + F_1)$/N	适用范围
A	HRA	120°金刚石圆锥	98.07	490.3	588.4	(20～88)HRA
B	HRB	1.5875 mm 钢球	98.07	882.6	980.7	(20～100)HRB
C	HRC	120°金刚石圆锥	98.07	1373	1471	(20～70)HRC
D	HRD	120°金刚石圆锥	98.07	882.6	980.7	(40～77)HRD
E	HRE	3.175 mm 钢球	98.07	882.6	980.7	(70～100)HRE
F	HRF	1.5875 mm 钢球	98.07	490.3	588.4	(60～100)HRF
G	HRG	1.5875 mm 钢球	98.07	1373	1471	(30～94)HRG
H	HRH	3.175 mm 钢球	98.07	490.3	588.4	(80～100)HRH
K	HRK	3.175 mm 钢球	98.07	1373	1471	(40～100)HRK

(2) 试验前的准备工作。

① 调整主试验力的加荷速度。加荷时间应在 4～8 s 范围内，如不符合，可反复进行调整，直到符合为止。

② 试验力的选择。转动把手使所选用的试验力对准红点，注意变换试验力时，手柄必须置于卸荷状态即后极限位置。

③ 安装压头。安装压头时应消除压头与主轴端面的间隙。

(3) 测定硬度。

① 将丝杠顶面及被选用的工作台上下端面擦拭干净，将工作台置于丝杠上。

② 将试样支撑面擦拭干净，放在工作台上，旋转手轮使工作台缓慢上升至顶起压头，到小指针指着红点、大指针旋转三圈垂直向上为止，允许相差 ±5 个刻度，若超过 ±5 个刻度，则此点应作废，再重新试验。

③ 旋转指示器外壳，使 C、B 之间长刻线与大指针对正，顺、逆时针旋转均可。

④ 拉动加荷手柄，施加主试验力，这时指示器的大指针按逆时针方向转动。

⑤ 当指示器指针停顿下来后，即可将卸荷手柄推回，卸除主试验力。注意：主试验力的施加与卸除，均需缓慢进行。

⑥ 从指示器上读取相应的标尺读数：采用金刚石压头试验时，按表盘外圈的黑体字读取；采用钢球压头试验时，按表盘内圈的红字读取。

⑦ 转动手轮使试样下降，再轻轻移动试样后，按上述过程进行新的试验。

⑧ 填写实训报告，如表 1-7 所示。

表 1-7　洛氏硬度值的测定

材　料		压头	总载荷	洛氏硬度值
名称	状态			

3) 实训结果分析

(1) 简述布氏硬度的试验原理、应用范围及特点。

(2) 简述洛氏硬度的试验原理、应用范围及特点。

项 目 小 结

1. 金属材料的力学性能指标主要有强度、塑性、刚度、硬度、韧性、疲劳强度等。

2. 强度是金属材料在静载荷作用下抵抗塑性变形或断裂的能力，衡量指标主要有屈服强度和抗拉强度。

3. 塑性是金属材料在断裂前产生塑性变形的能力，衡量指标主要有断后伸长率和断面收缩率。

4. 硬度的常用测定方法有布氏硬度、洛氏硬度和维氏硬度。硬度与屈服强度的对应性较好。

5. 刚度的衡量指标主要有弹性模量，其值越高，材料的刚度越好。

6. 韧性指标包括冲击韧性和断裂韧性。冲击韧性是衡量材料抵抗冲击载荷破坏的能力，断裂韧性是衡量材料抵抗裂纹扩展(低应力脆断)的能力。

7. 疲劳强度是衡量金属材料抵抗循环交变载荷破坏的能力。

8. 强度、塑性、硬度、刚度都是在静载荷作用下测定的，韧性和疲劳强度则分别是在冲击载荷和交变载荷的作用下测定的。

习　题

1. 金属材料的弹性变形和塑性变形有什么不同？

2. 金属材料的力学性能有哪些？

3. 简述低碳钢的拉伸变形过程并画出拉伸曲线，指出强度和塑性的衡量指标有哪些？分别用什么符号表示?

4. 光明机械厂购进了一批 40 钢，按国家规定，它的力学性能指标应不低于下列数值：下屈服强度 R_{eL} 为 335 MPa；抗拉强度 R_m 为 570 MPa；断后伸长率 A 为 19%；断面收缩率 Z 为 45%。验收时，将钢材制成 $d_0 = 10$ mm 的短试样做拉伸试验，测得 $F_{eL} = 29\,980$ N，$F_m = 46\,200$ N，$L_u = 60.1$ mm，$d_u = 7.4$ mm。试列式计算这批钢材是否合格。(结果保留整数)

5. 零件工作时若要不发生明显的塑性变形，所受的应力应在什么范围?

6. 500HBW5/750、65HRC、500HV20 各表示什么含义?

7. 常用的硬度测定方法有哪些？各有什么特点？

8. 下列情况采用什么方法测定硬度？写出硬度符号。

(1) 铸铁缸盖；

(2) 黄铜轴套；

(3) 表面淬火钢；

(4) 硬质合金刀片。

9. 什么是冲击韧性？其考核指标是什么？

10. 什么是疲劳断裂？疲劳断裂有什么危害？

11. 金属材料的工艺性能包括哪些方面?

项目 2　金属的结构与组织

技能目标

(1) 了解金相显微试样制备原理，初步掌握金相显微试样的制备方法。

(2) 能应用铁碳合金相图，分析不同含碳量的铁碳合金在不同温度下的组织，能观察判断典型铁碳合金的显微金相组织。

(3) 能应用铁碳合金相图分析铁碳合金在不同温度、不同含碳量时的力学性能和工艺性能。

思政目标

(1) 以金相试样的制备为切入点，引导学生重视实际操作，培养严谨求实的工作作风和一丝不苟的工匠精神。

(2) 理解组织决定性能，树立内因和外因的辩证关系，引导学生养成自律习惯。

知识链接

不同的金属具有不同的性能，如钢的强度好于铜合金，但是钢的导电性却低于铜合金的导电性。同一种金属在不同的状态下性能也有差异，如钢的塑性在加热后会大大提高。金属性能的这些差异，取决于金属的内部组织结构。

钢和铸铁统称铁碳合金，它们是工业中应用最广泛的金属材料，通过研究它们的内部组织结构和相图了解金属性能变化的规律，可以找到提高铁碳合金性能的有效途径并为其制订合理的加工方案提供依据。

2.1　纯金属的晶体结构

2.1.1　晶体与非晶体

固态物质的性能与其原子在空间的排列有着密切的关系。固态物质按其原子的排列特点可分为晶体和非晶体两大类。

1. 晶体

原子按一定几何规律排列的固态物质称为晶体，如金刚石、石墨和常见的固态金属及其合金等。

晶体的特点是原子在三维空间呈有规则的周期性重复排列；晶体有固定的熔点，如铁的熔点为1538℃，铜的熔点为1083℃；晶体的性能随着原子的排列方位改变而改变，即单晶体有各向异性。

2. 非晶体

原子按无规则排列的固态物质称为非晶体，如塑料、玻璃、松香、沥青等。

非晶体的特点是原子在三维空间呈不规则的排列；非晶体没有固定熔点，随着温度的升高非晶体逐渐变软，最终变为流动性的液体；非晶体各个方向上的原子聚集密度大致相同，即非晶体有各向同性。

2.1.2 晶体结构

1. 晶格

晶体内部的原子是按一定几何规则排列的。为清楚地表明晶体内部原子在空间的排列规则，人为地将原子看作一个点，再用一些线条将晶体中各原子的中心连接起来，便形成了一个有规则的空间格子，这种抽象的、用于描述原子在晶体中规则排列的空间几何图形称为结晶格子，简称晶格。晶格中的每个点称为结点，晶格中各种不同方位的原子面称为晶面，如图2-1所示。

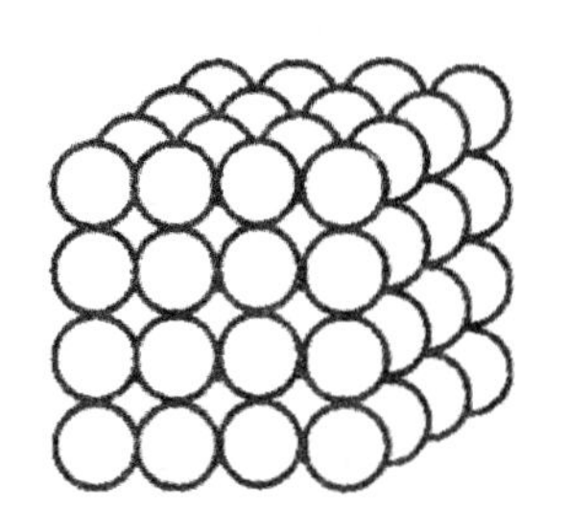

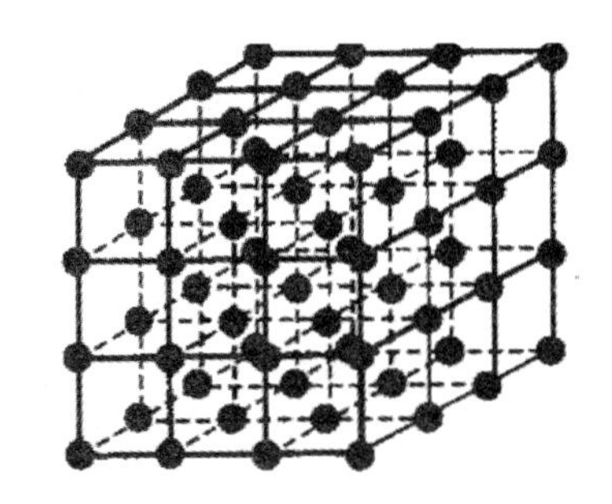

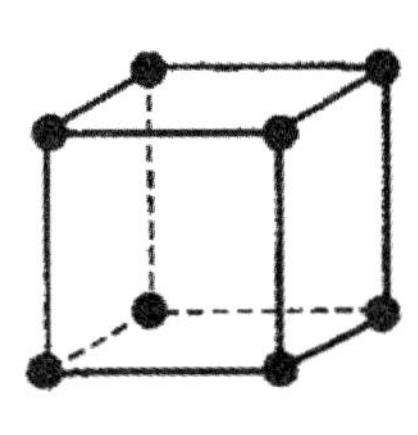

图2-1　晶格示意图

2. 晶胞

组成晶格的最基本几何单元称为晶胞。晶体中原子的排列具有周期性变化的特点，因此只要在晶格中选取一个能够完全反映晶格特征的最小几何单元进行分析，便能确定晶体原子排列的规则。实际上，整个晶格就是由许多大小、形状和位向相同的晶胞在空间重复堆积而成的。

2.1.3 常见金属晶格类型

研究表明，在金属元素中，约有百分之九十以上的金属晶体都属于体心立方晶格、面心立方晶格和密排六方晶格三种晶格类型中的一种。除以上三种类型晶格以外，少数金属还具有其他类型的晶格，但一般很少遇到。

金属晶格在各个方向上排列不同，导致原子结合力在不同方向上的差异，晶体的性能也在各个方向上表现不同，即是晶体的各向异性。一般情况，面心立方晶格的金属塑性最好，体心立方晶格的金属次之，密排六方晶格的金属塑性较差。

1. 体心立方晶格

1) 结构特点

晶胞是一个立方体，原子位于立方体的八个顶点和立方体的中心，如图2-2所示。

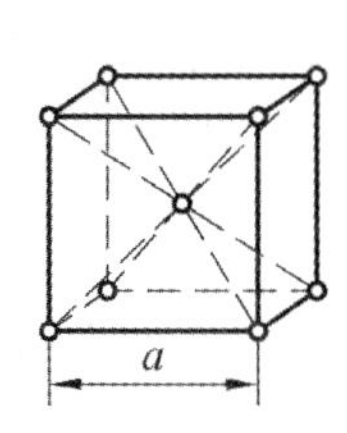

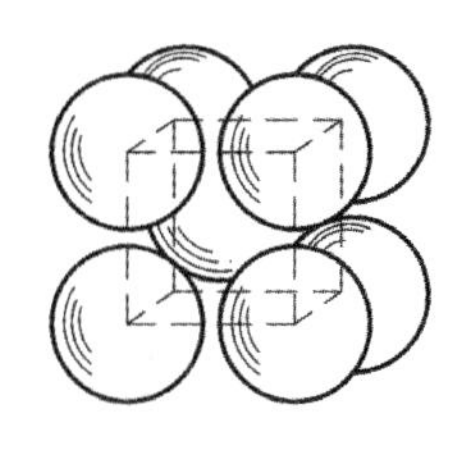
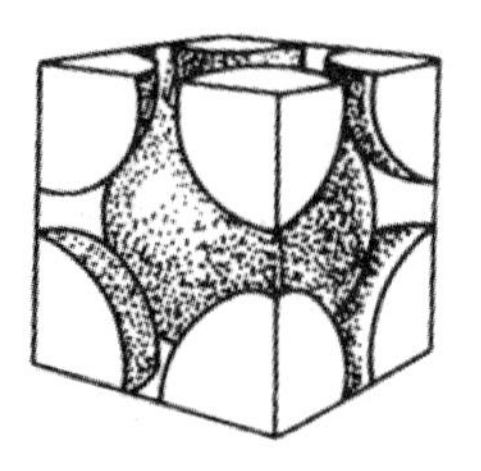

图2-2 体心立方晶格

2) 典型金属

属于这种晶格的金属有铬(Cr)、钒(V)、钨(W)、钼(Mo)及铁(α-Fe)等。

2. 面心立方晶格

1) 结构特点

晶胞是一个立方体，原子位于立方体的八个顶点和立方体六个面的中心，如图2-3所示。

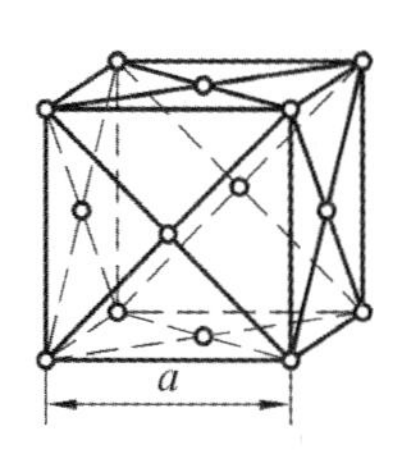

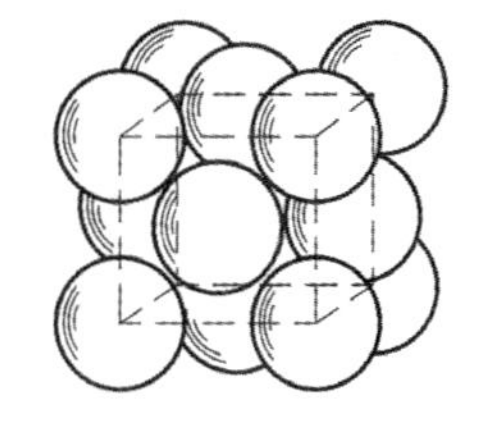
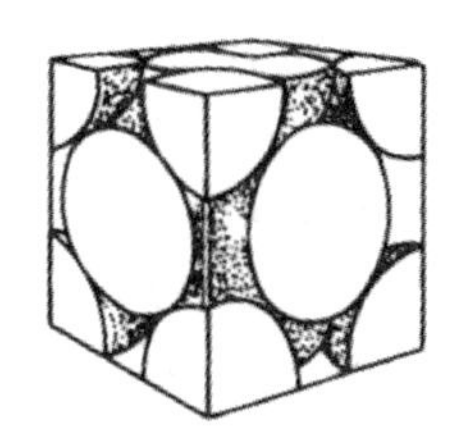

图2-3 面心立方晶格

2) 典型金属

属于这种晶格的金属有金(Au)、铝(Al)、铜(Cu)、镍(Ni)、铁(γ-Fe)等。

3. 密排六方晶格

1) 结构特点

晶胞是一个六棱柱体，原子位于六棱柱体的十二个顶点和上下两底面的中心，棱柱的内部还均匀分布3个原子，如图2-4所示。

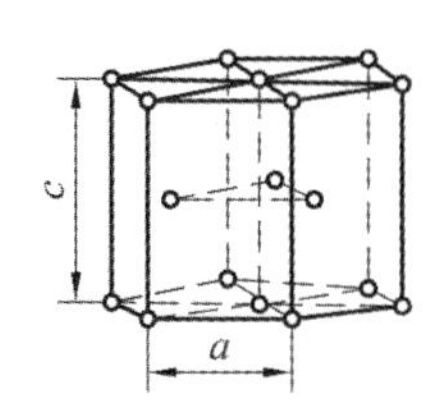

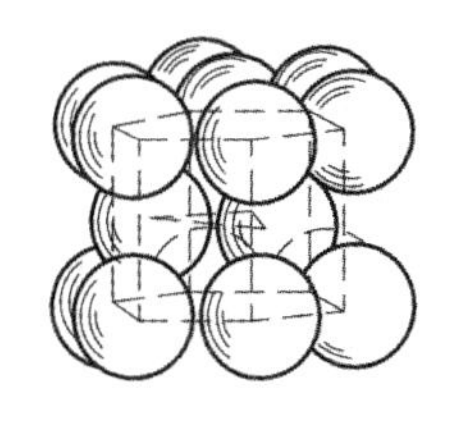
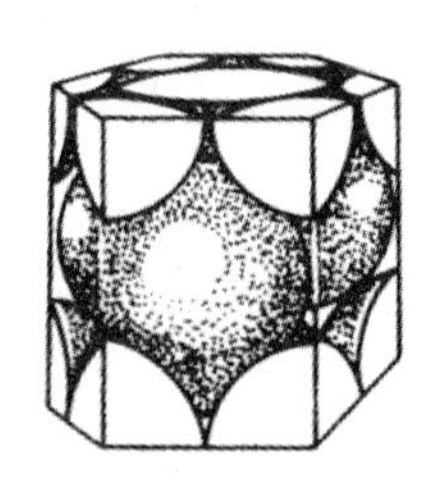

图2-4 密排六方晶格

2) 典型金属

属于这种晶格的金属有镁(Mg)、锌(Zn)、铍(Be)、镉(Cd)、锆(Zr)等。

2.1.4 金属实际晶体结构

1. 单晶体与多晶体

如果一块晶体内部的晶格位向完全一致，称这块晶体为单晶体，如图 2-5(a)所示。在工业金属材料中，除非专门制作的单晶体材料，否则都是多晶体。实际金属材料是由许多位向不同的晶粒组成的晶体结构，称为多晶体，如图 2-5(b)所示。就是在一块很小的金属中也包含着许许多多的小晶体。每个小晶体的内部，晶格位向都是均匀一致的，而各个小晶体之间，彼此的位向都不相同。这种小晶体的外形呈颗粒状，称为晶粒，晶粒与晶粒之间的界面称为晶界。在晶界处，原子排列为适应两晶粒间不同晶格位向的过渡总是不规则的。

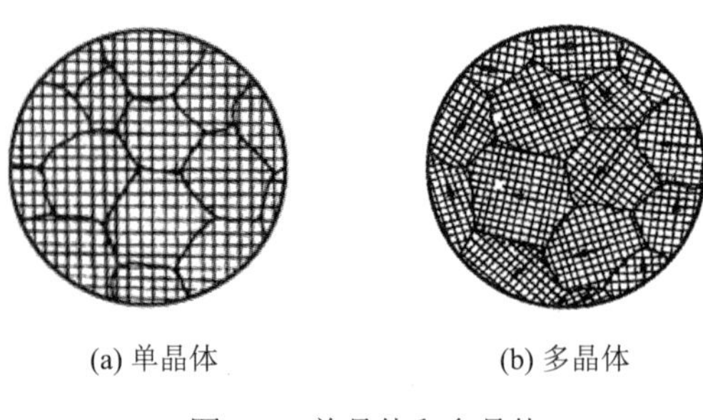

(a) 单晶体　　(b) 多晶体

图 2-5　单晶体和多晶体

2. 单晶体与多晶体的性能差异

对于单晶体而言，由于各个方向上原子的排列不同，导致各个方向上的性能不同，即各向异性的特点；多晶体的每个小晶粒具有各向异性的特点，但就多晶体的整体而言，由于各个小晶粒的位向不同，所以多晶体表现的性能是各个小晶粒的平均性能。因此，实际使用的金属材料一般都不具有各向异性。

2.2 金属的结晶与同素异构转变

2.2.1 金属的结晶

结晶一般指金属从液态向固态过渡时晶体结构形成的过程，或者说原子从不规则排列状态过渡到规则排列状态的过程。

1. 过冷度

金属在熔点 T_0 温度处液体与晶体处于平衡状态。实践证明，如欲使金属以明显的速度进行结晶，必须将液态金属冷至熔点 T_0 以下某一温度 T_n，这就是金属结晶时的过冷现象。金属总是在过冷的情况下结晶的，过冷是金属结晶的必要条件。

理论结晶温度 T_0 与实际结晶温度 T_n 之差称为过冷度。各种金属结晶的过冷度都不大，通常只有几度。过冷度不是常数，不同种类金属的过冷度不同，同一金属的过冷度也随冷却速度的不同而不同。同一金属从液态冷却时，冷却速度越大，结晶的过冷度也越大。

与结晶情况相反，当固态金属加热时，实际熔化温度高于理论熔化温度。

2. 金属的结晶过程

液态金属的结晶过程如图 2-6 所示。

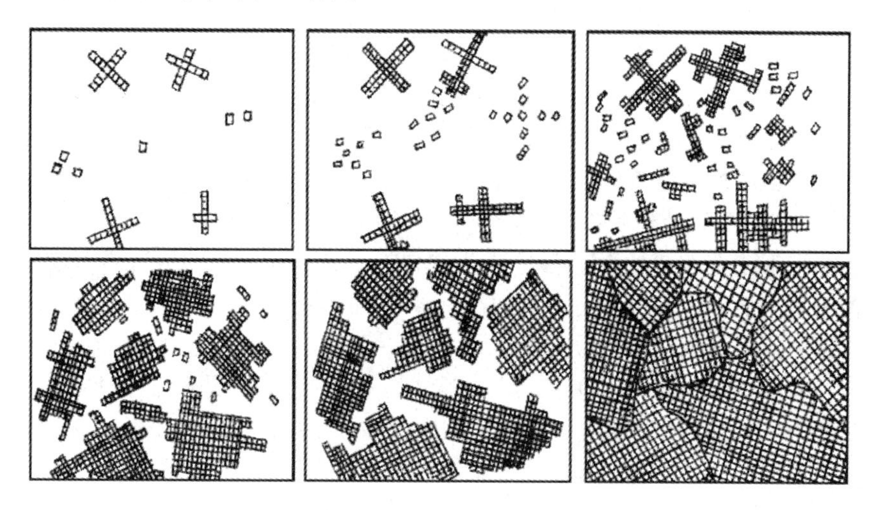

图 2-6　液态金属的结晶过程

结晶过程完成之后，便得到由许多形状不规则的小晶体(晶粒)组成的金属组织，即多晶体。金属组织中的晶粒大小取决于结晶过程中晶核数目的多少及其长大速度，而晶粒的形状则取决于晶体结晶过程中的成长方式。

在晶核长大初期，因晶体内部原子排列规则的缘故，所以晶体外形是比较规则的。随着晶粒的长大，由于晶粒尖角处的散热比较好，晶粒在尖角处就容易长大，继而延伸出新的尖角分支，就像树枝一样先长主干后长分枝，如图 2-7 所示。这种生长方式下得到的晶体称为树枝状晶体，简称树枝晶。

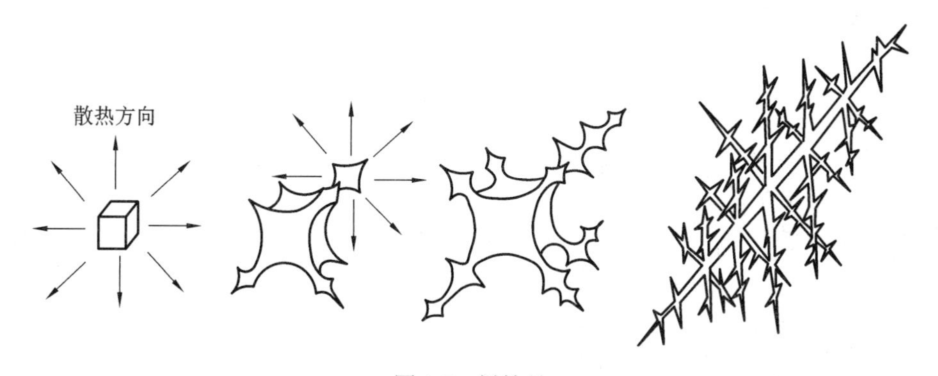

图 2-7　树枝晶

3. 晶粒大小对性能的影响

实践证明，细晶粒金属具有较高的综合力学性能，即强度、硬度、塑性及韧性都比较好。主要原因是晶粒越细小，晶界数目就越多，移动阻力越大，塑性变形抗力增加；同时变形分散到更多的晶粒内进行，晶界还可阻挡裂纹的扩展，从而提高金属材料的各项力学性能。因此，在生产中对控制金属材料的晶粒大小相当重视，通过采用适当的方法以获得细小晶粒来提高材料的强度，这种强化金属材料的方法称为细晶强化。

金属结晶后的晶粒大小取决于金属材料结晶时的形核率和晶核的长大速度。形核率越高，晶核长大速度就越小，结晶后获得的晶粒数目就越多，晶粒就越细小。常用的细化晶粒方法有增加过冷度、变质处理和振动处理三种方法。

(1) 增加过冷度。增加过冷度就是加快液态金属的冷却速度。金属的形核率和晶核的长大速度都随过冷度的增大而加快，但是形核率的增长速度大于晶核的长大速度，所以增加过冷度可以细化晶粒，这种方法只适用于中、小型铸件。生产过程中以增加液态金属冷却速度的方法达到增加过冷度的目的，如以金属铸型代替砂型。

(2) 变质处理。变质处理是指液态金属在浇注前向液态金属中加入一些形核剂(又称变质剂或孕育剂)，使其分散在金属溶液中作为非自发晶核，使晶核的数目显著增加，并降低晶核的长大速度，从而达到细化晶粒的目的。常见的铸铁孕育剂有硅铁孕育剂、硅钙孕育剂、硅钡孕育剂；在钢中加入合金元素钒、钛、铝，都能起到细化晶粒的作用。

(3) 振动处理。振动处理是指在金属结晶时，对液态金属进行机械振动、超声波振动、电磁振动等，使生长中的枝晶破碎，阻碍晶粒长大和增加形核率，起到细化晶粒的作用。

2.2.2 金属的同素异构转变

大多数金属在结晶终了后继续冷却，其晶体结构不再发生变化。但是有些金属在不同的温度下晶格类型是不同的，从而导致其力学性能不同。

金属在固态状态下随着温度的改变，由一种晶格形式转变为另一种晶格形式的现象称为金属的同素异构转变。以不同晶格形式存在的同一种金属元素的晶体称为该金属的同素异构体或同素异晶体。同一种金属的同素异晶体按其稳定存在的温度由低温到高温依次用希腊字母 α、β、γ、δ 等表示。具有同素异构转变的金属有铁、钴、钛、锡、锰等。以下是纯铁的同素异构转变过程。

1. 纯铁的同素异构转变

铁的同素异构转变是铁的重要特性，是钢和铸铁能通过热处理改变组织和性能的前提。

图 2-8 所示为纯铁的冷却曲线。由图可见，液态纯铁在 1538℃时结晶为具有体心立方晶格的 δ-Fe；继续冷却到 1394℃时纯铁发生同素异构转变，晶格由体心立方晶格的 δ-Fe 转变为面心立方晶格的 γ-Fe；继续冷却到 912℃时纯铁再次发生同素异构转变，晶格由面心立方晶格的 γ-Fe 转变为体心立方晶格的 α-Fe。继续冷却后，纯铁的晶格类型不再发生变化，其转变过程可概括为

$$\text{液态纯铁} \xrightleftharpoons{1538℃} \underset{\text{体心立方晶格}}{(\delta\text{-Fe})} \xrightleftharpoons{1394℃} \underset{\text{面心立方晶格}}{(\gamma\text{-Fe})} \xrightleftharpoons{912℃} \underset{\text{体心立方晶格}}{(\alpha\text{-Fe})}$$

另外，纯铁在 770℃时发生磁性转变，即 770℃以下具有磁性，770℃以上失去磁性。磁性转变过程不发生晶格转变，也不是同素异构转变。

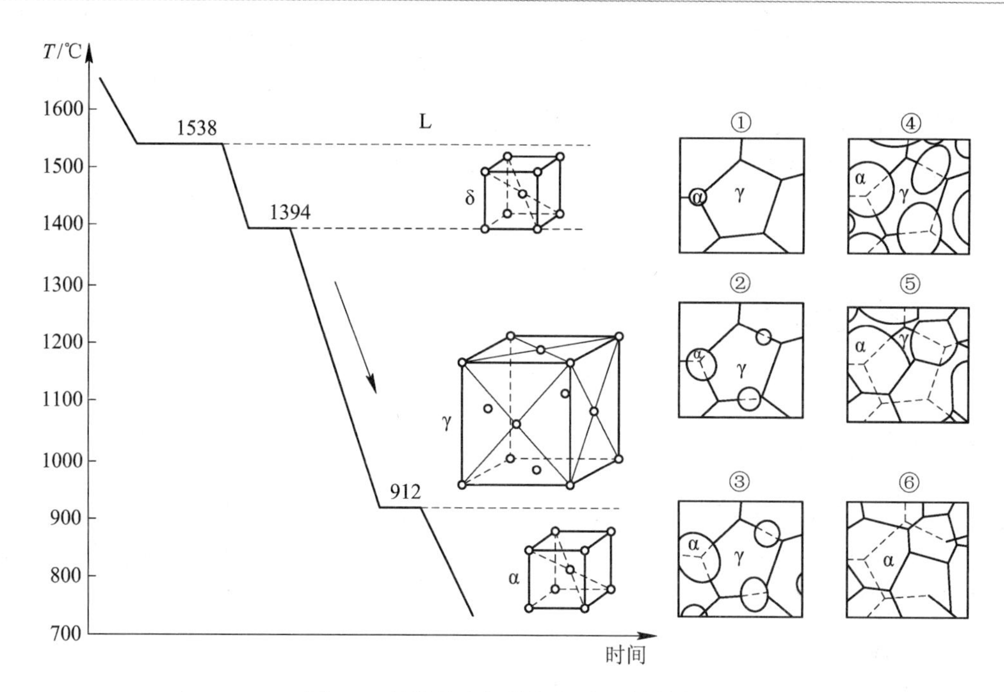

图 2-8　纯铁的冷却曲线(同素异构转变)

2. 金属同素异构转变的特点

金属的同素异构转变又称作重结晶，其过程与液态金属的结晶过程相似，遵循结晶的一般规律。两者都有一定的转变温度，转变时有过冷现象，放出和吸收潜热，转变过程也是一个形核和晶核长大的过程。

两者的区别是同素异构转变时，新晶格的晶核优先在原来晶粒的晶界处形核，转变需要较大的过冷度，晶格的变化伴随着金属体积的变化，转变时会产生较大的内应力，如γ-Fe转变为α-Fe时，铁的体积会膨胀约1%，这是钢热处理时引起应力导致工件变形和开裂的重要原因。

正是由于纯铁随温度的改变其晶格也发生了变化并生成新晶粒，所以热处理才能使钢和铸铁发生组织性能的改变。不发生同素异构转变的金属是不能进行热处理的。

2.3　合金及其组织

纯金属虽然具有优良的塑性和优异的导电性、导热性等性能，但纯金属的其他力学性能较差，不能满足各种不同的加工和使用要求，而且纯金属价格昂贵，在使用上也受到很大限制。因此，实际生产中使用的金属材料大多是合金材料，尤其是铁碳合金。合金材料的成分可根据需要配制，以获得不同金属材料的性能。

2.3.1　合金的基本知识

合金是由两种或两种以上的金属元素，或金属与非金属元素组成的具有金属特性的物质。如碳素钢和铸铁都是铁与碳组成的合金，黄铜是铜与锌组成的合金。

组成合金的最基本的独立物质称为组元，简称元。组元一般是指组成合金的独立元素，但一些稳定的化合物有时也可作为组元，如 Fe_3C。根据组成合金的组元数目，合金可分为二元合金、三元合金和多元合金，如白铜是铜与镍组成的二元合金。

在合金中的化学成分、晶体结构和性能相同的组成部分称为相。相与相之间有明显的界面，称为相界。

将合金的试样表面抛光、侵蚀后，在显微镜下观察到具有独特的微观形貌特征称为组织。由单一相构成的组织称为单相组织，由不同相构成的组织称为多相组织。组织反映材料的相组成、相形态、大小和分布状况，因此组织是反应合金材料性能的关键。

2.3.2 合金的组织

多数合金组元在液态时都能互相溶解，形成均匀的液相。在合金材料冷却至固态时由于各组分之间相互作用不同，则会形成不同的组织。通常固态合金有固溶体、金属化合物和机械混合物三类组织。

1. 固溶体

合金材料由液态结晶为固态时，组元的晶格中溶入另一种或多种其他组元而形成的均匀固相称为固溶体。晶格保持不变的组元称为溶剂，晶格消失的组元称为溶质。固溶体是单相组织。

1) 固溶体的种类

根据溶质原子在溶剂晶格中所处位置的不同，固溶体可分为间隙固溶体和置换固溶体。

(1) 间隙固溶体。溶质原子溶入溶剂晶格之中而形成的固溶体称为间隙固溶体，一般在溶质原子与溶剂原子直径之比小于 0.59 时，形成间隙固溶体，如图 2-9(a)所示。

(2) 置换固溶体。溶剂晶格结点上的部分原子被溶质原子所替代而形成的固溶体称为置换固溶体，一般情况下，当溶剂和溶质原子直径差别不大时，易于形成置换固溶体，如图 2-9(b)所示。

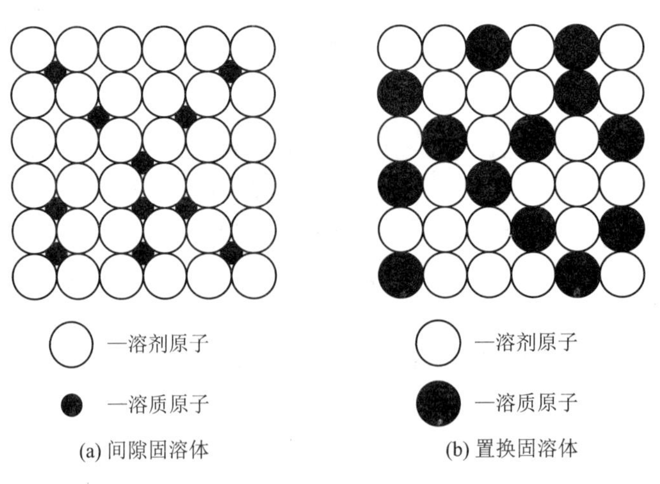

图 2-9　固溶体示意图

2) 固溶体的溶解度

溶质原子溶于固溶体中的量称为固溶体的溶解度，通常用质量百分数来表示。间隙固溶体的溶解度与温度有着密切的关系，温度越高，晶格中的间隙位置越多，溶解度就越大。但间隙位置是有限的，所以间隙固溶体是有限固溶体。一般情况下，置换固溶体的溶解度取决于溶质原子与溶剂原子的相似度(原子半径、晶格类型、在化学周期表中的位置等)，两者差别越小，溶解度就越大。如果两者晶格类型相同，原子半径相似，在周期表中位置相近，则溶解度就更大，甚至可以形成无限固溶体。

3) 固溶强化

由于溶质原子与溶剂原子总是有差别的，所以溶质原子的溶入会引起溶剂晶格发生畸变。晶格畸变使合金变形的阻力增大，从而提高了合金的强度和硬度。这种通过溶入合金元素使金属材料强度、硬度提高的现象称为固溶强化，它是提高材料力学性能的重要途径之一。

相比于冷变形强化，当固溶体中溶质含量适度时，不仅可提高材料的强度和硬度，还能保持良好的塑性和韧性。在实际生产中，在钝铜中加入 39%以下的锌构成单相黄铜，可使抗拉强度从 220 MPa 提升到 380 MPa 且仍然保持 50%以上的伸长率。

2. 金属化合物

合金组元间发生相互作用而形成一种具有金属性能的物质称为金属化合物，它的晶格类型和性能完全不同于任一组元，一般可用化学分子式表示，如钢中的渗碳体用 Fe_3C 表示。

金属化合物具有熔点高、硬度高、脆性大的特点。在合金材料中金属化合物主要作为强化相存在，可以提高金属材料的强度、硬度和耐磨性，但会使合金材料的塑性和韧性有所降低。金属化合物是各类钢、硬质合金及有色金属中的重要组成相。金属化合物是单相组织。

3. 混合物

两种或两种以上的相按一定质量百分数组合成的物质称为混合物。混合物中各组成相仍保持自己的晶格，彼此之间无交互作用。混合物可以是纯金属、金属化合物、固溶体之间的混合，其性能主要取决于各组成相的性能、质量百分数以及分布状态。混合物是多相组织。

大多数合金的组织都是由固溶体和少量金属化合物组成的混合物，如钢中的大部分组织就是混合物。

2.4　铁碳合金的组织

纯铁的塑性很好，但是强度和硬度很低，难以满足零件的使用要求。向纯铁中加入少量的碳形成铁碳合金后，其组织和性能就发生了很大的改变。

铁与碳在固态下的结合方式有两种：含碳量低时形成的固溶体，含碳量高时形成的金属化合物。另外，在铁碳合金中还有由固溶体和铁碳化合物组成的混合物。以下是铁碳合金中的几种组织。

1. 铁素体

铁素体是碳溶解在 α-Fe 中所形成的间隙固溶体，用符号 F 表示。铁素体呈体心立方晶格，由于晶格原子之间间隙较小，所以碳在 α-Fe 中溶解度极小，在室温时含碳质量分数 w_C = 0.0008%，在 727℃时达到最大溶解度 w_C = 0.0218%，其中铁素体是在 727℃以下存在的。

铁素体的含碳量低，所以其力学性能与纯铁性能相似，其塑性、韧性好(A = 30%～50%，α_K = 160～200 J/cm^2)，而强度、硬度低(R_m = 180～280 MPa，硬度为(50～80)HBW)。

铁素体显微组织也与纯铁相似，为多边形晶粒组织，如图 2-10 所示。

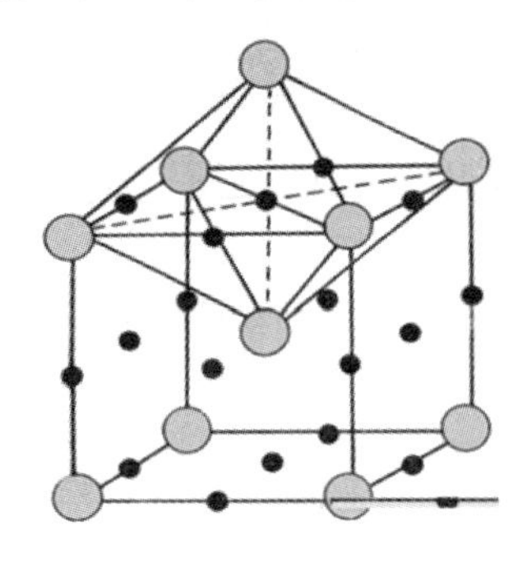
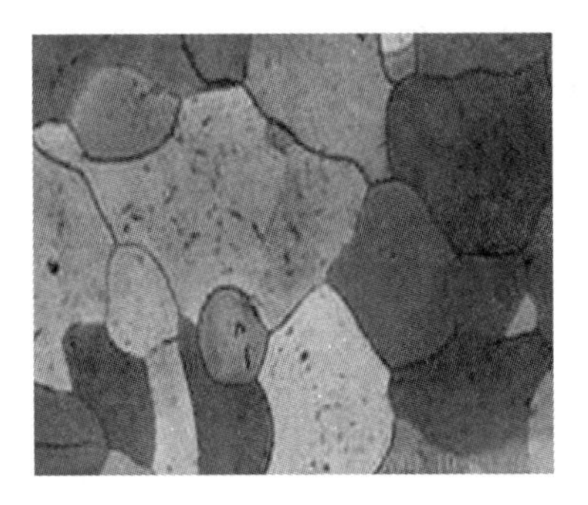

图 2-10　铁素体的晶胞和显微组织

2. 奥氏体

奥氏体是碳溶解在 γ-Fe 中形成的间隙固溶体，用符号 A 表示。奥氏体呈面心立方晶格，晶格原子间隙较大，所以碳在 γ-Fe 中的溶解度比在 α-Fe 中大，在 727℃时 w_C = 0.77%；在 1148℃时溶解度最大，w_C = 2.11%。

奥氏体是一种高温组织，稳定存在的温度范围为 727～1394℃，显微组织为多边形晶粒，晶粒内常见到孪晶(晶粒的平行的直线条)，如图 2-11 所示。

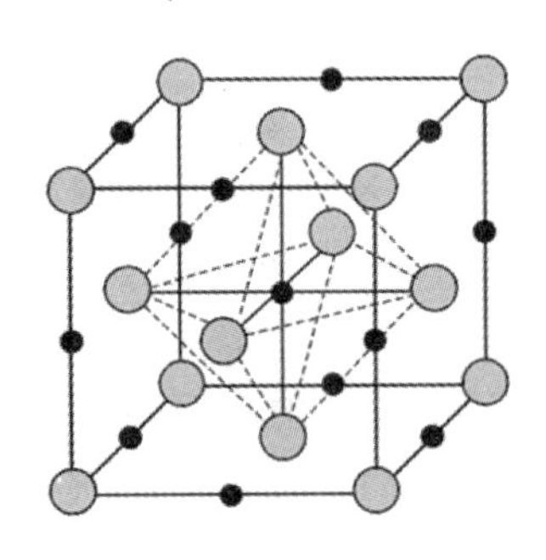
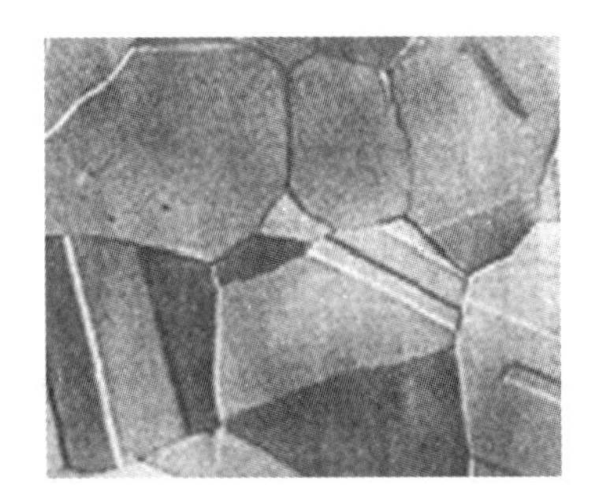

图 2-11　奥氏体的晶胞和显微组织

奥氏体的性能与其含碳量和晶粒大小有关。奥氏体的强度和硬度不高(R_m = 400 MPa，硬度为(120～220)HBW)，塑性、韧性良好(A = 40%～50%)和变形抗力较低的特点。生产中利用奥氏体塑性好的特点，常将钢加热到高温奥氏体状态时进行塑性加工。

3. 渗碳体

渗碳体是铁和碳形成的一种具有复杂晶格的金属化合物，用化学分子式 Fe_3C 表示，也可用符号 Cm 来表示，它的含碳质量分数 w_C = 6.69%，熔点为 1227℃。

渗碳体硬度高(800HBW)，脆性大，塑性和韧性几乎为零，是一种硬而脆的组织。渗碳体不能单独使用，在钢中作为强化相存在，通常与铁素体和奥氏体组成混合物。根据生成条件不同，渗碳体有条状、网状、片状、粒状等形态，它们的大小、数量、分布会对铁碳合金的性能产生很大影响。

渗碳体是一种亚稳定相，在一定条件下可分解形成石墨。

4. 珠光体

珠光体是由铁素体和渗碳体组成的机械混合物，用符号 P 表示。珠光体是含碳量 w_C = 0.77%的奥氏体冷却至 727℃发生共析转变的产物，所以含碳量 w_C = 0.77%。珠光体只存在于 727℃以下。

珠光体显微组织为铁素体片与渗碳体片交替排列的片状组织，高碳钢经球化退火后也可获得球状珠光体(也称粒状珠光体)，如图 2-12 所示。

珠光体的力学性能介于铁素体与渗碳体之间，强度较高，硬度适中，塑性和韧性较好(R_m = 770 MPa，硬度为 180HBW，A = 20%～35%，α_k = 10～20 J/cm^2)。

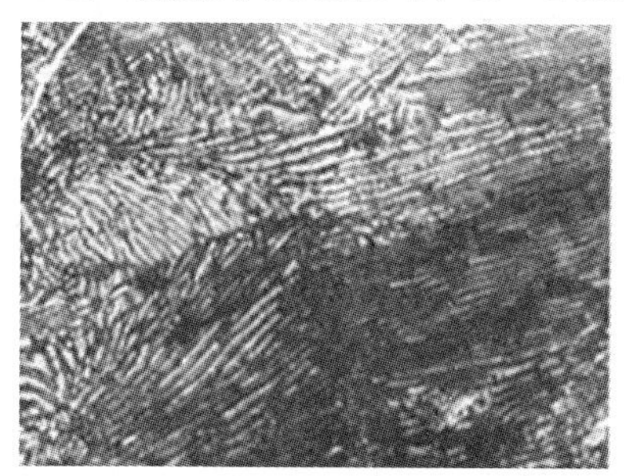

(a) 片状珠光体

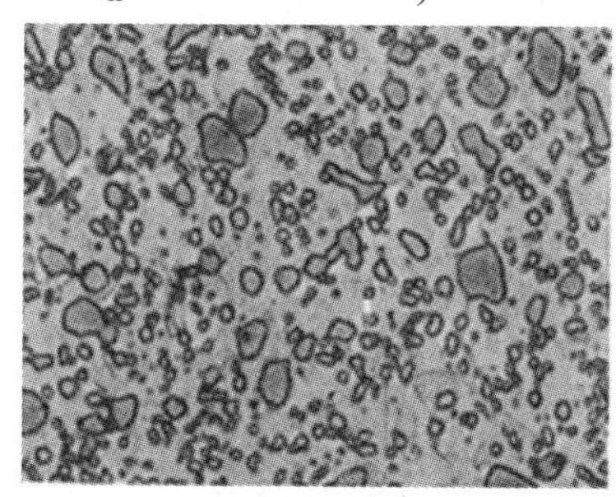

(b) 球状珠光体

图 2-12　珠光体的显微组织图

5. 莱氏体

莱氏体是由奥氏体和渗碳体组成的机械混合物。莱氏体是由含碳量 w_C = 4.3%的铁碳合金冷却到 1148℃时共晶转变的产物，所以含碳量平均为 w_C = 4.3%。存在于 1148～727℃之间的莱氏体称为高温莱氏体，用符号 Ld 表示，组织由奥氏体和渗碳体组成；存在于 727℃以下的莱氏体称为低温莱氏体，用符号 Ld′ 表示，组织由珠光体和渗碳体组成。

莱氏体与渗碳体相似，硬度很高(700HBW 以上)，塑性极差，几乎为零。

莱氏体的显微组织如图 2-13 所示。

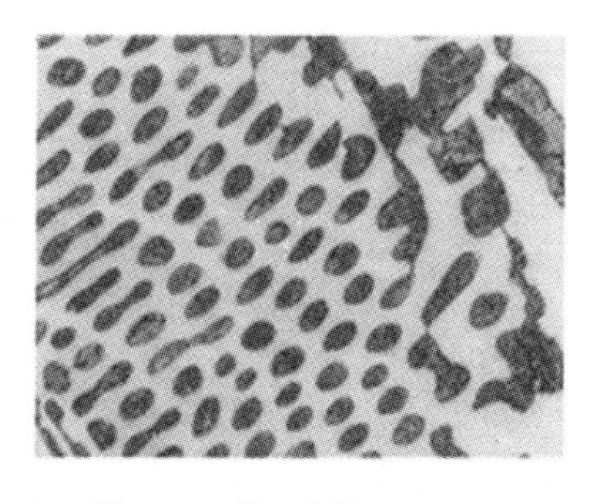

图 2-13　莱氏体的显微组织

上述五种组织中，铁素体、奥氏体、渗碳体是铁碳合金的基本相，而珠光体和莱氏体是由基本相混合而成的基本组织。

2.5 铁碳合金相图

合金相图表示在平衡条件下(极其缓慢加热和冷却)合金成分、温度、组织状态之间的关系图形，又称为合金状态图。铁碳合金相图是表示在平衡条件下，不同成分铁碳合金的组织状态与温度之间的关系图形。相图测定的方法为热分析法，即对不同成分(含碳量)的合金进行加热熔化，观察其在缓慢加热和冷却过程中内部组织的变化，测出其相变临界点，并标于“温度-成分”坐标系中，将性质相同的临界点用光滑线段连接起来，就绘成合金相图。

2.5.1 铁碳合金相图中的特性点、线

铁碳合金相图的横坐标为合金的成分(含碳量)，纵坐标为合金的温度。对于铁碳合金来说，当含碳量大于 6.69%时，铁碳合金的脆性极大，加工困难，生产中无实用价值，并且 Fe_3C(w_C = 6.69%)可以作为一个独立组元，因此，我们仅研究含碳量为 0～6.69%的铁碳合金相图部分，为了便于研究，我们将相图左上角部分简化，如图 2-14 所示。

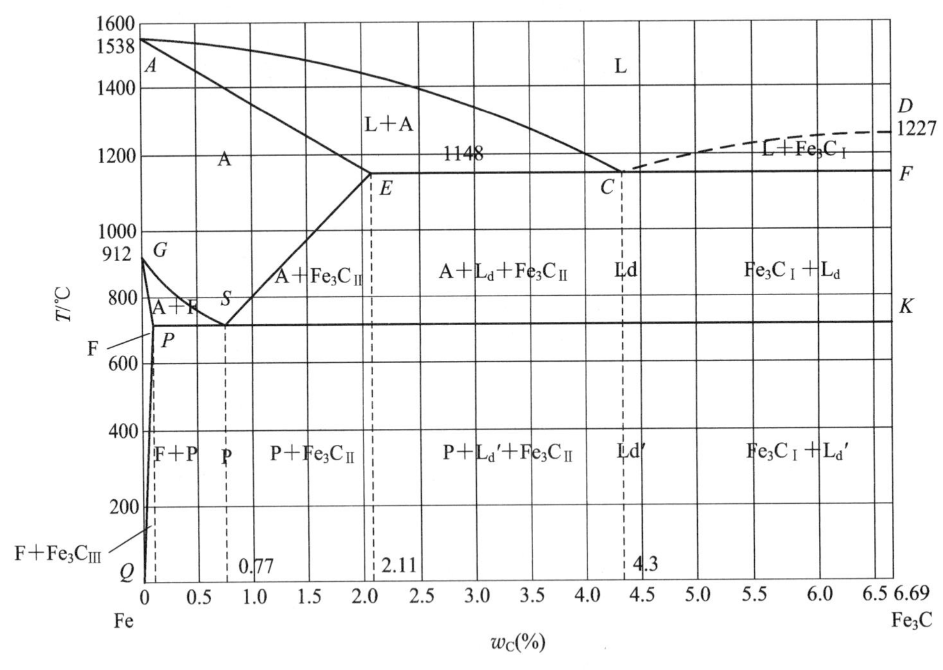

图 2-14 Fe-Fe_3C 相图

1. 铁碳合金相图的特性点

简化后的铁碳合金相图可看作由两个简单组元 Fe 和 Fe_3C 组成的典型二元相图。图中纵坐标表示合金的温度，横坐标表示合金的成分。左端原点 w_C = 0，即纯铁；右端点 w_C =

6.69%，即 Fe_3C。相图中的任意一点横坐标代表一种铁碳合金的成分，即含碳量；纵坐标代表该合金所在的温度。如 S 点表示 727℃时 $w_C = 0.77\%$的铁碳合金，E 点表示 1148℃时 $w_C = 2.11\%$的铁碳合金。

在铁碳合金相图中用字母标出的点都有一定的特性含义，称为特性点。

铁碳合金相图特性点如表 2-1 所示。

表 2-1　铁碳合金相图特性点

特性点	温度 t/℃	w_C	含　　义
A	1538	0	纯铁的熔点
C	1148	4.3%	共晶点，Lc↔Ld
D	1227	6.69%	渗碳体的熔点(计算值)
E	1148	2.11%	碳在 γ-Fe 中的最大溶解度点
G	912	0	纯铁的同素异晶转变点，α-Fe ↔γ-Fe
P	727	0.0218%	碳在 α-Fe 中的最大溶解度点
S	727	0.77%	共析点，As ↔ P

2. 铁碳合金相图的特性线

铁碳合金相图的特性线是把不同成分合金具有相同物理意义(转变性质)的临界点(转变开始点、转变终了点)用光滑曲线连接起来，表示铁碳合金内部组织发生转变的界线。特性线将整个相图划分成不同的区域，每个区域内的组织都不同。简化后的铁碳合金相图特性线如表 2-2 所示。

表 2-2　铁碳合金相图特性线

特性线	名称	含　　义
ACD	液相线	此线以上为液相(L)，缓冷至 *AC* 线时开始结晶出奥氏体，缓冷至 *CD* 线时开始结晶出渗碳体
AECF	固相线	当液态合金缓冷至此线时全部结晶完毕，此线以下为固相
ECF	共晶线	凡 $w_C > 2.11\%$的液态铁碳合金缓冷至此线都发生共晶转变，生成莱氏体(Ld)。共晶反应式为：Lc↔Ld($A_E + Fe_3C$)
PSK	共析线(A_1 线)	凡 $w_C > 0.0218\%$的铁碳合金缓冷至此线都发生共析转变，生成珠光体(P)。共析反应式为：As↔P($F + Fe_3C$)
ES	A_{cm} 线	碳在 γ-Fe 中的溶解度曲线，奥氏体中的含碳量随温度的降低沿 ES 线从 2.11%降低至 0.77%(以析出渗碳体的方式降低含碳量)；缓慢加热至此线时，所有渗碳体全部溶入奥氏体
GS	A_3 线	凡 $w_C < 0.77\%$的铁碳合金缓冷至此线时，都从奥氏体中析出铁素体；缓慢加热至此线时，铁素体全部转变为奥氏体
PQ		碳在 α-Fe 中的溶解度曲线，铁素体中的含碳量随温度的降低沿 *PQ* 线从 0.0218%降至 0.0008%

2.5.2 典型成分铁碳合金的平衡结晶过程及其组织

根据含碳量及室温下平衡组织的不同，铁碳合金一般可分为工业纯铁、钢和白口铸铁三类，铁碳合金的分类、成分及平衡组织如表 2-3 所示。

表 2-3 铁碳合金的分类、成分及平衡组织

铁碳合金类别		化学成分 w_C	室温平衡组织
工业纯铁		0～0.0218%	F
钢	共析钢	0.77%	P
	亚共析钢	0.0218%～0.77%	F + P
	过共析钢	0.77%～2.11%	$P + Fe_3C_{II}$
白口铸铁	共晶白口铸铁	4.3%	Ld′
	亚共晶白口铸铁	2.11%～4.3%	$P + Fe_3C_{II} + Ld'$
	过共晶白口铸铁	4.3%～6.69%	$Ld' + Fe_3C_I$

1. 共析钢的平衡结晶过程及组织

如图 2-15 所示，共析钢从高温冷却时，与相图中的 *AC*、*AE* 和 *PSK* 线分别交于 1、2、3 点。该合金在 1 点温度以上全部为液相(L)；缓冷至 1 点温度时，开始从液相中结晶出奥氏体；缓冷至 2 点温度时，全部结晶为奥氏体；当温度缓冷至 3 点温度时(727℃)时，奥氏体发生共析转变，生成珠光体组织 P(铁素体与渗碳体的混合物)。这种由一定成分的固相在一定温度下，同时析出紧密相邻的两种或多种不同固相的转变称为共析转变，发生共析转变的温度称共析温度。当温度继续下降时，铁素体成分沿 *PQ* 线变化，铁素体中析出少量的渗碳体(称为 Fe_3C_{III})与共析渗碳体混在一起，该渗碳体(Fe_3C_{III})在显微镜下难以分辨，可忽略不计。因此，共析钢的室温平衡组织为珠光体，是由铁素体与渗碳体交替排列的片状组织，如图 2-16 所示。

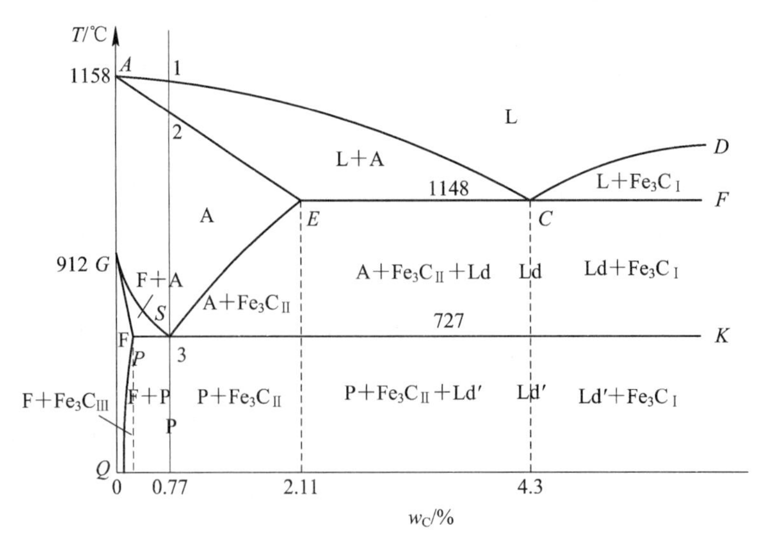

图 2-15 共析钢的平衡结晶示意图

图 2-16　共析钢的平衡结晶组织

2. 亚共析钢的平衡结晶过程及组织

如图 2-17 所示，亚共析钢从高温冷却时与图中的 *AC*、*AE*、*GS* 和 *PSK* 线分别交于 1、2、3、4 点。亚共析钢在 3 点以上的结晶过程与共析钢的结晶过程相似，当其缓冷至 3 点时，就开始从奥氏体中析出铁素体，并且随着温度的降低，铁素体量就不断增多，成分沿 *GP* 线变化，奥氏体含碳量逐渐减少；当温度降至 4 点(727℃)时，剩余奥氏体的含碳量达到共析成分($w_C = 0.77\%$)发生共析转变，生成珠光体(随后冷却过程中析出的少量三次渗碳体 Fe_3C_{III}忽略不计)。因此，亚共析钢的室温平衡组织为珠光体和铁素体。必须指出，随亚共析钢含碳量的增加，组织中铁素体量将减少，如图 2-18 所示，图中白亮色部分为铁素体，呈黑色或片层状的为珠光体。

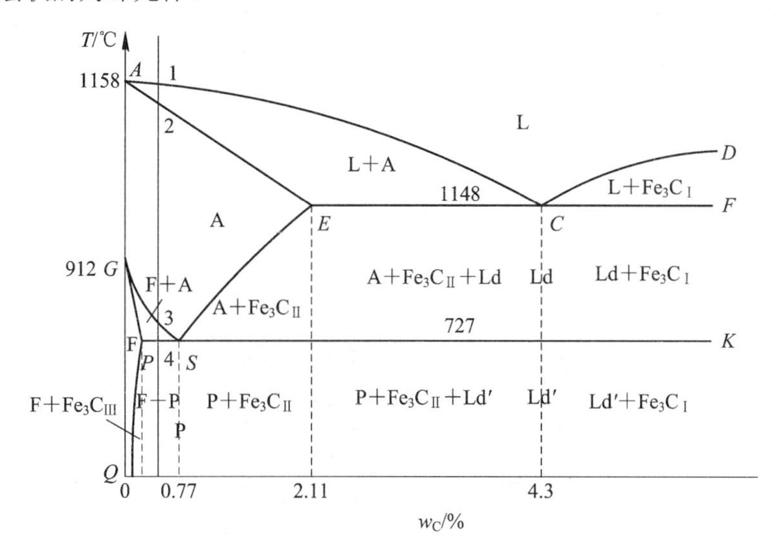

图 2-17　亚共析钢的平衡结晶示意图

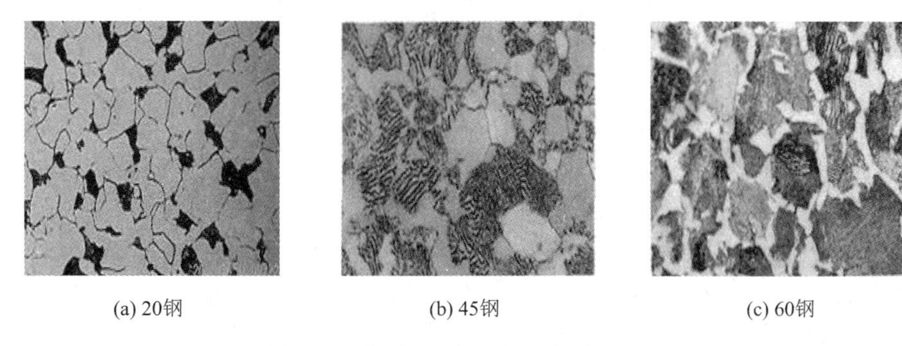

(a) 20钢　　(b) 45钢　　(c) 60钢

图 2-18　典型亚共析钢的平衡结晶组织

3. 过共析钢的平衡结晶过程及组织

如图 2-19 所示，过共析钢冷却时与图中 *AC*、*AE*、*ES* 和 *PSK* 线分别交于 1、2、3、4 点。过共析钢在 3 点以上的结晶过程与共析钢的结晶过程相似，当其缓冷至 3 点时，开始从奥氏体中析出渗碳体(称为二次渗碳体 Fe_3C_{II})，随着温度的降低，二次渗碳体量就逐渐增多，而剩余奥氏体中的含碳量沿 *ES* 线变化；当温度降至 4 点(727℃)时，奥氏体的含碳量降到共析成分($w_C = 0.77\%$)发生共析转变，生成珠光体。因此，过共析钢室温平衡组织为珠光体和二次渗碳体。二次渗碳体一般以网状形式沿奥氏体晶界分布，会降低钢的力学性能。如图 2-20 所示，片状或黑色组织为珠光体，白色网状组织为二次渗碳体。

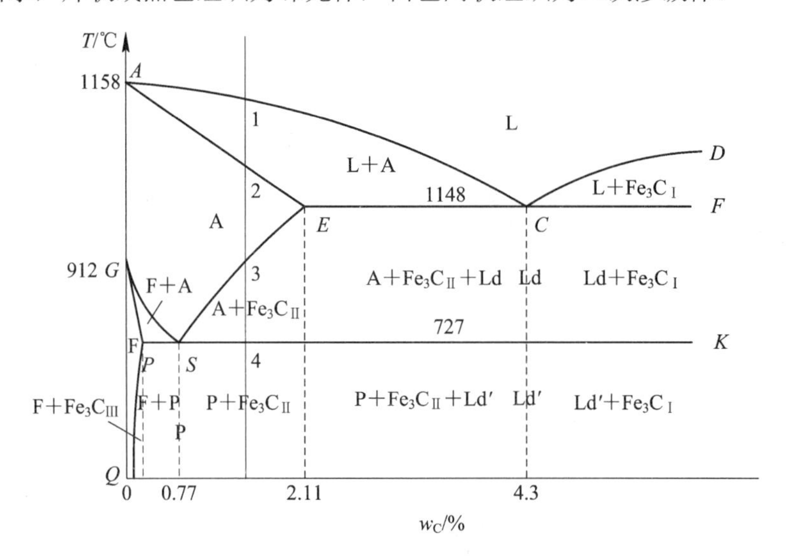

图 2-19　过共析钢的平衡结晶示意图

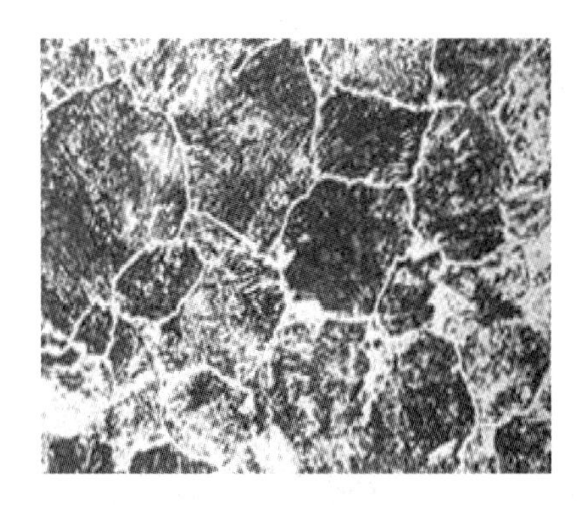

图 2-20　过共析钢的平衡结晶组织

4. 共晶白口铸铁的平衡结晶过程及组织

共晶白口铸铁的含碳量为 4.3%。如图 2-21 所示，共晶白口铸铁冷却时与 *ECF*、*PSK* 线分别交于 1、2 点。合金从液态冷却到 1 点即 1148℃时，发生共晶反应，液态合金全部转变为莱氏体(Ld)，莱氏体是共晶奥氏体和共晶渗碳体的机械混合物，呈蜂窝状。随着温度降低，共晶奥氏体成分沿 ES 线变化，同时析出二次渗碳体，由于二次渗碳体与共晶奥氏体结合在一起而不容易分辨，因而莱氏体可作为一个组织看待。当温度降到 2 点时，奥氏体成分达到0.77%，发生共析反应并转变为珠光体。由珠光体与共晶渗碳体组成的组织称为低温莱氏体(Ld′)。随着温度继续降低，低温莱氏体中珠光体的变化与共析钢的相同，珠光体与渗碳体的相对重量不再发生变化。共晶白口铸铁的室温组织为低温莱氏体，它保留了共晶转变产物的形态特征。图2-22中，黑色蜂窝状为珠光体，白色基体为共晶渗碳体。

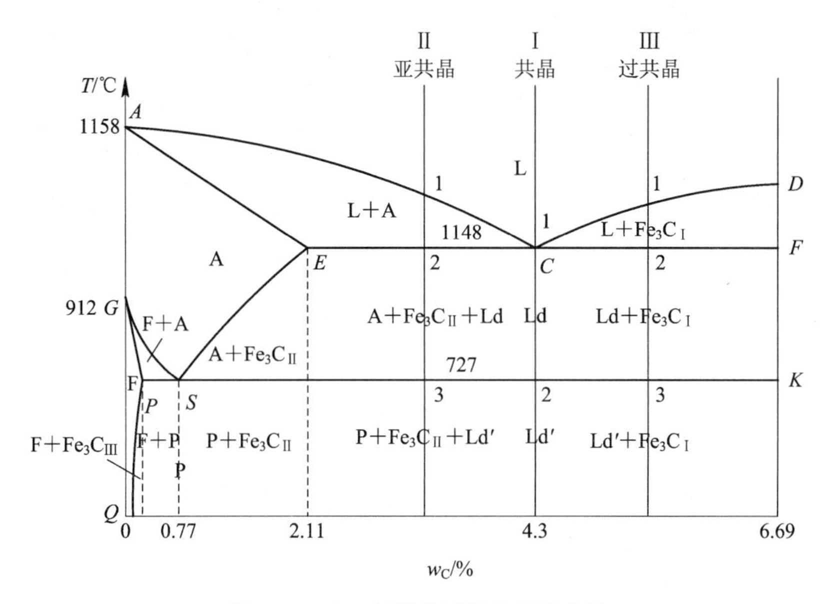

图2-21　白口铸铁的平衡结晶示意图

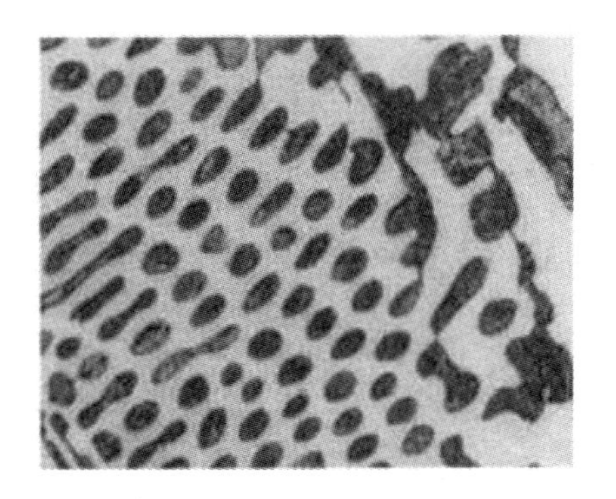

图2-22　共晶白口铸铁的平衡结晶组织

5. 亚共晶白口铸铁的平衡结晶过程及组织

以含C为$w_C = 3.5\%$的亚共晶白口铸铁为例进行分析，如图2-21所示，合金在冷却过程中分别于*AC*、*ECF*、*PSK*相交于1、2、3点。当液态合金冷却到1点温度时，液态合金中先结晶出奥氏体，称为一次奥氏体或先共晶奥氏体。在1～2点温度之间时，奥氏体量不断增多并呈树枝状长大。当温度冷却到2点以后，剩余液相的成分沿*BC*线变化到*C*点，并发生共晶转变，转变为莱氏体。随着温度继续降低，将从先共晶奥氏体和共晶奥氏体中析出二次渗碳体。由于先共晶奥氏体粗大，沿其周边析出的二次渗碳体被共晶奥氏体衬托出来。共晶奥氏体析出二次渗碳体的过程与共晶白口铸铁相同。当温度降到3点时，奥氏体成分沿

GS 线变到 *S* 点，并发生共析反应转变为珠光体。亚共晶白口铸铁的室温组织为 $P + Fe_3C_{II} + Ld'$。如图 2-23(a)所示，图中树枝状的黑色粗块为珠光体，其周围被莱氏体中珠光体衬托出的白圈为二次渗碳体，其余为低温莱氏体。

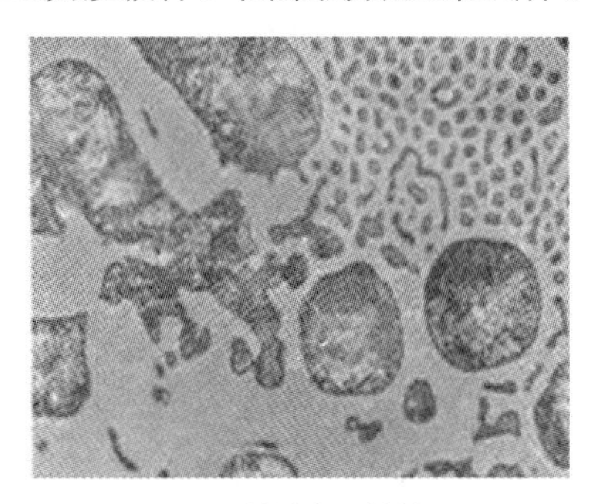

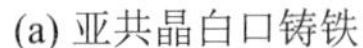

(a) 亚共晶白口铸铁

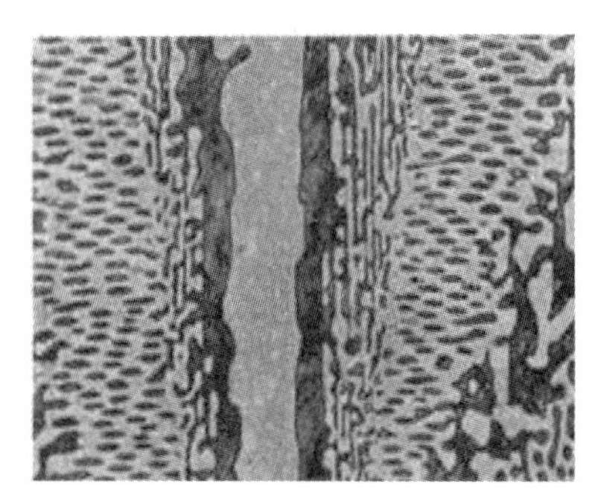

(b) 过亚共晶白口铸铁

图 2-23　亚共晶和过共晶白口铸铁的平衡结晶组织

6. 过共晶白口铸铁的平衡结晶过程及组织

如图 2-21 所示，过共晶白口铸铁在冷却过程分别与 *CD*、*ECF*、*PSK* 相交于 1、2、3 点。合金在 1 点温度以上为液态，在 1-2 点温度之间先结晶出一次渗碳体 Fe_3C_I，一次渗碳体呈粗条片状。当冷却到 2 点温度时，余下的液相成分沿 *DC* 线变化到 *C* 点，发生共晶反应，剩余液态合金全部转变为莱氏体。随着温度继续降低，一次渗碳体成分重量不再发生变化，莱氏体的变化与共晶合金相同。过共晶白口铸铁的室温组织为 $Fe_3C_I + Ld'$。如图 2-23(b)所示，图中粗大的白色条片为一次渗碳体，其余为低温莱氏体。

2.6　铁碳合金相图的应用

2.6.1　铁碳合金成分、组织、性能之间的关系

由铁碳合金相图的分析可知，在温度一定的前提下，合金的成分决定合金的组织，而组织又决定了合金的性能。铁碳合金室温组织无论成分(含碳量)如何都是由铁素体和渗碳体两个基本相组成的，但含碳量不同，组织中两个相的相对数量和分布形态也不同，从而导致不同成分的铁碳合金具有不同的组织和性能。

1. 碳的质量分数对组织的影响

随着碳的质量分数的增加，铁碳合金的室温组织的变化规律如下：

$$F+P \rightarrow P \rightarrow P + Fe_3C_{II} \rightarrow P + Fe_3C_{II} + Ld' \rightarrow Ld' \rightarrow Ld' + Fe_3C_I$$

从以上变化可以看出，铁碳合金室温组织随碳的质量分数的增加，铁素体的相对量减少，而渗碳体的相对量增加。具体来说，对钢部分而言，随着含碳量的增加，亚共析钢中的铁素体量随之减少，过共析钢中的二次渗碳体量随之增加；对铸铁部分而言，随着碳的质量分数的增加，亚共晶白口铸铁中的珠光体和二次渗碳体量减少，过共晶白口铸铁中的一次渗碳体随之增加。

2. 碳的质量分数对力学性能的影响

铁碳合金的力学性能取决于铁素体与渗碳体的相对量及它们的相对分布状况。如图 2-24 所示，当含碳量 $w_C < 0.9\%$时，随着碳含量的增加，钢组织中渗碳体的相对量增多，铁素体的相对量减少，使钢的强度、硬度呈直线上升，而塑性、韧性随之降低；当含碳量 $w_C > 0.9\%$时，随着含碳量的继续增加，硬度仍然增加，由于钢中的二次渗碳体沿晶界析出并形成完整的网络，导致钢的脆性增加，强度开始明显下降，塑性、韧性继续降低。为保证钢有足够的强度和一定的塑性及韧性，机械工程中使用的钢的碳质量分数一般不大于 1.4%。含碳量 $w_C > 2.11\%$的白口铸铁，由于组织中渗碳体量太多，性能硬而脆，难以切削加工，因此在机械工程中很少直接应用。

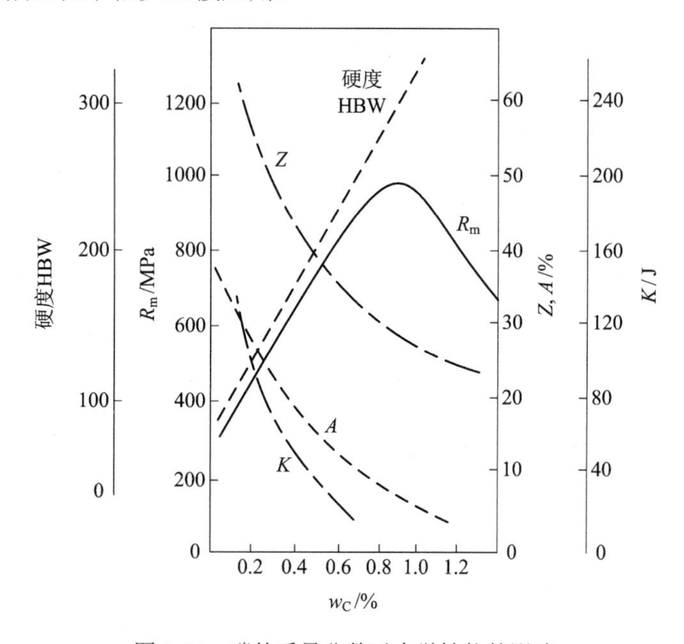

图 2-24　碳的质量分数对力学性能的影响

2.6.2　在钢铁材料选材方面的应用

铁碳合金相图揭示了铁碳合金的组织随成分变化的规律，由此可以判断出钢铁材料的力学性能，以便于合理地选择钢铁材料。

工业纯铁在室温、退火状态的组织是由等轴晶粒组成的，其强度低，塑性和韧性好，可作为功能材料使用，如变压器的铁芯等。

含碳量在 0.15%～0.7%的亚共析钢是力学性能最好的区域，工程用钢和生产用钢都属于此范围，主要用于制造大型工程结构件，各种机械零部件及各种弹性元件。含碳量在 0.7%以上 1.4%以下的共析钢和过共析钢，其强度高、硬度高和耐磨性好，可用于制作刃具、量具、模具、轧制工具及耐磨损工具等。

含碳量大于 2.11%的铁碳合金称为铸铁。铸铁具有较低的熔点，优良的铸造工艺性能和良好的抗震性，且生产工艺简单，成本低廉，用途非常广泛，如各类机器的机身或底座、铸铁管及轧辊等。

2.6.3 在工艺方面的应用

1. 在铸造方面的应用

从铁碳合金相图可以看出共晶成分的铁碳合金熔点最低，结晶温度范围最小，流动性最好，且具有良好的铸造性能。因此，在铸造生产中多选用接近共晶成分的铸铁。根据铁碳合金相图可以确定铸造的浇注温度，一般在液相线以上 50～100℃。铸钢的含碳量 $w_C = 0.15\%$～0.6%，钢的凝固温度区间大，流动性差，易形成缩孔，浇注温度高，晶粒粗大，偏析严重。因此，铸钢的铸造性能较差，铸造工艺复杂。

2. 在锻压加工方面的应用

由铁碳合金相图可知钢在高温时处于奥氏体状态，而奥氏体的变形抗力低、塑性好，有利于进行塑性变形。根据铁碳合金相图可以确定锻造温度范围，使钢材的锻造、轧制(热轧)等均在单相奥氏体区间进行。低碳钢的锻造温度范围比高碳钢大，低碳钢的锻造性能优于高碳钢。

3. 在焊接加工方面的应用

含碳量低的钢的焊接性能好于含碳量高的钢，根据铁碳合金相图还可对热影响区进行组织分析。

4. 在热处理方面的应用

铁碳合金相图对于制订热处理工艺有着特别重要的意义。热处理中常用的退火、正火、淬火的温度范围都是根据铁碳合金相图确定的。

需要注意的是，铁碳合金相图上的各个临界温度都是在平衡条件即无限缓慢地加热或冷却的条件下得到的，因此无法说明快速加热或冷却时铁碳合金的组织变化规律。在生产中为提高钢的力学性能而使用的淬火等手段得到的不平衡组织，在相图中是体现不出来的。

另外，实际生产中使用的铁碳合金除铁、碳元素外还有其他元素，也会对铁碳合金相图产生影响。

技 能 训 练

一、金相试样的制备

1. 实训目的

(1) 了解金相显微试样的制备原理，熟悉金相显微试样的制备过程。

(2) 初步掌握金相显微试样的制备方法。

2. 实训设备及用品

待制备的金相试样、砂轮机、抛光机、浸蚀剂、酒精。

3. 实训指导

金相试样制备过程一般包括取样、粗磨、细磨、抛光和浸蚀五个步骤。

1) 取样

从需要检测的金属材料或零件上截取试样称为取样。取样的部位和磨面的选择必须根据分析要求而定。试样的尺寸无统一规定，从便于握持和磨制角度考虑，一般直径或边长为 15～20 mm，高为 12～18 mm 比较适宜。对于尺寸过小、形状不规则和需要保护边缘的试样，可以采取镶嵌或机械夹持的方法。

2) 粗磨

粗磨的目的主要有以下三点：

(1) 修整。有些试样，例如用锤击法取到的试样，形状很不规则，则必须经过粗磨，将其修整为规则形状的试样。

(2) 磨平。无论用什么方法取样，切口往往不平滑，为了将观察面磨平，同时去掉切割时产生的变形层，必须进行粗磨。

(3) 倒角。在不影响观察的前提下，需将试样上的棱角磨掉，以免划破砂纸和抛光织物。

3) 细磨

粗磨后的试样，磨面上仍有较粗和较深的磨痕，为了消除这些磨痕则必须进行细磨。细磨可分为手工磨和机械磨两种。手工磨是将砂纸铺在玻璃板上，左手按住砂纸，右手握住试样并在砂纸上作单向推磨。目前普遍使用的机械磨设备是预磨机，电动机带动铺着水砂纸的圆盘转动，将试样沿着圆盘的径向来回移动，移动时用力均匀，边磨边用水冲洗。机械磨制比手工磨制快，但平整度不够好，表面变形层比较严重。因此要求较高的试样或材质较软的试样应采用手工磨制。

4) 抛光

抛光的目的是去除细磨后遗留在试样磨面上的细微磨痕，可以得到光亮无痕的镜面。抛光的方法有机械抛光、电解抛光和化学抛光三种，其中最常用的是机械抛光。

机械抛光是在抛光机上进行，将抛光织物(粗抛常用帆布，精抛常用毛呢)用水浸湿、铺平、绷紧并固定在抛光盘上，启动抛光机开关使抛光盘逆时针转动，将适量的抛光液(氧化铝、氧化铬或氧化铁抛光粉加水的悬浮液)滴洒在盘上即可进行试样抛光。

5) 浸蚀

抛光后的试样在金相显微镜下观察时，只能看到光亮的磨面，如果磨面有划痕、水迹或材料中的非金属夹杂物、石墨以及裂纹等也可以看出来，但是要分析试样的金相组织还必须对试样进行浸蚀。

浸蚀的方法有多种，最常用的是化学浸蚀法，利用浸蚀剂对试样进行化学溶解和电化学浸蚀，将试样的组织显露出来。待试样表面略显灰暗时即刻取出，用流动水冲洗后再往浸蚀面上滴些酒精，用滤纸吸去过多的水和酒精，迅速用吹风机吹干，则完成整个试样制备的过程。

二、碳钢和白口铸铁金相组织的识别观察

1. 实训目的

(1) 了解典型成分的铁碳合金在平衡状态下的显微金相组织特征。

(2) 识别不同钢种的显微金相组织。

(3) 分析含碳量对铁碳合金显微金相组织的影响，从而加深理解成分、组织和性能之间的相互关系。

2. 实训设备及用品

金相显微镜，不同含碳量的铁碳合金试样。

3. 实训指导

1) 铁碳合金室温组织的显微特征

铁碳合金主要包括碳钢和白口铸铁，其室温组织是由铁素体和渗碳体这两个基本相所组成的，由于含碳量不同，所以铁素体和渗碳体的相对数量不同，析出条件及分布也均有所不同，因而呈现各种不同的形态。铁碳合金(各种铁碳合金均以退火状态近似替代平衡组织)在金相显微镜下具有下面四种基本相和组织特征：

(1) 铁素体的金相组织。铁素体是碳溶解于 α-Fe 中的间隙式固溶体。工业纯铁用 4%的硝酸酒精溶液浸蚀后，在显微镜下呈现白亮色的多边形等轴晶粒；亚共析钢中的铁素体呈块状分布；当含碳量接近共析成分时，铁素体则呈现断续的网状分布于珠光体周围。

(2) 渗碳体的金相组织。渗碳体是铁与碳形成的金属化合物，含碳量 $w_C = 6.69\%$，质硬而脆，耐腐蚀性强，经 4%的硝酸酒精浸蚀后，渗碳体呈亮白色，而铁素体浸蚀后呈灰白色，由此可区别铁素体和渗碳体。渗碳体可以呈现不同的形态：一次渗碳体直接由液态中结晶出，呈粗大的片状；二次渗碳体由奥氏体中析出，常常呈网状分布于奥氏体的晶界；三次渗碳体由铁素体中析出，呈不连续片状分布于铁素体晶界处，数量极微，可忽略不计。

(3) 珠光体的金相组织。在平衡条件下所得的珠光体组织是一层铁素体和一层渗碳体交替排列的机械混合物。在 4%的硝酸酒精溶液浸蚀后，呈现窄的条纹的为渗碳体，宽的白色条纹的为铁素体，这是因为在浸蚀时，铁素体被均匀浸蚀，而渗碳体较铁素体硬，不容易被浸蚀，故凸出于铁素体。在铁素体与渗碳体交界处，由于电化学作用，浸蚀剧烈，因而会凸凹不平。当高倍金相显微镜观察时，渗碳体可被分辨出来，可看到渗碳体片的真实形态。如显微镜的放大倍率较低时，珠光体的渗碳体与铁素体不易分辨，珠光体则呈现黑色或灰色。

珠光体的另一形态是渗碳体呈球状分布在白色的铁素体基础上，这种珠光体组织形态是钢经球化退火后的产物。

(4) 莱氏体的金相组织。莱氏体在室温时是珠光体和渗碳体所组成的机械混合物。其组织特征是在亮白色的渗碳体基底上相间分布着暗黑色斑点及细条状珠光体。

2) 典型铁碳合金的显微金相组织

根据含碳量及组织特征的不同，铁碳合金可分为工业纯铁、钢和铸铁三大类。

(1) 工业纯铁的金相组织。工业纯铁为两相组织，即由铁素体和少量三次渗碳体所组成。图 2-25 所示为工业纯铁的显微组织，其中黑色线条是铁素体的晶界，亮白色基底则是铁素体的不规则等轴晶粒，在某些晶界处可以看到不连续的薄片状三次渗碳体。

(2) 钢(碳素钢)的金相组织。

① 亚共析钢。亚共析钢的含碳量 w_C 在 0.0218%～0.77%范围内，室温下的组织由铁素

体和珠光体所组成。随着钢中含碳量的增加铁素体的数量逐渐减少，而珠光体的数量则相应地增多。图 2-26 所示为亚共析钢 45 钢的显微组织，其中亮白色为铁素体，暗黑色为珠光体。

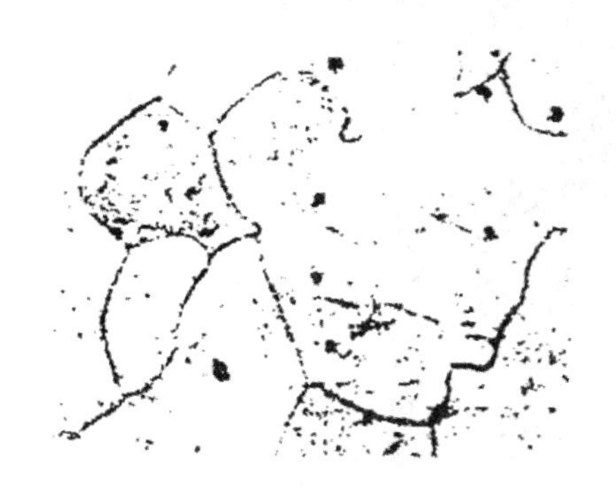

图 2-25　工业纯铁的显微组织

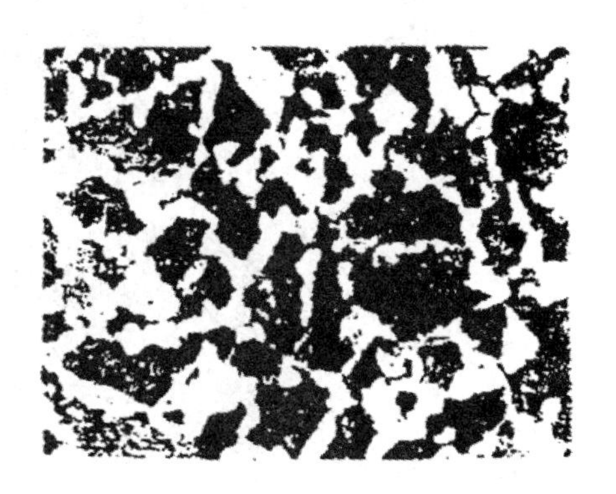

图 2-26　45 钢的显微组织(400×)

通过在显微镜下观察珠光体和铁素体各自所占面积的百分数，可近似地计算钢中的碳含量，即碳含量 ≈ $P \times 0.77\%$，其中 P 为珠光体所占面积百分数(室温下铁素体含碳量极微可忽略不计)。例如：某亚共析钢在显微镜下观察到 33%的面积为珠光体，则此钢的含碳量 $w_C \approx 0.77\% \times 0.33\% \approx 0.25\%$，则此钢相当于 25 钢。

② 共析钢。共析钢含碳量 $w_C = 0.77\%$，室温下的组织是单一的珠光体，即由铁素体和渗碳体呈层片状交替排列的机械混合物。图 2-27 所示为 T8 钢的珠光体显微组织。金相显微观察珠光体晶粒之间没有明显的晶界，片层排列方向大致相同的部分就是一个珠光体晶粒。

③ 过共析钢。过共析钢的含碳量超过 0.77%(一般不超过 1.4%)，室温下的组织是由珠光体和二次渗碳体所组成。钢中含碳量越多，则二次渗碳体数量就愈多。图 2-28 所示为 T12 钢的显微组织，组织形态为层片相间的珠光体和细小的亮白色的网络状渗碳体(二次渗碳体用不同的浸蚀剂浸蚀后其颜色不同，用 4%的硝酸酒精溶液浸蚀时，二次渗碳体呈白色网状；而用苦味酸钠溶液浸蚀时，二次渗碳体呈黑色。因此，可利用此溶液使二次渗碳体染色来区分铁素体与二次渗碳体)。

图 2-27　T8 钢的显微组织(400×)

图 2-28　T12 钢的显微组织(400×)

(3) 铸铁的金相组织。

① 亚共晶白口铸铁。含碳量在 2.11%～4.3%的白口铸铁称为亚共晶白口铸铁，室温下的组织由珠光体、二次渗碳体和莱氏体组成，如图 2-29 所示。用 4%的硝酸酒精溶液浸蚀

后在显微镜下，那些小黑点的珠光体和白色渗碳体组织组成的斑点状莱氏体为基体，粗大的卵形树枝状黑色斑点为珠光体(先共晶奥氏体转变成的珠光体)。

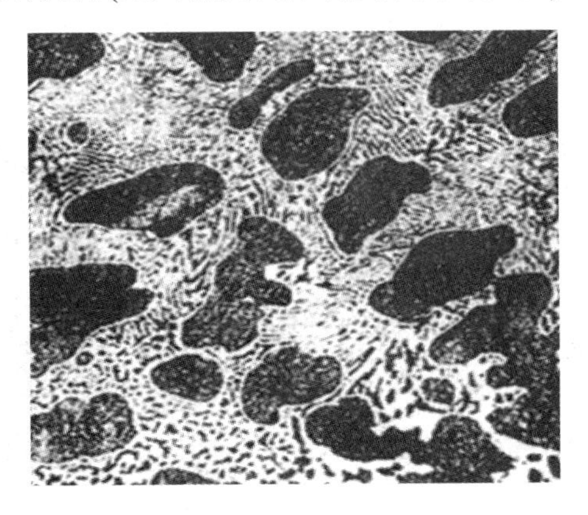

图 2-29　亚共晶白口铸铁显微组织图

② 共晶白口铸铁。共晶白口铸铁的含碳量为 4.3%，室温下的组织由单一的共晶莱氏体组成。在显微镜下，白亮色的基体是渗碳体，暗黑色的斑点状与细条状是珠光体，如图 2-30 所示。

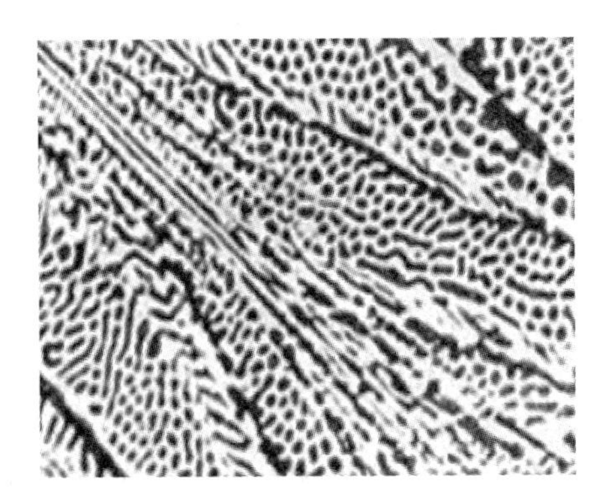

图 2-30　共晶白口铸铁显微组织图

③ 过共晶白口铸铁。含碳量大于 4.3%的过共晶白口铸铁，室温下的组织由一次渗碳体和莱氏体组成。在显微镜下，暗色斑点状的莱氏体的基底上分布着亮白色粗大条片状的一次渗碳体，如图 2-31 所示。

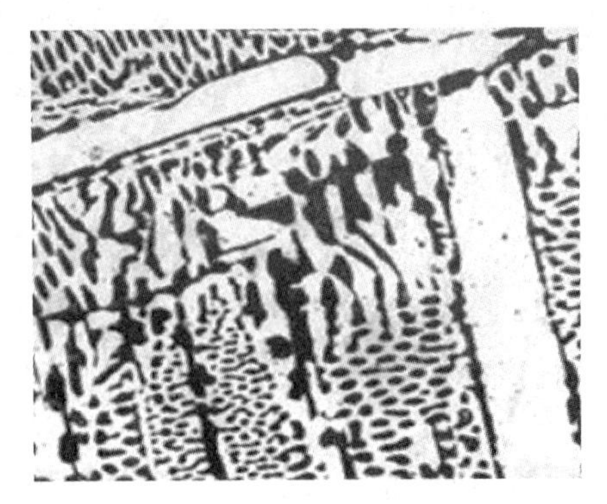

图 2-31　过共晶白口铸铁显微组织图

3) 观察试样金相组织

学生应根据铁碳合金相图分析各类成分铁碳合金的组织形成过程，并通过对铁碳合金平衡金相组织的观察和分析，熟悉钢和铸铁的金相组织和形态特征，以进一步建立成分与组织之间相互关系的概念。

(1) 观察表 2-4 中所列试样的显微组织。

表 2-4 几种碳钢和白口铸铁的显微样品

编号	材 料	热处理状态	组织名称及特征	浸蚀剂	放大倍数
1	工业纯铁	退火	铁素体(呈等轴晶粒)和微量三次渗碳体(薄片状)	4% 硝酸酒精溶液	100～500
2	20 钢	退火	铁素体(呈块状)和少量的珠光体	4% 硝酸酒精溶液	100～500
3	45 钢	退火	铁素体(呈块状)和相当数量的珠光体	4% 硝酸酒精溶液	100～500
4	T8 钢	退火	铁素体(宽条状)和渗碳体(细条状)相间交替排列	4% 硝酸酒精溶液	100～500
5	T12 钢	退火	珠光体(暗色基底)和细网络状二次渗碳体	4% 硝酸酒精溶液	100～500
6	亚共晶白口铁	铸态	珠光体(呈黑色枝晶状)、莱氏体(斑点状)和二次渗碳体(在枝晶周围)	4% 硝酸酒精溶液	100～500
7	共晶白口铁	铸态	莱氏体，即珠光体(黑色细条及斑点状)和渗碳体(亮白色)	4% 硝酸酒精溶液	100～500
8	过共晶白口铁	铸态	莱氏体(暗色斑点)和一次渗碳体(粗大条片状)	4% 硝酸酒精溶液	100～500

(2) 填写实训报告。画出所观察试样的金相显微组织示意图，并用箭头标明组织组成物的名称。

材料名称：

化学成分：

显微组织：

材料名称：
化学成分：
显微组织：

材料名称：
化学成分：
显微组织：

材料名称：
化学成分：
显微组织：

(3) 根据所观察的组织，说明含碳量对铁碳合金的组织和性能的影响和其大致规律。

项 目 小 结

1. 常见的晶格类型有三类：体心立方晶格、面心立方晶格、密排六方晶格。

2. 金属结晶的过程就是形核和长大的过程，这两个过程是同时进行的。大多数合金结晶后获得多晶体，呈现各向同性。

3. 结晶后得到的晶粒越细小，力学性能越好。可采取增加过冷度、变质处理、振动处理等手段细化晶粒。

4. 纯铁存在同素异构转变现象，是铁碳合金能进行热处理的前提。

5. 合金的组织有固溶体、金属化合物、混合物三类。铁碳合金的组织有铁素体、奥氏体、渗碳体、珠光体和莱氏体。其中，铁素体、奥氏体是固溶体，渗碳体是金属化合物，珠光体和莱氏体是混合物。铁素体硬度最低，奥氏体塑性最好，渗碳体硬度最高，珠光体强度最高。

6. 根据含碳量和室温组织的不同，铁碳合金分为工业纯铁、钢和白口铸铁；钢分为亚共析钢、共析钢和过共析钢；白口铸铁分为亚共晶白口铸铁、共晶白口铸铁和过共晶白口铸铁。

7. 含碳量影响铁碳合金的力学性能：钢的塑性、韧性随着含碳量的增加而降低，硬度随着含碳量增加而升高，强度随着含碳量增加先升后降。工业用钢含碳量一般不超过 1.4%。

习　题

1. 常见的晶格类型有哪些？

2. 金属的结晶过程实质是什么？晶粒的大小对金属力学性能有何影响？实际生产中常用什么有效方法获得细晶粒？

3. 简述纯铁的同素异构转变过程，并说明铁元素的这一特性有什么意义。

4. 写出铁碳合金中几类组织的名称、符号、存在温度范围和性能特点。

5. 什么是钢的共析转变和共晶转变？转变的产物各是什么？写出它们的转变式。

6. 画出简化铁碳合金状态图，说明图中主要特性点、特性线的意义，填出各相区的相和组织。

7. 根据含碳量和室温组织的不同，铁碳合金可分为哪几类？其中钢和白口铸铁又分别可分为几类？写出它们的含碳量范围和室温组织。

8. 什么是二次渗碳体？在什么温度范围产生？过共析钢平衡组织中的渗碳体是什么样的形状？它会对钢的性能产生什么影响？

9. 试分析含碳量对钢力学性能的影响。

10. 根据铁碳相图，将下列成分铁碳合金在给定温度下的组织填入表 2-5 内。

表 2-5　不同温度含碳量铁碳合金的组织

碳的质量分数/%	温度/℃	显微组织	碳的质量分数/%	温度/℃	显微组织
0.25	800		0.25	1000	
0.77	400		0.77	800	
0.9	700		0.9	1000	
2.5	1000		2.5	1200	
4.3	1000		4.3	1200	

11. 根据铁碳合金相图，解释下列现象：

(1) 钢铆钉一般用低碳钢制造；

(2) 在 1100℃时，$w_C = 0.4\%$的钢能进行锻造，而 $w_C = 4.0\%$的铸铁不能进行锻造；

(3) 在室温下，$w_C = 0.8\%$的钢比 $w_C = 0.4\%$的钢硬度高、比 $w_C = 1.2\%$的强度高；

(4) 绑扎物件一般用铁丝(镀锌低碳钢丝)，而起重机吊重物时都用钢丝绳(60 钢($w_C = 0.6\%$)、65 钢、70 钢制成)；

(5) 钳工锯削 70($w_C = 0.7\%$)、T10($w_C = 1.0\%$)、T12($w_C = 1.2\%$)钢料比锯削 10($w_C = 0.1\%$)、20($w_C = 0.2\%$)钢料费力，且锯条易磨钝。

项目3 钢的热处理

技能目标

(1) 能制订钢的整体热处理工艺。

(2) 能分析并观察钢的不同热处理组织。

思政目标

(1) 通过热处理"四把火"的学习，锻造"淬火成钢"的坚韧品质。

(2) 理解热处理工艺对材料性能和使用安全性的影响，培养学生树立责任意识、铸就工匠精神。

知识链接

由项目 2 所学可知纯铁在加热或冷却过程中都存在同素异构转变、晶粒重组、组织变化现象。利用钝铁的这一特性，我们将钢在固态时采用适当的方式进行加热、保温和冷却处理，使其内部组织发生变化，从而获得预期的组织、结构和性能，这样的工艺过程称为钢的热处理工艺。

所有热处理工艺都由加热、保温和冷却三个阶段组成。获得不同热处理最终组织的关键在于不同的加热和冷却条件，即加热温度、保温时间和冷却速度对于材料内部组织变化的影响，热处理工艺曲线如图 3-1 所示。

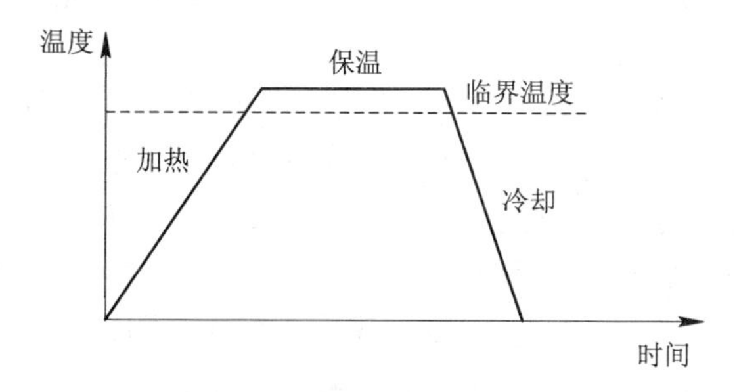

图 3-1 热处理工艺曲线示意图

热处理工艺是机械制造中必要的工序，它虽不改变零件的尺寸和形状，但是可以通过改变零件内部组织来发挥钢材的潜力，以提高零件的使用性能和使用寿命。另外，热处理工艺还可改善钢的工艺性能，提高加工质量，降低刀具磨损。

根据加热、冷却的方式不同，热处理可分为不同的类别，如图 3-2 所示。

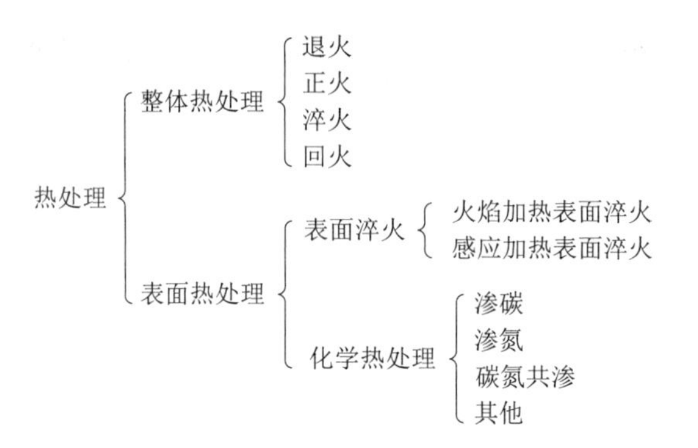

图 3-2　热处理的分类

3.1　钢在加热时的转变

在热处理工艺中，加热钢的目的是获得奥氏体，所以钢加热转变的本质就是奥氏体的形成。奥氏体是钢在高温状态时的组织，其晶粒的大小、成分及其均匀化程度，对钢冷却后的组织和性能有重要影响。

3.1.1　钢的加热温度

钢的加热温度是热处理工艺的重要参数之一，是保证热处理质量的关键所在。为了得到细小均匀的奥氏体晶粒，必须严格控制加热温度和保温时间，以确保钢在冷却后获得高性能的组织。

加热温度随被处理的材料和热处理的目的不同而异，一般都是加热到相变温度以上。因为转变需要一定的时间，因此当金属工件表面达到要求的加热温度时，还须在此温度保持一定时间，使工件内外温度一致且显微组织转变完全，这段时间称为保温时间。

铁碳合金相图是表示铁碳合金在接近平衡状态下相与成分和温度间的关系图，如图 3-3 所示，临界点 A_1、A_3 和 A_{cm} 也只是在平衡条件下才适用的。在实际生产中受生产效率的影响，其相变是在非平衡的条件即较快的加热和冷却条件下进行的。非平衡的组织转变有滞后现象，非平衡条件下加热的相变点 $\mathrm{Ac_1}$、$\mathrm{Ac_3}$、$\mathrm{Ac_{cm}}$ 高于平衡相变温度，其差值为过热度；非平衡条件下冷却的相变点 $\mathrm{Ar_1}$、$\mathrm{Ar_3}$、$\mathrm{Ar_{cm}}$ 低于平衡相变温度，差值为过冷度。例如，共析钢在平衡条件下珠光体、奥氏体的转变温度为 A_1，加热时珠光体在 $\mathrm{Ac_1}$ 转变为奥氏体，冷却时奥氏体在 $\mathrm{Ar_1}$ 转变为珠光体。加热与冷却速度越大，温度提高与下降的幅度就越大，即过热度与过冷度越大。

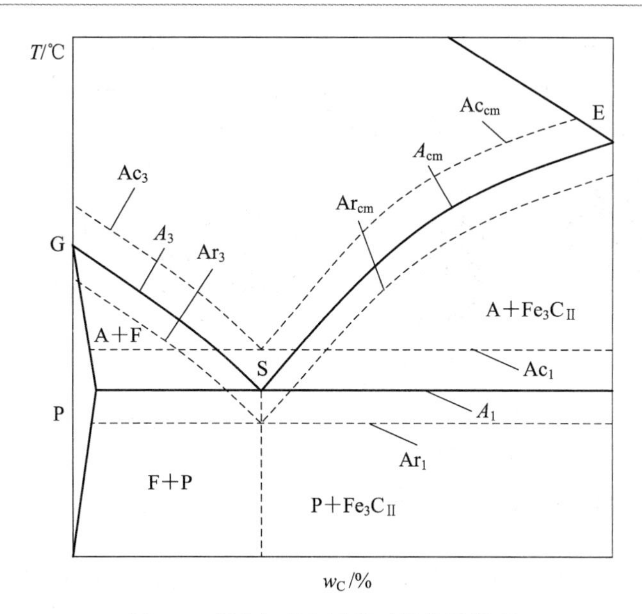

图 3-3 钢在加热和冷却时的临界温度

3.1.2 奥氏体的形成

以共析钢为例分析钢加热到相变点后获得奥氏体的过程。整个奥氏体的形成过程分为三个阶段，即晶核形成及长大、残余渗碳体的溶解和奥氏体成分的均匀化。

1. 奥氏体晶粒的形成与长大

珠光体是由铁素体和渗碳体两相片层交替组成的，在铁素体和渗碳体两相交界处，碳浓度的差别比较大，这有利于在奥氏体形成时碳原子的扩散。此外，由于界面原子排列不规则，有利于铁原子扩散和进行晶格的改组重建，因此，奥氏体优先在铁素体和渗碳体的界面处形核。

铁素体通过铁原子的扩散，晶格不断改组为奥氏体。渗碳体通过碳的扩散，不断溶入奥氏体中，结果奥氏体晶粒不断向铁素体和渗碳体两边长大，直至珠光体全部转变为奥氏体为止。

2. 残余渗碳体的溶解

由于渗碳体的晶格结构和含碳量与奥氏体的差别远大于铁素体与奥氏体的差别，所以铁素体全部优先转变为奥氏体后，还有一部分渗碳体残留下来被奥氏体包围，这部分残余的渗碳体在保温过程中，通过碳的扩散继续溶于奥氏体，直至全部消失。

3. 奥氏体成分的均匀化

渗碳体在全部溶解时，奥氏体中原属渗碳体的部位含碳较高，原属铁素体的部位含碳较低，随着保温时间的延长，通过碳原子的扩散，奥氏体的含碳量逐渐趋于均匀。

整个共析钢的奥氏体形成过程如图 3-4 所示。

亚共析钢的平衡组织为铁素体和珠光体，当加热到 Ac_1 以上温度时，珠光体转变为奥氏体(转变也遵循前面的三个阶段)，在 Ac_1～Ac_3 的升温过程中，先共析的铁素体逐渐溶入奥氏体，Ac_3 以上可获得单相奥氏体组织。同样，过共析钢的平衡组织是二次渗碳体和珠光体，当加热到 Ac_1 以上时，珠光体转变为奥氏体，在 Ac_1～Ac_{cm} 的升温过程中，二次渗碳体逐步溶入奥氏体中，Ac_{cm} 以上获得单相奥氏体组织。

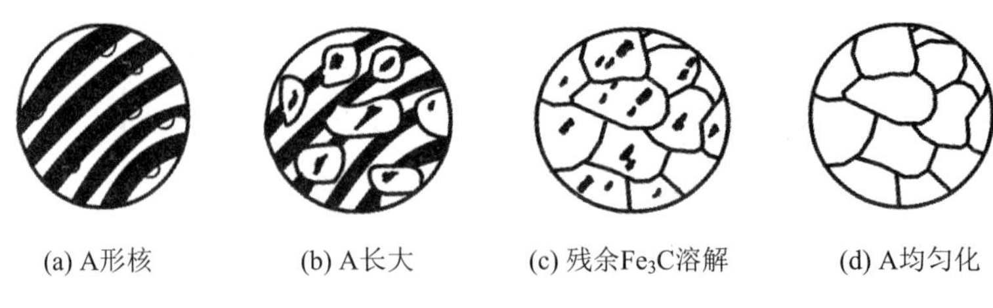

(a) A形核　(b) A长大　(c) 残余Fe_3C溶解　(d) A均匀化

图 3-4　共析碳钢奥氏体形成过程示意图

3.1.3　影响奥氏体晶粒大小的主要因素

对同一种钢而言，当奥氏体晶粒细小时，冷却后的组织也细小，其强度较高，塑性、韧性较好；当奥氏体晶粒粗大时，在同样的冷却条件下，冷却后的组织也粗大。粗大的晶粒会导致钢的机械性能下降，甚至在淬火时形成裂纹。影响奥氏体晶粒大小的主要因素有加热温度和钢的化学成分。

1. 加热温度

钢在进行热处理时，加热温度越高，且保温时间足够长，奥氏体晶粒越容易自发长大和粗化。当加热温度确定后，加热速度越快，相变时过热度越大，形核率提高，晶粒越细。若加热时间很短，即使在较高的加热温度下也能得细小晶核，所以快速加热，短时保温是实际生产中细化晶粒的手段之一。

2. 钢的化学成分

当钢中的碳以固溶态存在时，含碳量高，晶粒粗化；当钢中的碳以碳化物形成存在时，有阻碍晶粒长大的作用。

对于钢中的合金元素，碳化物形成元素能阻碍晶粒长大，如 V、Ti 等；非碳化物形成元素有的阻碍晶粒长大，如 Cu、Si、Ni 等；有的促进晶粒长大，如 P、Mn 等。

实际生产中因加热温度选择不当，使奥氏体晶粒长大和粗化的现象叫“过热”，过热将使钢的性能恶化，特别是钢的韧性和强度急剧下降。因此，要获得综合性能高的工件，在制订热处理和热加工的加热温度时，必须考虑控制奥氏体晶粒的大小。

3.2　钢在冷却时的转变

钢的冷却过程是热处理的关键工序，将直接决定热处理后材料的组织和性能。钢的冷却转变实质上是过冷奥氏体的冷却转变。

由铁碳合金相图可知，奥氏体在临界点 A_1 以上是稳定相，奥氏体处于 A_1 以下时，将发生转变和分解。然而在实际冷却条件下，奥氏体虽然冷到临界点以下，却并不立即发生转变，这种处于临界点以下的奥氏体称为过冷奥氏体。随着冷却时间的推移，过冷奥氏体将发生分解和转变，其转变产物的组织和性能取决于冷却条件。根据冷却方式的不同，过冷奥氏体的转变分为等温转变和连续冷却转变两种。

3.2.1 过冷奥氏体的等温转变

等温转变是把奥氏体迅速冷却到 Ar_1 以下某一温度并保温，迫使奥氏体过冷，待其分解转变完成后，再冷却至室温的一种冷却转变方式。

1. 等温转变曲线

等温转变曲线是过冷奥氏体在不同温度的等温冷却转变情况下，转变温度、转变时间和转变产物之间的关系曲线。

以共析钢为例，其等温转变曲线如图3-5所示，由于曲线的形状像个C字，所以又称*C*曲线，也称为TTT曲线。

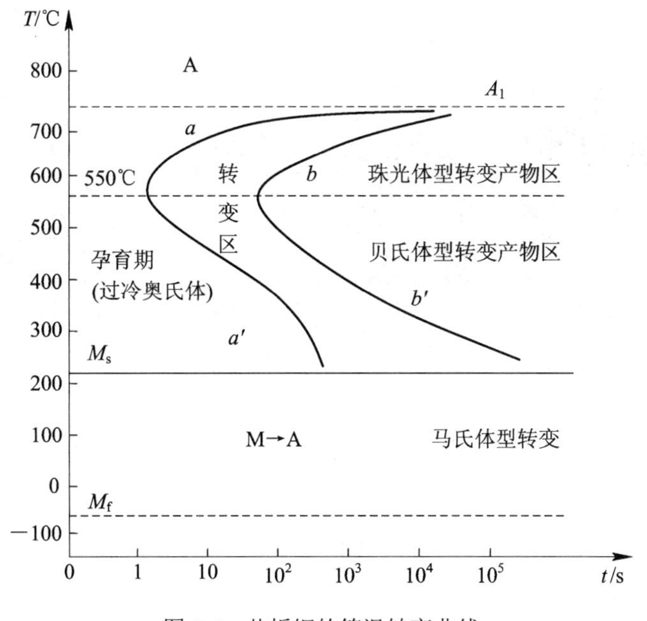

图3-5 共析钢的等温转变曲线

共析钢*C*曲线中，左边的曲线*aa′*为转变开始线，右边的曲线*bb′*为转变终了线。高于临界点 A_1 的区域为奥氏体的稳定区，纵坐标与转变开始线之间为过冷奥氏体区，其横坐标的长度表示过冷奥氏体等温转变的孕育期。两曲线之间为转变区(过冷奥氏体与转变产物的共存区)，转变终了线右方为产物区。

*C*曲线下方的水平线 M_s 为过冷奥氏体转变为马氏体的开始温度，约为230℃。过冷奥氏体转变为马氏体的终了温度大约为−50℃。需要注意的是马氏体转变不属于等温转变，是在极快的连续冷却过程中进行的。

对共析钢而言，在550℃时即鼻尖处孕育期最短，过冷奥氏体稳定性最小，转变速度最快。

2. 过冷奥氏体等温转变产物的组织和性能

过冷奥氏体等温转变时，转变的温度区间不同，转变产物的组织性能亦不同。过冷奥氏体在不同的等温条件下会发生不同的转变。

1) 珠光体型转变

珠光体型转变也称高温转变，是过冷奥氏体在 A_1～550℃之间进行的等温转变，其产物为层片状珠光体型组织。转变过程中既有碳原子的扩散，又有铁原子的扩散。按片层间距的大小，珠光体型产物可分为珠光体、索氏体和托氏体三类。

(1) 珠光体。在 A_1～650℃温度范围内形成片层较粗的珠光体，就是通常所说的珠光体，用 P 表示，其片层形貌在 500 倍光学显微镜下就能分辨出来，如图 3-6(a)所示。

(2) 索氏体。在 650～600℃温度范围内形成层片较细的珠光体，称为索氏体，用 S 表示。在 800～1000 倍的光学显微镜下才能分辨清楚片层形貌，如图 3-6(b)所示。

(3) 托氏体。在 600～550℃温度范围内形成片层极细的珠光体，称为托氏体，用 T 表示。只有在电子显微镜下才能观察清楚片层形貌，如图 3-6(c)所示。

显然，温度越低，珠光体的层片就愈细，片层间距也就愈小；珠光体的片层间距越小，珠光体的强度和硬度就越高，同时塑性和韧性也有所增加。

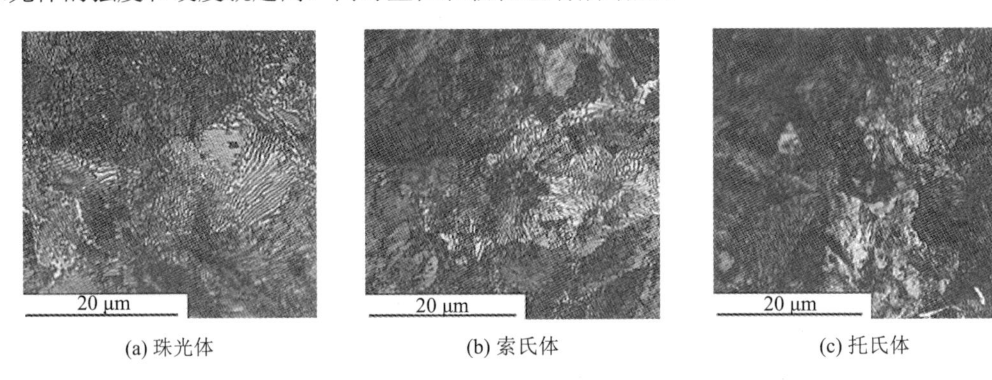

(a) 珠光体　(b) 索氏体　(c) 托氏体

图 3-6　珠光体组织示意图

2) 贝氏体型转变

贝氏体型转变也称中温转变，是过冷奥氏体在 550～230℃(M_s点)之间进行的等温转变，产物为贝氏体型组织，用“B”表示。由于转变温度低，所以属于半扩散型转变，转变后得到的贝氏体产物是由含碳过饱和的铁素体和极分散的渗碳体组成的混合物。按转变温度及组织的不同，贝氏体型产物可分为上贝氏体和下贝氏体两类。

(1) 上贝氏体。上贝氏体的形成温度在 550～350℃之间。由于原子扩散能力弱，渗碳体微粒很难聚集长大成片状，所以上贝氏体是由许多互相平行的过饱和铁素体片和分布在片间的断续细小的渗碳体组成的混合物，用“$B_{上}$”表示。上贝氏体在显微镜下呈羽毛状，硬度较高，可达(40～45) HRC。但由于其铁素体片较粗，因此其塑性和韧性较差，在生产中应用较少。

(2) 下贝氏体。下贝氏体的形成温度在 350℃～M_s 之间。下贝氏体中的铁素体也是一种过饱和的铁素体，且碳的过饱和度大于上贝氏体，用“$B_{下}$”表示。下贝氏体在光学显微镜下呈黑色针叶状，由针叶状的铁素体和分布在其上极为细小的渗碳体粒子组成的。其硬度更高，可达(50～60) HRC。因其铁素体针叶较细，故其塑性和韧性较好。

温度在320～350℃之间等温转变形成的下贝氏体具有高强度、高硬度、高塑性和高韧性，即具有良好的综合机械性能。在生产中有时对中碳合金钢和高碳合金钢采用“等温淬火”方法获得下贝氏体，以提高钢的强度、硬度、塑性和韧性。

3.2.2 过冷奥氏体向马氏体的转变

1. 马氏体转变的组织和性能特点

当奥氏体过冷到M_s(约为230℃)～M_f(约为−50℃)之间时发生马氏体转变，马氏体用M表示。马氏体是碳在α-Fe晶格中的过饱和固溶体，具有体心立方晶格。马氏体的转变温度低，铁原子和碳原子都不能扩散，属于非扩散型相变。大量碳原子的过饱和造成晶格畸变，使塑性变形的抗力增加。另外，当奥氏体转变成马氏体时发生体积膨胀，产生较大的内应力，引起塑性变形和加工硬化。因此，马氏体具有高的强度和硬度。

奥氏体转变成马氏体的形态取决于奥氏体中的含碳量，低碳马氏体呈板条状，高碳马氏体呈针叶状。含碳量小于0.6%的为板条马氏体；含碳量在0.6%～1.0%之间的为板条和针状混合的马氏体；含碳量大于1.0%的为针状马氏体。

随着马氏体含碳量的增加，硬度和强度也随之升高，而塑性和韧性则随之降低。低碳马氏体强而韧，而高碳马氏体硬而脆。当马氏体的含碳量很高时，尽管马氏体的硬度和强度很高，但由于过饱和度太大，引起严重的晶格畸变和较大的内应力，致使高碳马氏体针叶内产生许多微裂纹，因而其塑性和韧性显著降低，板条状和针叶状马氏体的形态如图3-7所示。

(a) 板条状马氏体

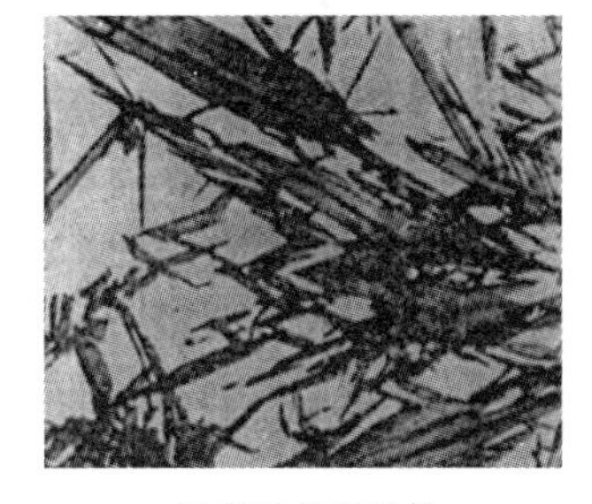

(b) 针叶状马氏体

图3-7 低碳马氏体和高碳马氏体

2. 马氏体的转变特点

1) 马氏体是在一定温度范围内(M_s～M_f)连续冷却转变得到的

当奥氏体过冷到M_s点时，第一批马氏体针叶沿奥氏体晶界形核迅速向晶内长大，但由于长大速度极快，它们很快彼此相碰而立即停止长大。

如果连续冷却，便有新的马氏体针叶形成。随着温度的持续降低，马氏体的数量就不断增多，直至温度M_f点转变终了。

2) 马氏体转变不完全

在温度M_f点以下的奥氏体向马氏体转变结束后也不可能获得100%的马氏体，总有小部分奥氏体被保留下来，这部分奥氏体被称为残余奥氏体。残余奥氏体就是马氏体转变后剩余的奥氏体，在室温下不再发生相变；而过冷奥氏体则是未发生相变的奥氏体，随着时间的延长是会发生相变的。

3.2.3 过冷奥氏体的连续冷却转变

在实际生产中，奥氏体的转变大多是在连续冷却的过程中进行的。由于连续冷却曲线的测定比较困难，可用等温转变曲线定性地、近似地分析其应得到的组织。如图 3-8 所示，将代表连续冷却的冷却速度线(如 v_1、v_2、v_3、$v_{临}$、v_4 等)画在 C 曲线上，根据与 C 曲线相交的位置，就能估计出所得到的组织性能。

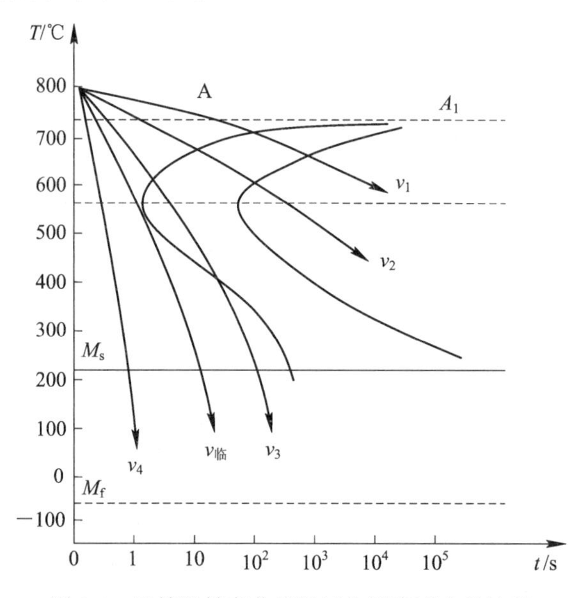

图 3-8 用等温转变曲线近似分析连续冷却转变

v_1 相当于随炉冷却(退火)时的情况，可以判断奥氏体转变为珠光体组织。冷却速度 v_2 相当于空冷(正火)，可判断奥氏体转变为索氏体。冷却速度 v_4 相当于水冷(淬火)，它不与 C 曲线相交，说明因冷却速度快，奥氏体来不及分解便激冷到 M_s 线以下，向马氏体转变。冷却速度 v_3 相当于在油中冷却，它与 C 曲线的开始相变线相交于鼻部附近，所以有部分过冷奥氏体转变为托氏体组织，而另一部分奥氏体来不及分解，最后发生马氏体转变，结果得到托氏体与马氏体的混合组织。

冷却速度 $v_{临}$与 C 曲线鼻部相切，表示奥氏体不发生分解而全部发生马氏体转变的最低冷却速度，称为临界冷却速度，也记作 v_k。$v_{临}$愈小，钢在淬火时越容易获得马氏体组织，即钢接受淬火的能力愈大。这是决定淬火工艺的一个重要因素，所以只有在知道某种钢 $v_{临}$大小的情况下，才能正确选择冷却方式，使淬火达到或超过临界冷却速度。

3.3 钢的整体热处理

整体热处理是对工件整体进行加热，然后以适当的速度进行冷却，以改善其整体力学性能的金属热处理工艺。

钢的整体热处理大致有退火、正火、淬火和回火四种，是整体热处理中的“四把火”，其中淬火与回火关系密切，常常配合使用。

3.3.1 钢的退火

退火是将钢加热到临界点以上或在临界点以下某一温度并保温一定时间后，进行缓慢冷却(炉冷、坑冷、灰冷)的热处理工艺。

钢退火的目的是降低硬度，提高塑性，以利于切削加工及冷变形加工；消除钢中的残余内应力，防止开裂和变形；细化晶粒，均匀其组织成分，为后续的热处理做准备。

根据钢的成分、组织状态和退火目的不同，退火工艺可分为完全退火、等温退火、球化退火和去应力退火等。

1. 完全退火

1) 完全退火工艺

将钢件加热到 Ac_3 以上 30～50℃，保温一定时间后，钢完全奥氏体化，再随炉缓慢冷却到 500℃以下，然后在空气中冷却。退火后钢的组织为平衡组织，这种工艺过程比较费时间。为克服这一缺点，生产中常代以等温退火工艺替代。

2) 完全退火目的

钢完全退火的目的是细化晶粒，降低硬度，改善切削加工性能。

3) 完全退火应用

完全退火主要用于亚共析成分的碳钢和合金钢的铸件、锻件及热轧型材，有时也用于焊接结构件。

过共析钢完全奥氏体化后再缓慢冷却时，将析出网状渗碳体，这样降低了钢的性能，因此过共析钢不宜采用完全退火。

2. 等温退火

等温退火工艺是将钢件加热到 Ac_3 以上 30～50℃，并保温一定时间后，先以较快的速度冷却到珠光体的温度等温，待等温转变结束再快速冷却，这样就可大大缩短退火的时间。钢等温退火比完全退火时间短，组织均匀，硬度容易控制；等温退火的目的和应用等同于完全退火。

3. 球化退火

1) 球化退火工艺

将钢件加热到 Ac_1 以上 20～30℃，并保温一定时间后，随炉缓慢冷却至 600℃后再出炉空冷。通过球化退火，使片层状渗碳体呈球状分布，所以球化退火后的组织是由铁素体和球状渗碳体组成的球状珠光体。球状珠光体与片状珠光体相比球状珠光体硬度低，便于切削；淬火加热时，奥氏体晶粒不易粗化，冷却变形和开裂倾向小。

2) 球化退火目的

球化退火的目的在于降低硬度，提高塑性，改善切削加工性，并为以后淬火做准备。

3) 球化退火应用

球化退火主要用于共析或过共析成分的碳钢及合金钢，如刃具、量具、模具等。如钢的球化组织中有明显网状渗碳体时，应先经正火清除网状渗碳体后，再进行球化退火。

4. 去应力退火(低温退火)

1) 去应力退火工艺

将钢件随炉缓慢加热至500～650℃(低于A_1)，并保温一段时间后，随炉缓慢冷却(50～100℃/h)至200℃出炉空冷。由于加热温度没有达到临界温度，所以去应力退火并不发生组织变化。

2) 去应力退火的目的

去应力退火的目的只是在加热状态下消除钢的内应力。

3) 去应力退火应用

去应力退火主要用于消除铸件、锻件、焊接结构件、冷冲压件(或冷拔件)的残余内应力及精密零件在切削加工时产生的内应力，使这些零件在以后的加工和使用过程中不易发生形变。

退火是应用非常广泛的热处理，在工模具或机械零件的制造过程中，经常作为预备热处理被安排在铸锻焊之后，切削(粗)加工之前，以消除前一道工序所带来的某些组织缺陷和内应力，并为随后的工序做准备。

3.3.2 钢的正火

1. 正火

1) 正火工艺

将钢件加热到Ac_3或Ac_{cm}以上30～50℃，保温后从炉中取出在空气中冷却。钢正火所得组织是共析钢为索氏体；亚共析钢为铁素体和索氏体；过共析钢为渗碳体和索氏体。

钢正火与退火作用相似，其目的是细化晶粒，均匀组织，调整硬度。正火的冷却速度比退火快，因此正火钢组织细，强度、硬度比退火钢高。

2) 正火的应用

(1) 用于普通结构件，作为最终热处理，细化晶粒提高机械性能。

(2) 用于低、中碳钢，作为预先热处理，得合适的硬度便于切削加工。

(3) 用于过共析钢，消除网状渗碳体，有利于球化退火的进行。

2. 退火与正火的选择

钢退火与正火的加热温度、保温时间都相似，目的也有相似之处，在实际生产中可部分替代，选择退火与正火应考虑：

1) 切削加工性能

一般钢的硬度在(170～230)HBW范围内，切削加工性能较好。硬度过低或过高会加速刀具磨损，加工后的工件表面粗糙度大。因此，对于低、中碳结构钢以正火作为预先热处理比较合适，高碳结构钢和工具钢则以退火为宜，合金钢由于有合金元素的加入，使钢的硬度有所提高，故中碳以上的合金钢一般都采用退火以改善其切削性能。

2) 使用性能

如工件性能要求不太高，随后不再进行淬火和回火，那么往往用正火来提高其机械性能；但若零件的形状比较复杂，正火的冷却速度快，有形成裂纹的危险，则应采用退火。

3) 经济性

钢正火比退火的生产周期短，耗能少，且操作简便，故在条件允许的情况下应优先考虑以正火代替退火。各种退火和正火的加热温度范围及热处理工艺曲线如图 3-9 所示。

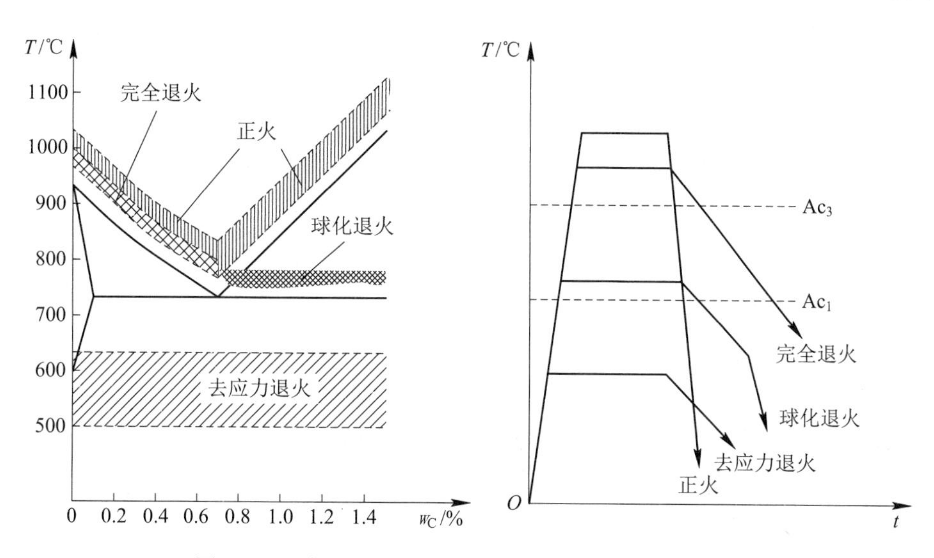

图 3-9 退火和正火的加热温度范围及热处理工艺曲线

3.3.3 钢的淬火

淬火是将钢加热到 Ac_1(共析、过共析钢)或 Ac_3(亚共析钢)以上 30～50℃，保温后以适当速度冷却获得马氏体或下贝氏体组织的热处理工艺。

钢的淬火是热处理工艺中最重要、用途最广的工序。淬火可以显著提高钢的强度和硬度，但淬火后的钢韧性差，为提高钢的韧性并获得所需要的力学性能，淬火后必须对钢进行适当的回火处理。进行淬火和回火的目的是对于工具主要是提高硬度和耐磨性，对于机械零件则是为了在保持其足够韧性的前提下提高钢的强度。

1. 淬火加热温度的选择

淬火加热温度是由钢的含碳量所决定的，碳素钢的淬火加热温度范围如图 3-10 所示。

亚共析钢的淬火加热温度一般为 Ac_3 以上 30～50℃，淬火后可获得细小且均匀的马氏体。如温度过高则有晶粒粗化现象，淬火后获得粗大的马氏体，使钢的脆性增大；如温度过低则铁素体未完全奥氏体化，淬火后有铁素体出现，使淬火硬度不足。

共析钢和过共析钢的淬火加热温度为 Ac_1 以上 30～50℃，能保证得到高的硬度和耐磨性。如果加热温度超过 Ac_{cm} 将会使碳化物全部溶入奥氏体中，使奥氏体中的含碳量增加，淬火后残余奥氏体量增多，降低钢的硬度和耐磨性；如淬火温度过高，则奥氏体晶粒粗化，淬火后易得到含有显微裂纹的粗片状马氏体，使钢的脆性增大。

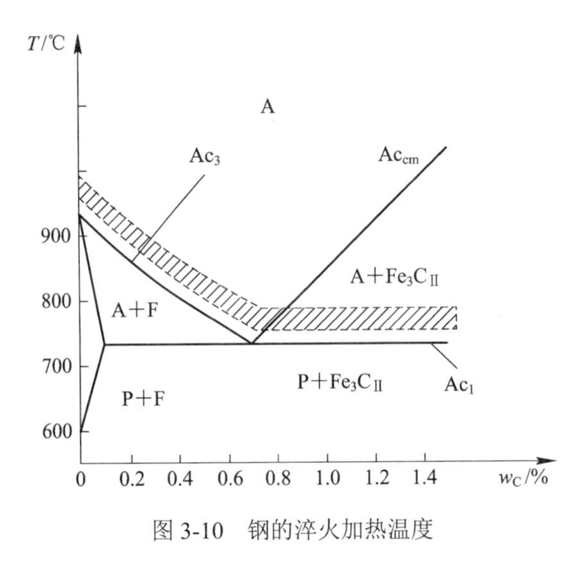

图 3-10 钢的淬火加热温度

2. 淬火冷却介质

冷却是决定淬火质量的关键，为了使工件获得马氏体组织，淬火冷却速度必须大于临界冷却速度 $v_{临}$，而冷却速度过快工件内部会产生很大的内应力，容易引起工件的变形和开裂。所以冷却速度既不能过快又不能过慢，理想的冷却速度如图 3-11 所示，但到目前为止还没有找到十分理想的冷却介质能满足这一理想的冷却速度的要求。

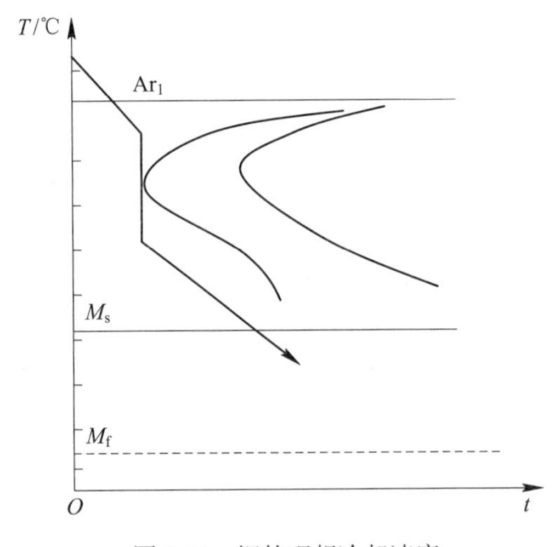

图 3-11 钢的理想冷却速度

最常用的淬火冷却介质是水、水溶液、油、空气和有机水溶液等。

水及水溶液：钢在 650～550℃范围内，水作为淬火冷却介质具有很大的冷却速度(＞600℃/s)，可防止珠光体的转变，但钢在 300～200℃范围内需要慢冷时，如果冷却速度仍然很快(约为 270℃/s)，必然会引起淬火钢的变形和开裂。若在水中加入 10%的盐(NaCl)或碱(NaOH)，可将钢在 650～550℃范围内的冷却速度提高到 1100℃/s，但钢在 300～200℃范围内冷却时，冷却速度基本不变。因此，用水及盐水或碱水淬火都易引起材料变形和开裂，常被用作尺寸不大、形状简单的碳钢工件的淬火冷却介质。

油：钢在 300～200℃范围内，油作为淬火冷却介质的冷却速度较慢(约为 20℃/s)，可减少钢在淬火时的变形和开裂倾向，但钢在 650～550℃范围内需要快冷时，油的冷却速度慢(约为 150℃/s)，不易使碳钢淬火成马氏体，所以油只能用于过冷奥氏体及比较稳定的合金钢的淬火。常用淬火油为 10#、20# 机油。

新型淬火介质有聚乙烯醇水溶液、过饱和硝盐水溶液等。它们的共同特点是冷却能力介于水、油之间，接近于理想淬火介质，主要用于贝氏体等温淬火、马氏体分级淬火，常用于处理形状复杂、尺寸较小和变形量小的钢件。

3. 淬火冷却方法

为了使工件淬火成马氏体并防止工件变形和开裂，单纯依靠选择淬火介质是不行的，还必须采取正确的淬火方法。最常用的淬火方法有单液淬火法、双液淬火法、分级淬火法和等温淬火法四种方法，如图 3-12 所示。

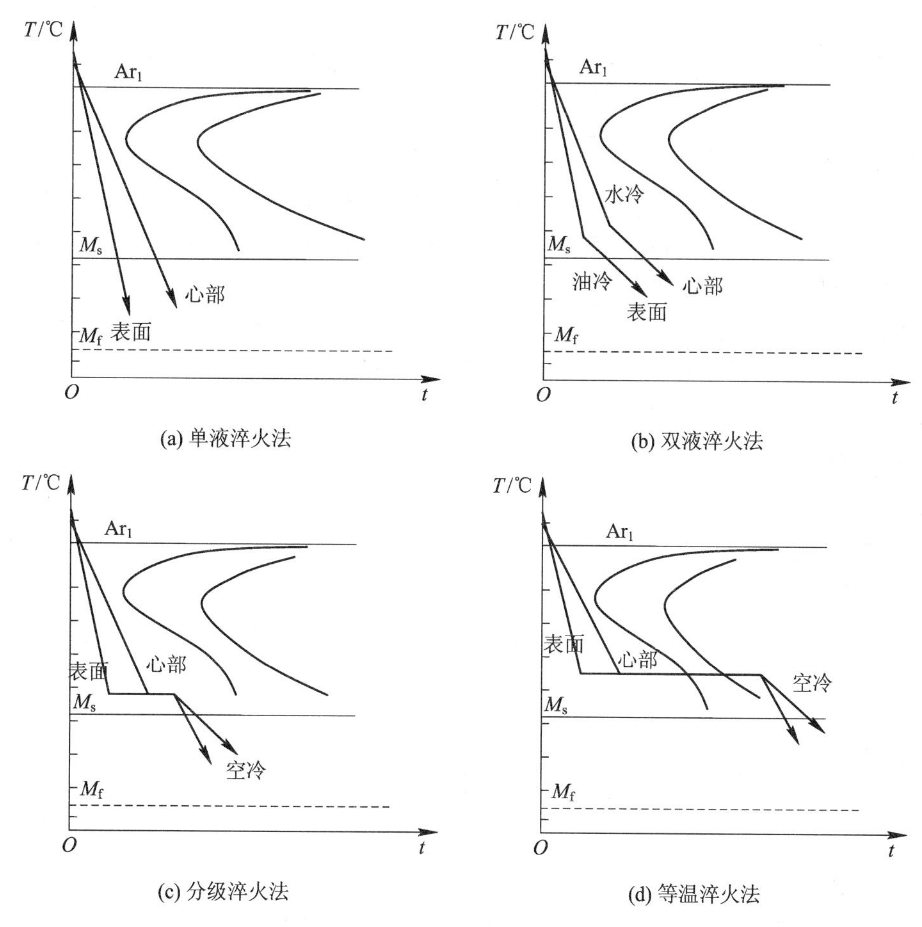

图 3-12　钢的淬火方法

1) *单液淬火法*

单液淬火法是将加热的工件放入一种淬火冷却介质中一直冷却到室温，工艺曲线如图 3-12(a)所示。这种方法操作简单，容易实现机械化、自动化，如碳钢在水中淬火、合金钢在油中淬火等。

缺点是不符合理想淬火冷却速度的要求，水淬容易产生变形和裂纹，油淬容易产生硬度不足或硬度不均匀等现象。

2) 双液淬火法

双液淬火法是将加热的工件先在快速淬火冷却介质中冷却到 300℃左右，再转入另一种缓慢淬火冷却介质中冷却至室温，以降低马氏体转变时的应力，防止工件变形开裂，工艺曲线见图 3-12(b)。如形状复杂的碳钢工件常采用水淬油冷的方法，即先在水中冷却到 300℃后再在油中冷却；合金钢则采用油淬空冷，即先在油中冷却后在空气中冷却。

3) 分级淬火法

分级淬火法是将加热的工件先放入温度稍高于 M_s(150～260℃)点的硝盐浴或碱浴中，保温 2～5 min，使零件内外的温度均匀后，立即取出在空气中冷却，工艺曲线如图 3-12(c)所示。这种方法可以减少工件内外的温差和减慢马氏体转变时的冷却速度，从而有效地减少工件的内应力，防止工件产生变形和开裂。但由于硝盐浴或碱浴的冷却能力低，只适用于淬透性好的合金钢或零件尺寸较小、形状复杂、要求变形量小、尺寸精度高的碳钢工件，如模具、刀具等。

4) 等温淬火法

等温淬火法是将加热的工件放入温度稍高于 M_s(260～400℃)的硝盐浴或碱浴中，保温足够长的时间使其完成贝氏体转变，工艺曲线如图 3-12(d)所示。需要注意的是，此法与前三种淬火方法不同，等温淬火后获得下贝氏体组织。

下贝氏体与回火马氏体相比，在含碳量相近和硬度相当的情况下，下贝氏体比回火马氏体具有较高的塑性和韧性，等温淬火法适用于尺寸较小，形状复杂，要求变形量小，具有高硬度和强韧性的工具、模具。

4. 淬火质量

1) 钢的淬透性

钢的淬透性是指钢在淬火时获得马氏体淬硬层深度的能力。

由于工件表层和心部的冷却速度不同，淬火工件不一定在整个截面上都能得到马氏体组织。淬透性以淬硬层的深度来衡量，淬硬层较深的钢淬透性较好。淬透性主要与钢的临界冷却速度有关，临界冷却速度越低，钢转变为马氏体的可能性越大，淬透性就越好。合金钢的淬透性通常好于碳素钢。

淬透性好的钢，在淬火时就可采用稍缓和的冷却介质进行冷却，以减小工件开裂和变形的倾向。淬透的钢回火后工件内外性能均匀一致，而未淬透的钢回火后韧性降低，如图 3-13 所示。

2) 钢的淬硬性

淬硬性是指钢在理想的淬火条件下生成马氏体组织所能达到的最高硬度。钢的淬硬性主要决定于马氏体的含碳量，即钢的含碳量。钢的淬硬性以淬火后钢达到的最高硬度来衡量。低碳钢淬火最高硬度值低，淬硬性差；高碳钢淬火最高硬度值高，淬硬性好。

钢的淬透性与淬硬性是两个不同的概念。淬透性好的钢其淬硬性不一定高，而淬火后硬度低的钢也可能是具有高的淬透性，如低合金钢淬透性相当好，但其淬硬性却不高；高碳钢的淬硬性高，但其淬透性却很差。

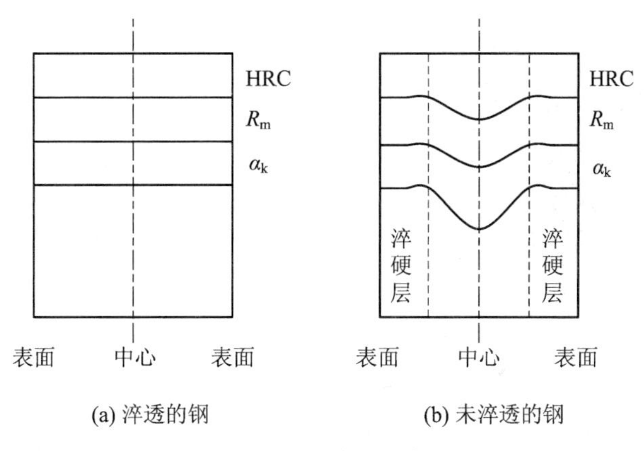

(a) 淬透的钢　　(b) 未淬透的钢

图 3-13　钢的淬透性

3) 淬火缺陷

(1) 过热和过烧。工件在淬火加热时，由于加热温度过高或者时间过长造成工件中奥氏体晶粒粗大的缺陷称为过热。淬火加热温度太高，使奥氏体晶界出现局部熔化的现象称为过烧。过热的工件晶粒粗大，强度和韧性降低，易于产生脆性断裂。过热的工件可通过延长回火时间或细化晶粒退火再重新淬火补救，而过烧工件只能报废。

(2) 氧化和脱碳。工件在淬火加热时，工件与周围加热介质相互作用，往往会产生氧化和脱碳等缺陷，氧化、脱碳会降低淬火后钢的力学性能和表面质量。在空气介质的炉中加热时，向炉内加入无水分的木炭可减少工件的氧化和脱碳。此外，采用盐炉加热、用铸铁屑覆盖工件表面等方法都可有效地防止或减少工件的氧化和脱碳。

(3) 变形和开裂。热处理过程中工件各部位加热、冷却速度的差异以及相转变的应力都会引起工件变形甚至开裂。在加热炉内合理摆放工件、多次预热或缓慢加热、选择合适的淬火冷却介质都可减少工件变形倾向，避免工件开裂。

(4) 硬度不足。工件淬火后未达到要求的硬度。加热温度低、保温时间短和冷却速度慢引起的工件硬度不足，可重新热处理消除。如果是脱碳造成的工件硬度不足，则重新热处理不能消除。

淬火后的工件存在残余内应力，导致工件组织和尺寸都不够稳定。工件淬火后必须再经回火处理，使工件获得良好的使用性能。

3.3.4　钢的回火

钢件淬火后，再加热到 A_1 以下某一温度，并保持一定时间，然后再冷却到室温的热处理工艺称为回火。回火的目的有以下几个方面：

(1) 减小或消除工件的淬火应力，防止工件在使用或精加工时变形。

(2) 稳定工件的尺寸和组织，保证精度。

(3) 调整淬火钢的硬度、强度和塑性、韧性，获得良好的综合使用性能。

1. 淬火钢在回火时组织的转变

淬火钢在回火过程中，随着加热温度的提高，原子活动能力增大，其组织发生以下四个阶段的转变。

(1) 马氏体分解(80～200℃)。在 80℃以上，由淬火马氏体中析出薄片状细小的碳化物，使马氏体中碳的过饱和度有所降低，内应力有所减小。这种由马氏体和碳化物组成的组织称为回火马氏体，用符号 M′表示。

(2) 残余奥氏体分解(200～300℃)。在 200℃以上，在马氏体分解的同时，残余奥氏体也开始分解形成回火马氏体组织，残余奥氏体至 300℃分解完成。回火温度在 300℃以下得到的回火组织是回火马氏体，它是由两相组成的，易被腐蚀，在显微镜下观察呈黑色针叶状，如图 3-14(a)所示。

(3) 碳化物转变(300～450℃)。在 300℃以上，马氏体中析出的碳化物转变成极细的颗粒状的渗碳体。在 400℃时，过饱和的固溶体基本上都转化为铁素体，但铁素体仍保持着马氏体的针叶状外形。这种由针叶状铁素体和极细粒状渗碳体组成的机械混合物称为回火托氏体，用 T′表示，如图 3-14(b)所示。在这一阶段马氏体的内应力基本消除，硬度降低。

(4) 渗碳体聚集长大(＞400℃)。在回火温度超过 400℃时，粒状渗碳体聚集长大成球状。在 500℃以上时，铁素体从针叶状转变为多边形的粒状。这种由粒状铁素体和渗碳体组成的回火组织称为回火索氏体，用 S′表示，如图 3-14(c)所示。

(a) 回火马氏体

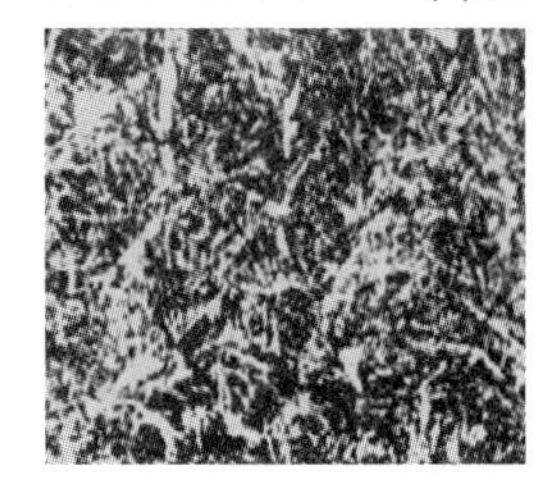

(b) 回火托氏体

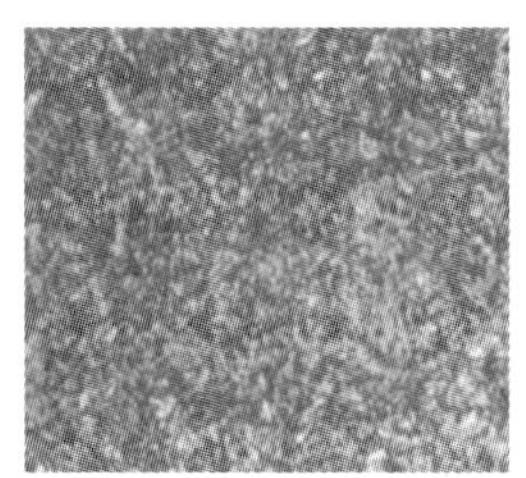

(c) 回火索氏体

图 3-14　回火组织

回火组织的变化引起钢的性能变化。如图 3-15 所示，以 40 钢为例，大约在 200℃以后硬度随着温度的升高呈直线下降；钢的强度在开始时虽然随着内应力和脆性的减少而有所提高，但从 300℃以后也和硬度一样随着回火温度的升高而降低；而钢的塑性和韧性则相反，从 300℃以后迅速升高。

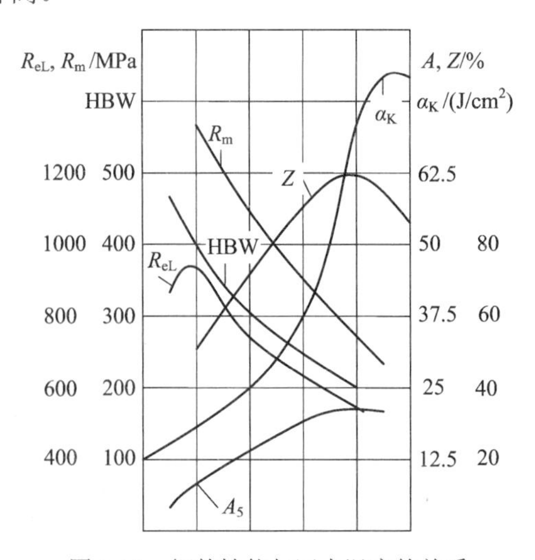

图 3-15　钢的性能与回火温度的关系

所有淬火钢回火时，在 300℃左右由于断续薄片状碳化物沿马氏体界面析出而导致冲击韧性降低，这种现象称为低温回火脆性，生产中要避免在此温度范围内回火。

回火冷却一般采用空冷。一些重要的工具和模具，为了防止在回火冷却时重新产生内应力、变形和开裂，通常都采用缓慢的冷却方式。对于有高温回火脆性(高温回火后缓冷通过脆化温度区所产生的脆性)的钢件，回火后应进行油冷或水冷，以抑制回火脆性。

2. 回火的分类

(1) 低温回火(150～250℃)。低温回火的组织是回火马氏体。与淬火马氏体相比，回火马氏体既保持了钢的高硬度((58～64)HRC)、高强度和良好耐磨性，又适当提高了其韧性。主要用于高碳钢和合金工具钢制造的刃具、量具、冷作模具和滚动轴承，渗碳、碳氮共渗和表面淬火件等表面要求耐磨的零件。

(2) 中温回火(350～500℃)。中温回火的组织为回火托氏体。对于一般碳钢和低合金钢，中温回火相当于回火的第三阶段，此时碳化物开始聚集，基体开始回复，淬火应力基本消失。硬度为 35～50HRC，具有高的弹性极限、屈服强度和韧性，主要用于弹性件及热作模具处理。

(3) 高温回火(500～650℃)。高温回火组织为回火索氏体。具有良好的综合力学性能，硬度为(25～40)HRC，广泛用于各种重要的结构件。

在工业上通常将钢件经淬火加高温回火的复合热处理工艺称为调质，用来制作汽车、拖拉机、机床等承受较大载荷的结构零件，如曲轴、连杆、螺栓、机床主轴及齿轮等重要的机器零件。

钢经正火后和调质后的硬度很相近，但重要的结构件一般都要进行调质而不采用正火。在抗拉强度大致相同情况下，钢经调质处理后的屈服点、塑性和韧性指标均显著超过正火，尤其塑性和韧性更为突出。

调质处理一般可作为最终的热处理，但是经过调质处理后的钢硬度不高，适于切削加工并能获得较好的表面粗糙度值，因此调质也可作为表面淬火和化学热处理的预备热处理。

3.4 钢的表面热处理

一些在弯曲、扭转、冲击载荷、摩擦条件下工作的齿轮、曲轴等机器零件，要求表面高硬度、高耐磨，心部韧性好且能抗冲击的特性，仅从选材方面来考虑是很难达到要求，在生产中广泛采用表面热处理或化学热处理来满足上述特性要求。

表面热处理就是通过改变工件表面的组织或化学成分，使工件表面和心部具有不同性能的热处理工艺。表面热处理可分为表面淬火和化学热处理。

3.4.1 钢的表面淬火

表面淬火是将工件表面快速加热到淬火温度，然后快速将工件冷却，使工件表面得到一定深度的淬硬层，而心部仍保持未淬火状态组织的热处理工艺。常用的表面淬火有火焰加热表面淬火和感应加热表面淬火。

1. 火焰加热表面淬火

火焰加热表面淬火是用氧-乙炔等混合气体的火焰对工件表面进行加热，然后快速将工件冷却的淬火工艺，淬硬层深度一般为2～6 mm，如图3-16所示。

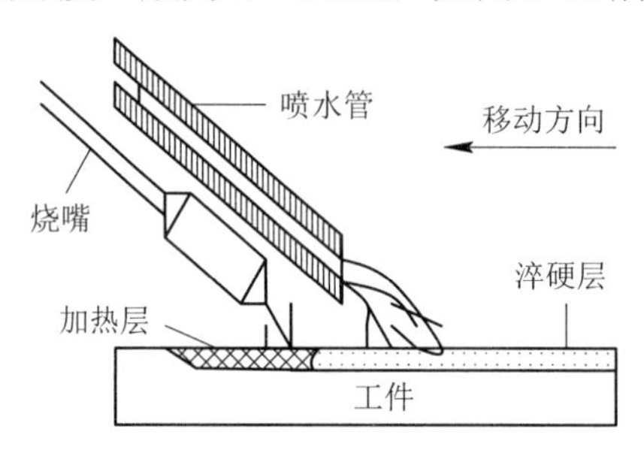

图3-16　火焰加热表面淬火示意图

火焰加热表面淬火的特点是设备简单，成本低，但生产率低，工件表面易过热，淬火质量不稳定。火焰加热表面淬火适用于单件或小批量生产的工件及大型零件(如轴、齿轮、轧辊等)的淬火。

2. 感应加热表面淬火

感应加热表面淬火是利用感应电流通过工件所产生的热效应，使工件表面、局部或整体加热并快速冷却的淬火工艺。

将钢件放入感应器内，在一定频率交流电的作用下产生交变磁场，钢件在磁场作用下产生了同频率的感应电流，使钢件表面快速(2～10 s)加热至淬火温度，立即把水喷射到钢件表面，如图3-17所示。经表面感应淬火的工件，表面硬且耐磨，而且工件内部有较好的强度和韧性。

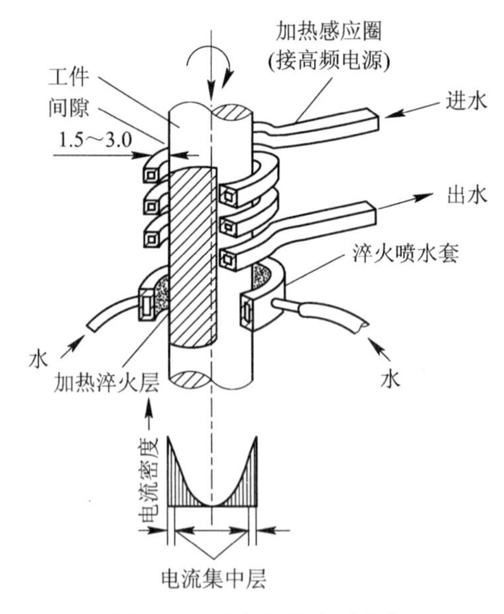

图3-17　感应加热表面淬火

感应加热淬火的电流频率越高，工件的淬硬层越浅。选择不同频率的电流频率可得到不同的淬硬层，感应加热表面淬火的电流频率选择如表3-1所示。

表 3-1　感应加热表面淬火的电流频率选择

	频率范围	淬硬层深度	应　　用
高频感应加热	100～1000 kHz	0.2～2 mm	中小齿轮、花键轴、活塞和其他小型零件
中频感应加热	0.5～10 kHz	2～8 mm	曲轴、钢轨、机床导轨、中型齿轮、轴等中型零件
工频感应加热	50 Hz	10～15 mm	直径大于 300 mm 的轧辊、轴等大型工件

感应加热表面淬火的优点：加热速度极快；工件变形小；工件表层组织细，硬度高，脆性小；生产效率高；便于自动化。

感应加热表面淬火的缺点：设备投入大，形状复杂的感应器不易制造；不适于单件生产。

3.4.2　钢的化学热处理

化学热处理是将工件置于一定温度的活性介质中加热和保温，使一种或几种元素渗入工件表层，以改变表层一定深度的化学成分、组织和性能的热处理工艺。

化学热处理的目的是强化工件表面的硬度、耐磨性和疲劳极限，提高工件的物理、化学性能，如耐高温、耐腐蚀性等。

化学热处理的三个基本过程：首先是渗入的介质发生分解，形成渗入元素的活性原子；其次是活性组分被工件表面吸收；最后是渗入元素向工件内部扩散，形成一定厚度的渗层。

根据渗入元素的不同，化学热处理有钢的渗碳、渗氮和碳氮共渗等几种。

1. 钢的渗碳

渗碳是为了增加钢件表层的含碳量，将钢件在渗碳介质中加热并保温，使碳原子渗入钢件表层的化学热处理工艺。

渗碳方法有固体渗碳、液体渗碳和气体渗碳，其中应用较为广泛的是气体渗碳。

气体渗碳法是将工件置于气体渗碳剂中进行渗碳。如图 3-18 所示，将工件置于密封的加热炉中，加热温度为 900～950℃，滴入煤油、丙酮、甲醇等渗碳剂。渗碳剂在高温下产生的活性碳原子溶入钢表面的奥氏体中，并向工件内部扩散，最后形成一定深度的渗碳层。渗碳时间一般为 3～9 h，渗碳层深度在一般在 0.5～2.5 mm。钢渗碳后表面层的含碳量可达到 0.8%～1.1%范围。

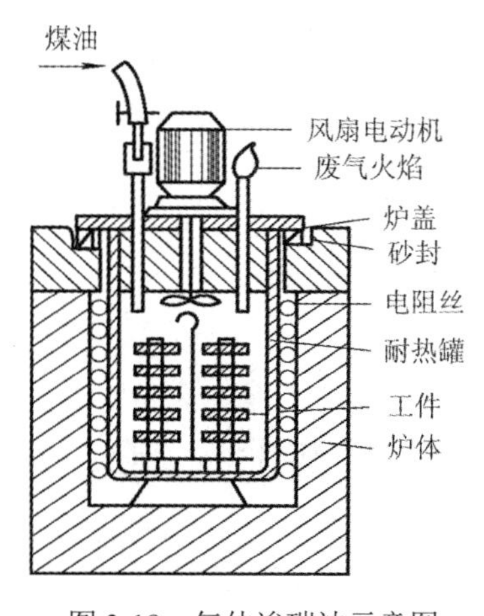

图 3-18　气体渗碳法示意图

工件渗碳后缓冷到室温的组织接近于铁碳相图所反映的平衡组织，从表层到心部依次是过共析组织，共析组织，亚共析过渡层，心部原始组织。

渗碳工件必须用低碳钢或低碳合金钢来制造，如20钢、20Cr钢、20CrMnTi钢等。渗碳只提高工件表层的含碳量，因此工件渗碳后必须经热处理(淬火加低温回火)使工件表面组织变为细针回火马氏体，以获得高硬度和耐磨性，而心部仍保有一定强度和良好的塑性和韧性。

渗碳主要用于对耐磨性要求较高、同时承受较大冲击载荷的零件，如齿轮、活塞销、套筒等。

2. 钢的渗氮

渗氮是在一定温度下使活性氮原子渗入工件表面的化学热处理工艺。渗氮的目的是提高钢件表面硬度、耐磨性、疲劳强度、抗蚀性和热硬性。

渗氮的方法有气体氮化和离子氮化。应用较广泛的是气体氮化法，即把工件放入密封箱式炉内加热(温度 500～580℃)，并通入氨气，使其分解。分解出的活性氮原子被工件表面吸收，通过扩散得到一定深度的渗氮层。

当含氮量超过饱和溶解度时，氮与铁生成氮化物。此外，氮还可与钢中的铬(Cr)、钼(Mo)、铝(Al)、钒(V)、钛(Ti)等合金元素形成颗粒细密、分布均匀、硬度高且稳定的各种氮化物，这些氮化物具有高硬度、高耐磨性和高耐蚀性，对氮化钢的性能起着主要的作用。

氮化用钢通常是含铝、铬、钼等合金元素的中碳合金钢，如38CrMoAlA、35CrMo、18CrNiW等。

与渗碳相比，氮化工件具有以下特点：

(1) 工件氮化前需经调质处理，以便使工件心部组织具有较高的强度和韧性。

(2) 工件表面硬度为(65～72)HRC，具有较高的耐磨性。

(3) 工件表面形成致密氮化物组成的连续薄膜，具有一定的耐腐蚀性。

(4) 氮化处理温度低，变形小，渗氮后工件不需再进行其他热处理。

氮化处理适用于耐磨性和精度都要求较高的零件或要求抗热、抗蚀的耐磨件，如发动机的汽缸、排气阀、高速传动的精密齿轮、精密机床主轴、镗床镗杆等。

3. 碳氮共渗

碳氮共渗是在一定温度下，同时向工件表面渗入碳原子和氮原子的化学热处理，目的是提高零件表面的硬度、耐磨性、抗蚀性和疲劳强度。与渗碳相比，碳氮共渗温度低，速度快和变形小。目前以中温气体碳氮共渗和低温气体碳氮共渗应用较为广泛。

中温气体碳氮共渗以渗碳为主，主要目的是提高钢的硬度、耐磨性和疲劳强度，主要用于形状复杂、要求变形小的小型耐磨零件，如汽车、机床的各种齿轮、蜗轮、蜗杆和轴类零件。

低温气体碳氮共渗(气体软氮化)以渗氮为主，主要目的是提高钢的耐磨性和抗咬合性。一般用于模具、量具和高速钢刀具等。

3.5 热处理工艺设计

在机械制造过程中，大多数零件和工具都要进行热处理。零件的设计、选材、制订加工工艺路线都需要考虑到热处理问题。

3.5.1 热处理的技术条件

设计零件或工具时，应根据零件或工具的工作条件及环境提出使用性能要求，然后选材、确定热处理方法和相关的技术条件，并在零件图上注明最终热处理方法(如调质、淬火、回火、渗碳等)和应达到的力学性能指标。应按照 GB/T 12603—2005 的规定标注热处理的技术条件，同时标明应达到的力学性能指标及其他要求，在标题栏上方作简要说明。热处理工艺代号的标注方法如图 3-19 所示。

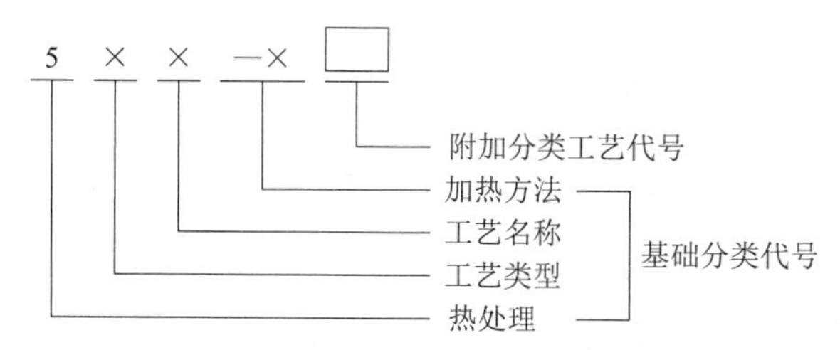

图 3-19 热处理工艺代号

热处理工艺代号由基础分类代号和附加分类工艺代号组成。基础分类代号如表 3-2 所示，附加分类工艺代号依次如表 3-3、表 3-4、表 3-5 所示。

表 3-2 热处理工艺分类代号

工艺总称	代号	工艺类型	代号	工艺名称	代号
热处理	5	整体热处理	1	退火	1
				正火	2
				淬火	3
				淬火和回火	4
				调质	5
				稳定化处理	6
				固溶处理、水韧处理	7
				固溶处理和时效	8
		表面热处理	2	表面淬火和回火	1
				物理气相沉积	2
				化学气相沉积	3
				等离子化学气相沉积	4
				离子注入	5
		化学热处理	3	渗碳	1
				碳氮共渗	2
				渗氮	3
				氮碳共渗	4
				渗其他非金属	5
				渗金属	6
				多元共渗	7

表 3-3 加热方式及代号

加热方式	可控气氛(气体)	真空	盐浴(液体)	感应	火焰	激光	电子束	等离子体	固体装箱	流态床	电接触
代号	01	02	03	04	05	06	07	08	09	10	11

表 3-4 退火工艺及代号

退火工艺	去应力退火	扩散退火	再结晶退火	石墨化退火	去氢退火	球化退火	等温退火	完全退火	不完全退火
代号	St	H	R	G	D	Sp	I	F	P

表 3-5 淬火冷却介质和冷却方法及代号

冷却介质和方法	空气	油	水	盐水	有机聚合物水溶液	热浴	加压淬火	双介质淬火	分级淬火	等温淬火	形变淬火	气冷淬火	冷处理
代号	A	O	W	B	Po	H	Pr	I	M	At	Af	G	C

对于一般的零件和工具，力学性能指标一般只标出硬度值。标注的硬度值要注意布氏硬度值浮动不超过 30，洛氏硬度值浮动不超过 5，如调质(220～250)HBW，淬火回火(40～45)HRC。对于力学性能要求较高的重要零件和工具，如主轴、齿轮、曲轴、连杆等，还应标出强度、塑性和韧性指标，有时还要对金相组织提出要求。对于渗碳或渗氮件应标出渗碳或渗氮部位、渗层深度、渗碳或渗氮后的硬度等。表面淬火零件应标明淬硬层深度、硬度及部位等。

例如，45 钢制小轴的热处理技术条件标注为 5151，(235～265)HBW，表示对轴进行加热炉加热的整体调质处理，处理后布氏硬度值达到(235～265)HBW；45 钢制摇杆的热处理技术条件标注为 5212，回火后(48～53)HRC，表示对摇杆进行感应加热表面淬火和回火处理，回火后洛氏硬度值达到(48～53)HRC。

3.5.2 热处理的工序安排

1. 预先热处理

预先热处理包括退火、正火、调质等，通常安排在毛坯生产之后、切削加工之前的位置，目的是消除毛坯件的内应力，改善其切削加工性能，为最终热处理作准备。对于要求不高的零件，退火、正火、调质也可作为最终热处理。

退火、正火工序位置：毛坯生产→退火(或正火)→切削加工。

调质工序位置：下料→锻造→正火(或退火)→粗加工(留余量)→调质→半精加工(或精加工)。

2. 最终热处理

最终热处理包括淬火、回火、表面淬火及化学热处理，通常安排在半精加工之后、精加工之前，目的是获得零件或工具要求的使用性能。

最终热处理之后，由于零件、工具的硬度高，所以不再安排磨削以外的切削加工。

整体淬火位置：下料→锻造→退火(或正火)→粗加工、半精加工(留磨量)→淬火、回火(低、中温)→磨削。

表面淬火位置：下料→锻造→退火(或正火)→粗加工→调质→半精加工(留磨量)→表面淬火、低温回火→磨削。

渗碳工序位置：渗碳件(整体与局部渗碳)的加工路线一般为：下料→锻造→正火→粗、半精加工→渗碳→淬火、低温回火→磨削。

渗氮工序位置：下料→锻造→退火→粗加工→调质→半精加工→去应力退火(俗称高温回火)→粗磨→渗氮→精磨或研磨或抛光。

以 CA6140 机床主轴的热处理为例介绍热处理工艺，机床主轴属于中速、中负荷、在滚动轴承中工作的机床主轴，一般选用 45 钢。

1) 工艺路线确定

下料→锻造→正火(或调质)→机加工→高频淬火→回火→磨加工。

2) 热处理工艺确定

(1) 正火，840～860℃，保温 1～1.5 h，空冷，HBW≤229；

(2) 高频淬火，在高频设备及淬火机床上进行淬火，淬火前应进行一次预热；

(3) 回火，220～250℃，1～1.5 h。

3) 工艺分析

(1) 正火。在主轴经过锻造后进行正火，主要是为了调整、细化内部组织使其具有良好的综合机械性能，为表面高频淬火做好准备。如果性能要求很高，则需将正火改为调质。经过调质处理的主轴，其综合性能要大大优于正火处理的主轴。

(2) 高频淬火。主要提高轴颈部的接触精度及接触刚度，可以大大延长零件的使用寿命。

(3) 回火。在主轴经过高频淬火后经过低温回火，主要是为了消除主轴淬火应力，保持表面淬火的高硬度和高耐磨性。

技能训练

一、碳钢的整体热处理操作

1. 实训目的

(1) 掌握碳钢的基本热处理工艺方法。

(2) 了解不同的热处理工艺对碳钢表面硬度的影响。

2. 实训设备及用品

箱式电炉、洛氏硬度计、水、10# 机械油、试样(见表 3-8)。

3. 实训指导

在研究零件热处理后的组织时，不仅要参考铁碳相图，还要参考 C 曲线。铁碳相图能说明缓慢冷却时，铁碳合金的结晶过程和室温下的组织及相的相对量。C 曲线则能说明一定成分的铁碳合金在不同冷却条件下的转变及能得到哪些组织。

1) 加热温度的确定

碳钢普通热处理的加热温度，原则上可按表 3-6 选定。但在生产中，应根据工作实际情况作适当调整。

表 3-6　碳钢普通热处理的加热温度

方　法		加热温度	应 用 范 围
退火		Ac_3 + (30～50℃)	亚共析钢完全退火
		Ac_1 + (20～30℃)	过共析钢球化退火
正火		Ac_3 + (30～50℃)	亚共析钢
		Ac_{cm} + (30～50℃)	过共析钢
淬火		Ac_3 + (30～50℃)	亚共析钢
		Ac_1 + (30～50℃)	过共析钢
回火	低温	150～250℃	切削刃具、量具、冷冲模具、高强度零件等
	中温	350～500℃	弹簧、中等硬度零件等
	高温	500～650℃	齿轮、轴、连杆等要求综合机械性能的零件

常用碳钢的临界点如表 3-7 所示。热处理时加热温度不能过高，否则会使工件的晶粒粗大、氧化、脱碳严重、变形和开裂倾向增加，但加热温度过低也达不到要求的效果。

表 3-7　常用碳钢的临界点

钢号	临界点/℃			
	Ac_1	Ac_3 或 Ac_{cm}	Ar_1	Ar_3
20	735	855	680	835
45	724	780	682	760
T8	730	—	700	—
T12	730	820	700	—

注：钢号即钢的牌号。

2) 保温时间的确定

热处理的加热时间(包括升温与保温时间)与钢的成分和热处理方法等许多因素有关。因此，要精确计算加热时间是比较复杂的。在实验室中，通常将钢件放入炉中后，当炉温恢复到指定温度时，从此刻到钢件出炉的一段时间为加热时间。根据经验，钢在箱式电炉中加热，按直径(或厚度)每毫米保温一分钟计算。

3) 冷却方式

钢退火一般采用随炉冷却到600～550℃以下再出炉空冷。正火采用工件在空气中冷却，淬火时，钢在过冷奥氏体最不稳定的范围内(650～550℃)的冷却速度应大于临界冷却速度，以保证工件不转变为珠光体型组织；而在 M_S 点附近的冷却速度应尽可能慢，以降低淬火内应力，减少工件的变形与开裂。因此，淬火时除了要选用合适的淬火冷却介质外，还应注意淬火方法。对于形状简单的工件，常采用简易的单液淬火法，如碳钢用水或盐水溶液作冷却介质，合金钢常用油作冷却介质。

4) 实训内容

(1) 根据表3-8对钢试样进行不同的热处理。注意：在炉内取、放试样时必须切断电炉电源，淬火过程动作要迅速，试样在冷却液中要不断搅动。

(2) 将热处理后试样表面用砂纸磨去氧化皮，然后测量硬度值并填入表3-8。

(3) 分析含碳量、热处理方法对钢热处理后组织、硬度的影响。

表3-8 钢试样的整体热处理

材料	加热温度	冷却方式	回火温度	硬度	组织
45钢	860℃	炉冷		180HBW	
		空冷		HRC	
		油冷		HRC	
		水冷		HRC	
		水冷	600℃	HRC	
T12钢	780℃	水冷		HRC	
		水冷	200℃	HRC	
45钢	760℃	水冷		HRC	

二、碳钢的热处理显微组织观察

1. 实训目的

(1) 观察碳钢在不同热处理状态下的组织形貌。

(2) 分析碳钢在不同热处理状态下的组织和性能特点。

2. 实训设备及用品

金相显微镜、20钢、45钢试样、浸蚀剂。

3. 实训指导

由于碳钢热处理冷却条件不同，所以获得的组织形貌也不同，热处理样品如表3-9所示。

表3-9 热处理样品

编号	材料	热处理状态	组织	浸蚀剂
1	20	900℃正火	P + F	4%硝酸酒精溶液
2	20	950℃水淬	低碳M	
3	45	退火	P + F	
4	45	淬火	M	
5	45	淬火加600℃回火	*S*′	

20 钢 900℃加热后正火处理(100×)，如图 3-20(a)所示。组织是白色基体为铁素体等轴晶，黑色块状为片状珠光体，此为正火后的正常组织。

20 钢 950℃加热保温后水淬(500×)，如图 3-20(b)所示。组织是低碳马氏体，又称板条状马氏体，硬度为(46～47)HRC。低碳钢淬火后可得到板条状马氏体组织，它的特征是尺寸大致相同的条状马氏体定向平行排列，组成马氏体束或马氏体区域，在区域与区域之间位向差较大。20 钢通过加热后淬火、回火等处理，可以改善其力学性能和可加工性，以充分利用它的潜能，来制造强度和韧性要求较高的零部件。

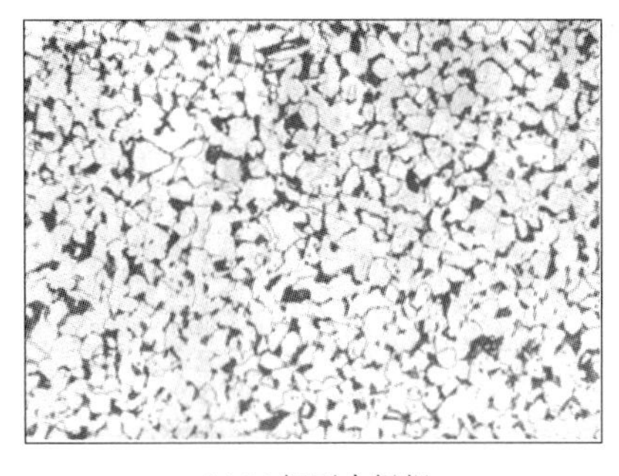

(a) 20 钢正火组织

(b) 20 钢 950℃水淬

图 3-20　20 钢热处理显微组织

45 钢退火处理(100×)，如图 3-21(a)所示，基体组织为珠光体及铁素体。铁素体沿奥氏体晶界呈网络状分布，同时，从网络状分布的铁素体可以看出，此钢退火温度不高，故其晶粒细小。45 钢在退火状态下强度是偏低的，为了充分发挥材料的潜能，通常采用调质或正火处理。

45 钢 860℃加热保温后淬火(500×)，如图 3-21(b)所示，组织为针状淬火马氏体，其针叶大小中等。

45 钢 860℃加热保温后淬火，600℃回火 1 h(500×)，如图 3-21(c)所示，基体组织为保持马氏体位向分布的回火索氏体，硬度为 28HRC。45 钢淬火后得到淬火马氏体，它的强度及硬度很高(硬度为(58～60)HRC)，而其韧性及塑性则明显下降。为了消除淬火时工件的内应力和组织应力，淬火的工件应及时进行回火处理，当回火温度达 600℃时，马氏体则发生分解，析出极细的渗碳体颗粒，从而使基体分解为索氏体组织，此时工件的强度和硬度有所下降，而塑性及韧性则显著提高，工件可获得良好的综合力学性能，以适应制造要求强度较高、塑性及韧性也好的机械零件。

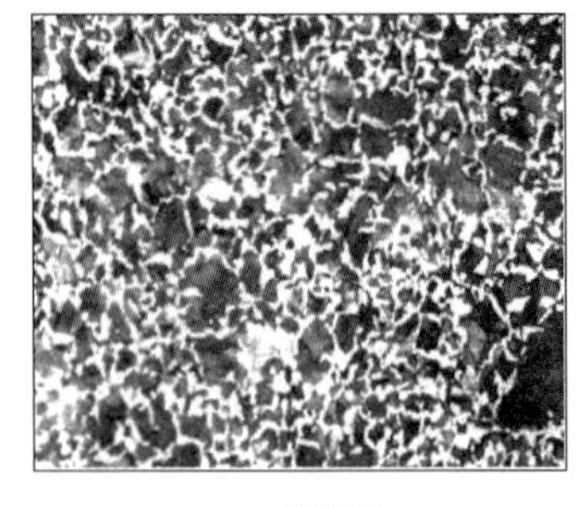

(a) 45 钢退火

(b) 45 钢 860℃淬火

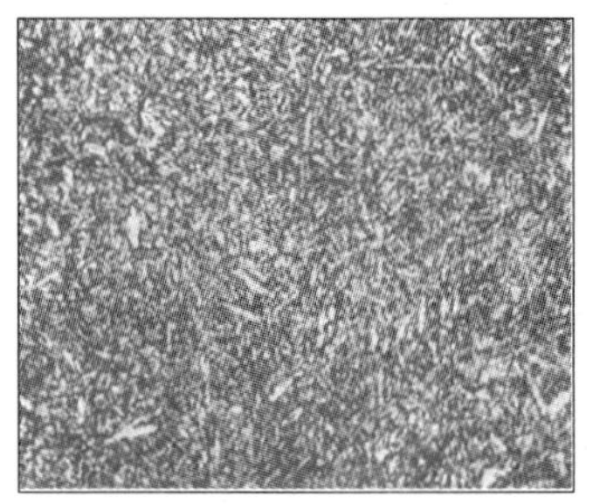

(c) 45 钢 860℃淬火、600℃回火

图 3-21　45 钢热处理显微组织

项目小结

1. 钢的普通热处理分为退火、正火、淬火、回火。

2. 退火的主要目的是降低工件的硬度、提高塑性、消除残余内应力、细化晶粒、均匀组织和成分。退火分为完全退火、球化退火、去应力退火。

3. 正火与退火的目的基本相同。正火的速度比退火快，正火钢的组织较细，强度、硬度比退火钢高。

4. 淬火的主要目的是获得硬度高、耐磨的马氏体组织。淬火方法有单液淬火、双液淬火、分级淬火和等温淬火(获得下贝氏体组织)。淬火必须与回火相配合。

5. 回火的目的是减小或消除淬火产生的内应力，降低硬度、脆性和提高韧性，使钢获得良好的综合力学性能。回火还能稳定工件的尺寸，保证精度。回火分为高温回火、中温回火和低温回火。

6. 常见的表面热处理为表面淬火和化学热处理。表面淬火有火焰加热表面淬火和感应加热表面淬火。化学热处理有渗碳、渗氮和碳氮共渗等。

7. 预先热处理包括退火、正火、调质等，通常安排在毛坯生产之后、切削加工之前的位置；最终热处理包括淬火、回火、表面淬火及化学热处理，通常安排在半精加工之后、精加工之前的位置，且不再进行除磨削之外的切削加工。

习题

1. 热处理工艺都是由哪三个阶段组成的？每个阶段的目的是什么？

2. 根据共析钢的 C 曲线，写出过冷奥氏体在 A_1 线以下等温转变的产物类型。怎样判断连续冷却转变得到的产物？

3. 何谓退火、正火？怎样选择正火和退火？

4. 低碳钢退火后切削加工时易出现粘刀现象，改用哪种热处理方法可改善切削加工性能？

5. 淬火的目的是什么？为什么亚共析钢的正常淬火温度范围为 Ac_3 +(30～50)℃；而过共析钢选择 Ac_1 +(30～50)℃？

6. 把两个 45 钢的退火态小试样分别加热到 760℃和 860℃快速水冷，所得组织分别是什么？哪个温度下淬火硬度高？为什么？

7. 何谓钢的淬透性？何谓钢的淬硬性？它们各自取决于什么因素？

8. 常用的淬火方法有哪几种？说明它们的主要特点及其应用范围。

9. 何谓回火？回火的目的是什么？回火可分为哪几类？各用于什么场合？

10. 化学热处理的基本过程是由哪几个阶段组成？渗碳零件具有什么优点？

11. 某汽车齿轮选用 20CrMnTi 制造，其工艺路线如下：

下料→锻造→正火①→切削加工→渗碳②→淬火③→低温回火④→喷丸→磨削

请说明①、②、③、④四项热处理工艺的目的及大致工艺参数。

12. 写出具有网状渗碳体的过共析钢锻造冷作模具毛坯在加工过程中的热处理工艺。

13. 指出下列铁碳合金工件的淬火及回火温度，并说明回火后得到的组织和大致硬度。

(1) $w_C = 0.45\%$钢制小轴(要求综合力学性能好)；

(2) $w_C = 0.60\%$钢制弹簧；

(3) $w_C = 1.2\%$钢制锉刀。

项目4 金属材料

能够对常用机械零件进行性能分析和材料选用。

思政目标

(1) 通过钢中元素的利害辩证关系，培养学生在学习生活中，遇到问题要辩证看待对错与得失。

(2) 不同牌号的钢铁性能用途不尽相同，培养学生树立自信发挥自己的特点和优势。

知识链接

金属材料是指金属元素或以金属元素为主构成的具有金属特性的材料的统称。金属材料是指具有光泽、延展性、导电性和导热性等性质的材料。金属材料一般分为黑色金属和有色金属。在金属材料中钢铁是基本的结构材料，称为“工业的骨骼”。随着科学技术的进步，各种新型化学材料和新型非金属材料被广泛应用，使钢铁的代用品不断增多，对钢铁的需求量相对下降。但迄今为止，钢铁在工业原材料构成中的主导地位还是难以取代的。

4.1 钢中常存元素与合金元素

在碳素钢中加入合金元素后，可以改善钢的使用性能和工艺性能，使合金钢得到许多碳钢所不具备的特殊性质。例如，合金钢具有较强的强度、韧性和良好的耐蚀性，在高温下具有较高的硬度、强度和良好的工艺性能(冷变形性、淬透性、回火稳定性和可焊性)。合金钢之所以具备这些优异的性能，主要是合金元素与铁、碳以及合金元素之间的相互作用，从而改变了钢内部组织结构的缘故。

4.1.1 钢中常存元素对钢性能的影响

各类元素，尤其是合金元素加入金属材料中会对材料的组织和性能产生各种各样的影响。通常，以一定的目的加入钢中，且能起到改善钢的组织和获得所需性能的元素，才称为是合金元素。常用的金属元素有 Cr、Mn、Si、Ni、Mo、W、V、Co、Ti、Al、Cu、B、N、稀土等。合金元素在钢中的作用，主要表现为合金元素与铁、碳之间的相互作用以及对铁碳相图和热处理相变过程的影响。

实际使用的碳钢并不是单纯的铁碳合金，由于冶炼时所用原材料以及冶炼工艺方法的影响，钢中总不免有少量其他元素存在，如 Si、Mn、S、P 等，这些元素一般作为杂质看待，它们的存在对钢的性能也有较大影响。

Mn 和 Si 是钢中的有益元素，有利于提高钢的强度和硬度，Mn 还可与硫形成 MnS，以消除钢中硫的有害作用。

S 和 P 是钢中的有害元素。S 在钢中以化合物 FeS 形式存在，S 与 Fe 形成低熔点共晶体分布在晶界上。在钢加热到 1000～1200℃进行锻压或轧制时，易晶界熔化，使钢在晶界处开裂，这种现象称为热脆。P 在低温时会使钢材的塑性和韧性显著降低，这种现象称为冷脆。

4.1.2 钢中合金元素的作用

1. 合金元素对钢基本相的影响

钢的基本相主要是固溶体(如铁素体)和化合物(如碳化物)。

大多数合金元素(如 Mn、Cr、Ni 等)都能溶于铁素体，引起铁素体晶格畸变，产生固溶强化，使铁素体的强度和硬度升高，塑性和韧性下降，如图 4-1 所示。

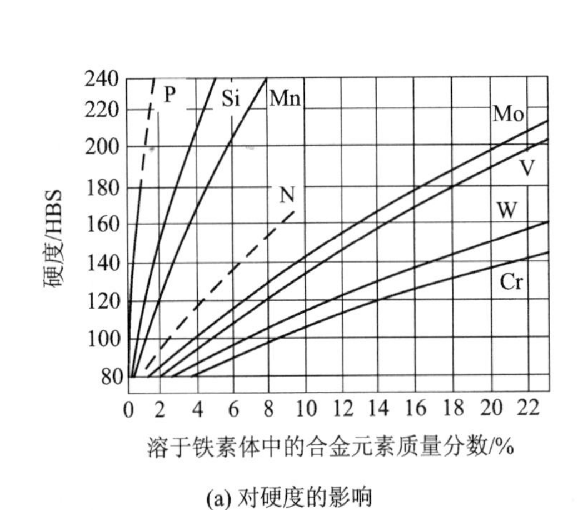

(a) 对硬度的影响

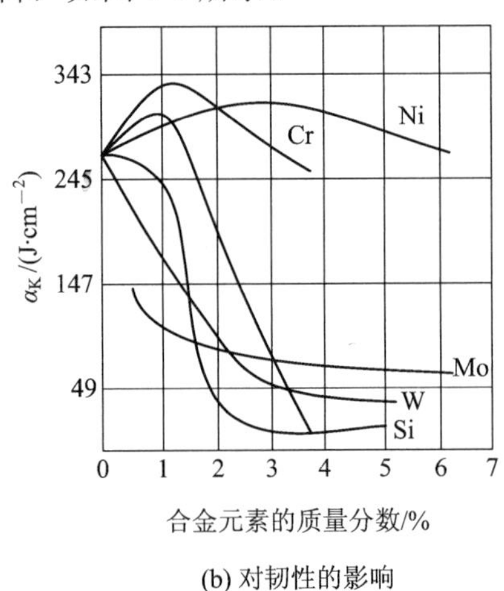

(b) 对韧性的影响

图 4-1 合金元素对铁素体力学性能的影响

有些合金元素可与碳作用形成碳化物，这类元素称为碳化物形成元素，如 Fe、Mn、Cr、Mo、W、V、Nb、Zr、Ti 等(按与碳亲和力由弱到强排列)。合金元素与碳的亲和力越强，形成的碳化物就越稳定，硬度就越高。由于合金元素与碳的亲和力强弱不同及含量不同，合金元素与碳可以形成不同类型的碳化物，这些碳化物有合金渗碳体，如$(Fe，Mn)_3C$、$(Fe，Cr)_3C$ 等；合金碳化物，如 Cr_7C_3、Fe_3W_3C 等；特殊碳化物，如 WC、MoC、VC、TiC 等。从合金渗碳体到特殊碳化物，其稳定性及硬度依次升高。碳化物的稳定性越高，高温下就越难溶于奥氏体，也越不易聚集长大。随着钢中碳化物数量的增加，钢的硬度和强度提高，塑性和韧性下降。

Ni、Si、Al、Co、Cu 等与碳亲和力很弱，不会形成碳化物，故又称为非碳化物形成元素。

2. 合金元素对 $Fe\text{-}Fe_3C$ 相图的影响

$Fe\text{-}Fe_3C$ 相图是以铁和碳两种元素为基本组元的相图。如果在这两种元素的基础上加入一定量的合金元素，必将使 $Fe\text{-}Fe_3C$ 相图的相区和转变点等发生变化。

1) 合金元素对奥氏体相区的影响

Ni、Mn 等合金元素使单相奥氏体区扩大，即使 A_1 线和 A_3 线下降。若其含量足够高时，可使单相奥氏体区扩大至常温，即可在常温下保持稳定的单相奥氏体组织。利用合金元素扩大奥氏体相区的作用可生产出奥氏体钢。

Cr、Mo、Ti、Si、Al 等合金元素使单相奥氏体区缩小，即使 A_1 线和 A_3 线升高，当其含量足够高时，可使钢在高温与常温均保持铁素体组织，这类钢称为铁素体钢。

2) 合金元素对 S、E 点的影响

合金元素都能使 $Fe\text{-}Fe_3C$ 相图的 S 点和 E 点向左移，即使钢的共析含碳量和奥氏体对碳的最大固溶度降低。若合金元素含量足够高时，可以在 $w_C = 0.4\%$的钢中产生过共析组织，在 $w_C = 1.0\%$的钢中产生莱氏体。例如，在高速钢($w_C = 0.7\%\sim0.8\%$)的铸态组织中就有莱氏体，故可称之为莱氏体钢。

3. 合金元素对钢热处理的影响

我们之前了解的热处理原理和工艺主要是针对铁碳合金的，如果在铁碳合金中加入了合金元素，则热处理的加热、冷却和回火转变都会在原来的基础上发生一定的变化。

1) 加热时对奥氏体化及奥氏体晶粒长大的影响

合金钢的奥氏体形成过程基本上与非合金钢相同，但合金钢的奥氏体化比非合金钢需要温度更高，保温时间更长。由于高熔点的合金碳化物、特殊碳化物(特别是 W、Mo、V、Ti 等碳化物)的细小颗粒分散在奥氏体组织中，能机械地阻碍晶粒长大，所以热处理时合金钢一般易过热。

2) 冷却时对过冷奥氏体转变的影响

除 Co 外，大多数合金元素(如 Cr、Ni、Mn、Si、Mo、B 等)溶于奥氏体后都能使钢的过冷奥氏体稳定性提高，从而使钢的淬透性提高。因此，以上合金元素溶于奥氏体一方面有利于大截面零件的淬透，另一方面可用较缓和的冷却介质淬火，有利于降低淬火应力，减少变形和开裂。有的钢中提高淬透性元素的含量，则其过冷奥氏体非常稳定，甚至在空气中冷却也能形成马氏体组织，故可称其为马氏体钢。除 Co、Al 以外，大多数合金元素都能使 M_s 点下降，并增加残余奥氏体量。

3) 对回火转变的影响

由于淬火时溶入马氏体的合金元素阻碍马氏体的分解，所以合金钢回火到相同的硬度，需要比非合金钢更高的加热温度，这说明合金元素提高了钢的耐回火性(回火稳定性)。所谓耐回火性是指淬火钢在回火时抵抗强度和硬度下降的能力。

在高合金钢中，W、Mo、V 等强碳化物形成元素在 500～600℃回火时，会形成细小弥散的特殊碳化物，使钢回火后硬度有所升高；同时淬火后残余的奥氏体在回火冷却过程中

部分转变为马氏体，使钢回火后硬度显著提高，这两种现象都称为“二次硬化”，如图 4-2 所示。高的耐回火性和二次硬化使合金钢在较高温度(500～600℃)仍保持高硬度(≥60HRC)，这种性能称为热硬性。热硬性对高速切削刀具及热变形模具等零件非常重要。合金元素对淬火钢回火后力学性能的不利方面主要是回火性，这种脆性主要在含 Cr、Ni、Mn、Si 的调质钢中出现，而 Mo 和 W 合金元素可降低这种回火脆性。

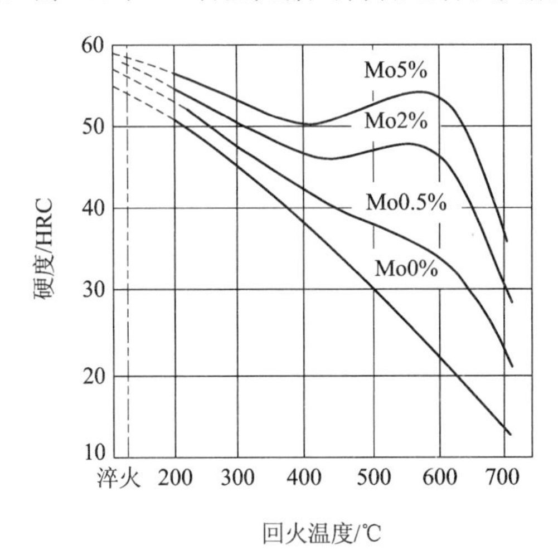

图 4-2　$w_C = 0.35\%$Mo 钢的回火温度与硬度关系曲线

4.2 碳　　钢

碳钢是指碳含量在 2.11%以下的铁碳合金。在生产中使用的碳钢，实际碳含量都不大于 1.4%，因为随着碳含量增大，碳钢组织中渗碳体增多，塑性、韧度降低，脆性增大而强度降低，且难于加工成形，没有实用意义。

由于碳钢价格低廉，便于冶炼，容易加工，且通过含碳量的增减和不同的热处理可使其性能得到改善，因此能满足很多生产上的要求，至今碳钢仍是应用最广泛的钢铁材料。

4.2.1 碳钢的分类

碳钢是应用极为广泛的金属材料，其种类繁多。为了便于生产、选用和储运，需根据一定的标准将碳钢进行分类和编号。

碳钢的分类方法很多，主要有以下几种：

1. 按碳的含量分类

(1) 低碳钢。$w_C = 0.08\%$～0.25%，其塑性好，多用作冲压、焊接和渗碳工件。

(2) 中碳钢。$w_C = 0.25\%$～0.60%，强度和韧度均较高，热处理后有良好的综合力学性能，多用于要求良好强韧度的各种重要结构零件。

(3) 高碳钢。$w_C = 0.60\%$～1.40%，硬度较高，多用作工具、模具和量具等工件。

2. 按钢的冶金质量分类

根据钢中的有害杂质元素S、P含量的多少可分为普通钢、优质钢和高级优质钢。

(1) 普通钢。钢中的S、P含量高，$w_S \leqslant 0.055\%$，$w_P \leqslant 0.045\%$。

(2) 优质钢。钢中的S、P含量 $w_S \leqslant 0.040\%$，$w_P \leqslant 0.040\%$。

(3) 高级优质钢。钢中的S、P含量很低，$w_S \leqslant 0.030\%$，$w_P \leqslant 0.035\%$。

3. 按钢的用途分类

(1) 碳素结构钢。主要用于制造各种机械零件和工程结构件的碳钢(如齿轮、轴、弹簧等)，其含碳量一般 $w_C < 0.7\%$。

(2) 碳素工具钢。主要用于制造各种刃具、模具和量具的碳素钢(如丝锥、板牙、锯条等)，其含碳量一般 $w_C \geqslant 0.7\%$。

(3) 专用钢。包括锅炉钢、船用钢、易切钢等。

钢的分类命名往往是混合应用的。例如，结合质量和用途，可将钢命名为优质碳素结构钢、高级优质碳素工具钢等。

4. 按钢液脱氧程度分类

(1) 沸腾钢(F)。沸腾钢是脱氧不完全的钢，其组织不致密，成分不均匀，性能较差。

(2) 镇静钢(Z)。镇静钢是脱氧完全的钢，其组织致密，成分较均匀，性能较好。优质钢和高级优质钢多为镇静钢，通常不标注镇静钢代号。

(3) 半镇静钢(b)。半镇静钢脱氧程度介于沸腾钢和镇静钢之间。

4.2.2 碳素结构钢

碳素结构钢又称普碳钢，产量约占钢总量的70%～80%，其中大部分用作工程结构件，少量用作机器零件，以各种热轧板材、带材、棒材和型材供应。由于普碳钢易于冶炼且价格低廉，性能也基本满足了一般工程结构件的要求，所以在工程上大量使用。

其中最具代表性和用量最大的是Q235钢，既有较高的塑性，又有适中的强度，可焊性好，可用于建筑构件、车轴、桥梁的各种型材、板材，也可以用于制造一般的机器零件。一般在供货状态下(热轧)使用，也可以进行热处理。

碳素结构钢的牌号由代表屈服点的字母Q、屈服点数值、质量等级符号(A、B、C、D-S、P)和脱氧方法符号四部分按顺序组成。碳素结构钢的牌号、等级、化学成分和脱氧方法如表4-1所示。

表4-1 碳素结构钢的牌号、等级、化学成分和脱氧方法(摘自GB/T 700—2006)

牌号	等级	化学成分					脱氧方法
		w(C)/%	w(Mn)/%	w(Si)/%	w(S)/%	w(P)/%	
		不大于					
Q195	—	0.12	0.50	0.30	0.040	0.035	F，Z
Q215	A / B	0.15	1.20	0.35	0.050 / 0.045	0.045	F，Z
Q235	A	0.22	1.4	0.35	0.050	0.045	F，Z
	B	0.20			0.045	0.045	F，Z

续表

牌号	等级	化学成分					脱氧方法
		w(C)/%	w(Mn)/%	w(Si)/%	w(S)/%	w(P)/%	
		不大于					
Q235	C	0.17	1.4	0.35	0.040	0.040	Z
	D				0.035	0.035	TZ
Q275	A	0.24	1.5	0.35	0.050	0.045	F，Z
	B	0.21			0.045	0.045	Z
	C	0.20			0.040	0.040	Z
	D				0.035	0.035	TZ

碳素结构钢的牌号、等级、拉伸试验、冲击试验如表 4-2 所示。

表 4-2　碳素结构钢的牌号、等级、拉伸试验、冲击试验(摘自 GB/T 700—2006)

牌号	等级	拉伸试验									冲击试验	
		钢材厚度(直径)/mm				抗拉强度 R_m/MPa	钢材厚度(直径)/mm				温度/℃	冲击功(纵向)/J
		≤16	>40～60	>100～150	>150～200		≤16	>40～60	>100～150	>150～200		
		不小于					不小于					不小于
Q195	—	195	—	—	—	315～430	33	—	—	—	—	—
Q215	A/B	215	195	175	165	335～450	31	30	27	26	-/20	-/27
Q235	A/B C/D	235	215	195	185	375～500	26	25	22	21	-/20 0/-20	-/27
Q275	—	275	255	225	215	410～540	22	21	18	17	—	—

4.2.3　优质碳素结构钢

优质碳素结构钢中有害杂质 S、P 含量低，常用来制造各种较重要的机械零件。

根据含 Mn 量的不同，钢可以分为两类：第一类为正常含 Mn 量钢($w_{Mn} < 0.7\%$)；第二类为较高含 Mn 量钢($w_{Mn} = 0.7\% \sim 1.2\%$)。在含碳量相同时，第二类钢的强度和硬度略高于第一类。

第一类钢的牌号用两位数字表示钢中平均含碳量的万分数(0.01%为单位)，如 08($w_C = 0.08\%$)、10($w_C = 0.1\%$)、20($w_C = 0.2\%$)、70($w_C = 0.7\%$)。

较高含 Mn 量的优质碳素结构钢，在两位数字后加化学元素 Mn 符号，如 45Mn，$w_C = 0.45\%$，含 Mn 较高。

根据优质碳素结构钢中碳的含量不同，可用来制造不同性能的零件。优质碳素结构钢使用前一般都要进行热处理。优质碳素钢的钢号、化学成分、性能和用途如表 4-3 所示。

表 4-3 优质碳素结构钢的钢号、化学成分、性能和用途(摘自 GB/T699—2015)

钢号	化学成分/%					R_{eL}/MPa≥	性能和用途
	C	Mn	Si	S	P		
08	0.05～0.11	0.35～0.65	0.17～0.37	<0.035	<0.035	195	塑性好、焊接性好，但强度、硬度较低，适用于轧制薄板，冲压件、焊接结构件和容器等
10	0.07～0.13	0.35～0.65	0.17～0.37	<0.035	<0.035	205	
20	0.17～0.24	0.35～0.65	0.17～0.37	<0.035	<0.035	245	渗碳后经淬火、回火热处理后用于承受冲击载荷，表面要求耐磨及强度要求不太高的零件，如活塞销、齿轮、小轴等
35	0.32～0.39	0.50～0.80	0.17～0.37	<0.035	<0.035	315	强度和韧度均较好，经过热处理特别是调质处理后，性能可有显著提高，广泛用作各种重要机械零件，如主轴、齿轮、键、连杆等；也可以进行表面淬火处理，用作表面耐磨零件。但因碳钢淬透性差，不宜用作形状复杂或大截面的重要工件
40	0.37～0.44	0.50～0.80	0.17～0.37	<0.035	<0.035	335	
45	0.42～0.50	0.50～0.80	0.17～0.37	<0.035	<0.035	355	
50	0.47～0.55	0.50～0.80	0.17～0.37	<0.035	<0.035	375	
60	0.57～0.65	0.50～0.80	0.17～0.37	<0.035	<0.035	400	淬火后中温回火用以保证较高的弹性和疲劳强度，常用于制作螺旋弹簧、板簧、弹性垫圈等弹性零件故又称弹簧钢

4.2.4 碳素工具钢

碳素工具钢牌号冠“T”(“T”为“碳”字的汉语拼音首位字母)后面的数字表示平均碳的质量分数的千倍。碳素工具钢分为优质钢和高级优质钢两类。若为高级优质钢，则在数字后面加“A”。例如，T8A 钢，表示 $w_C = 0.8\%$的高级优质碳素工具钢。对含较高锰($w_{Mn} = 0.40\%$～0.60%)的碳素工具钢，则在数字后加“Mn”，如 T8Mn、T8MnA 等。

碳素工具钢中碳的质量分数 $w_C = 0.65\%$～1.35%，在机械加工前一般进行球化退火，组织为铁素体基体 + 细小均匀分布的粒状渗碳体，硬度小于等于 217HBW。作为刃具，碳素工具钢最终热处理为淬火 + 低温回火，组织为回火马氏体 + 粒状渗碳体 + 少量残留奥氏体，其硬度为(60～65)HRC，耐磨性和加工性能都较好，价格便宜，生产上得到了广泛应用。

碳素工具钢的缺点是热硬性差，当刃部温度高于 250℃时，其硬度和耐磨性会显著降低。此外，钢的淬透性也低，并容易产生淬火变形和开裂。因此，碳素工具钢大多用于制造刃部受热程度较低的手用工具和低速、小进给量的机用工具，也可制作尺寸较小的模具和量具。碳素工具钢的牌号、化学成分、硬度和用途如表 4-4 所示。

表 4-4 碳素工具钢的牌号、化学成分、硬度和用途

牌号	化学成分/%						硬度		用途
	C	Si	Mn	S	P	退火状态 HBW	试样淬火		
		不大于		不大于	不大于	不大于	淬火温度/℃ 淬火介质	HRC 不小于	
T7	0.65～0.74	0.35	0.40	0.30	0.035	187	800～820 水	62	用于能承受冲击、硬度适当并有较好韧性的工具，如扁铲、手钳、木工工具等
T8	0.75～0.84	0.35	0.40	0.30	0.035	187	780～800 水	62	用于能承受冲击、要求较高硬度与耐磨性的工具，如冲头、压缩空气工具及木工工具等
T9	0.85～0.94	0.35	0.40	0.30	0.035	192	760～780 水	62	用于硬度高、韧性中等的工具，如冲头
T10	0.95～1.04	0.35	0.40	0.30	0.035	197	760～780 水	62	用于不受剧烈冲击，要求硬度高、耐磨的工具，如冲模、钻头、丝锥、车刀等
T11	1.05～1.14	0.35	0.40	0.30	0.035	207		62	
T12	1.15～1.24	0.35	0.40	0.30	0.035	207	760～780 水	62	用于不受冲击，要求硬度较高、极耐磨的工具，如锉刀、手钳、精车刀、量具、丝锥
T13	1.25～1.35	0.35	0.40	0.30	0.035	217	760～780 水	62	用于刮刀、拉丝模、锉刀、剃刀等

4.2.5 铸造碳钢

在实际生产中，有许多形状复杂的零件很难用锻压、焊接方法成形，用铸铁又难以满足零件的使用性能，因此必须采用铸钢件。特别是近年来随着铸造技术的进步，精密铸造的发展，铸钢件在组织、性能、精度和表面光洁程度等方面都已接近锻钢件，可以在不经切削加工或只需少量切削加工后使用，也能大量节约钢材和生产成本，因此铸钢得到了更加广泛的应用。

铸钢含碳量在 0.15%～0.60%之间，若碳的质量分数过高，则钢的塑性变差，在铸造时易产生裂纹。

铸钢的牌号：ZG×××-×××。牌号后面的两组数字，第一组表示屈服点，第二组表示抗拉强度。

铸钢一般均需热处理。铸钢与铸铁相比，铸钢铸造性能较差，但机械性能优良。铸钢的特点是晶粒粗大、偏析严重和铸造内应力大，这使其塑性和韧性显著下降。为了消除或减轻铸钢组织中的缺陷，应进行完全退火或正火，细化晶粒，消除铸造内应力，以改善铸钢的机械性能。此外，对局部表面要求耐磨的中碳钢铸件，可采用局部表面淬火，如铸钢大齿轮，可逐齿进行火焰淬火；较小的中碳铸钢件，可采用调质以改善其机械性能。工程用铸造碳钢的牌号、化学成分、力学性能和用途如表 4-5 所示。

表 4-5　工程用铸造碳钢的牌号、化学成分、力学性能和用途
(摘自 GB/T 11352—2009)

<table>
<tr><th rowspan="2">牌号</th><th colspan="5">化学成分/%</th><th colspan="5">力学性能(不小于)</th><th rowspan="2">性能和用途</th></tr>
<tr><th>C</th><th>Si</th><th>Mn</th><th>S</th><th>P</th><th>R_{eH} /MPa</th><th>R_m /MPa</th><th>A_5/%</th><th>Z/%</th><th>KV_2/J</th></tr>
<tr><td>ZG200-400</td><td>0.20</td><td>0.50</td><td>0.80</td><td rowspan="3">0.035</td><td rowspan="3">0.035</td><td>200</td><td>400</td><td>25</td><td>40</td><td>30</td><td>具有良好的塑性、韧性和焊接性，用于受力不大的机械零件，如机座、变速箱壳等</td></tr>
<tr><td>ZG230-450</td><td>0.30</td><td>0.50</td><td>0.90</td><td>230</td><td>450</td><td>22</td><td>32</td><td>25</td><td>具有一定的强度和好的塑性、韧性，焊接性良好，用于受力不大、韧性好的机械零件，如外壳、轴承盖、阀体等</td></tr>
<tr><td>ZG270-500</td><td>0.40</td><td>0.50</td><td>0.90</td><td>270</td><td>500</td><td>18</td><td>25</td><td>22</td><td>具有较高的强度和较好的塑性，铸造良好，焊接性尚好，切削性好，用于轧钢机机架、轴承座、连杆、箱体、曲轴、缸体等</td></tr>
<tr><td>ZG310-570</td><td>0.50</td><td>0.60</td><td>0.90</td><td rowspan="2">0.035</td><td rowspan="2">0.035</td><td>310</td><td>570</td><td>15</td><td>21</td><td>15</td><td>强度和切削性良好，塑性、韧性较低，用于载荷较高的大齿轮、缸体、制动轮、辊子等</td></tr>
<tr><td>ZG340-640</td><td>0.60</td><td>0.60</td><td>0.90</td><td>340</td><td>640</td><td>10</td><td>18</td><td>10</td><td>有高的强度和耐磨性，切削性好，焊接性较差，流动性好，裂纹敏感性较大，用作齿轮、棘轮等</td></tr>
</table>

4.3 合 金 钢

合金钢是指为了改善钢的组织和性能，在冶炼时特意加入某些合金元素的钢。合金钢具有良好的热处理工艺性能和综合的力学性能，并有特殊的物理性能和化学性能，组织和性能的可调节性强，所以虽然合金钢生产工艺复杂、成本较高但使用范围依然不断扩大，重要的工程结构件和机械零件广泛使用合金钢制造。

4.3.1 合金钢的分类与编号

1. 合金钢的分类

1) 按合金元素含量分类

(1) 低合金钢：钢中合金元素总含量 $w_{Me} \leqslant 5\%$。

(2) 中合金钢：钢中合金元素总含量 $5\% < w_{Me} \leqslant 10\%$。

(3) 高合金钢：钢中合金元素总含量 $w_{Me} > 10\%$。

2) 按合金元素种类分类

根据主加合金元素的不同，分别称为铬钢、锰钢、铬镍钢、铬钼钢、硅锰钢、铬镍锰钢、硅锰钼矾钢等。

3) 按主要用途分类

(1) 合金结构钢：主要用于强度、塑性和韧度要求较高的建筑工程结构件和各种机械零件。

(2) 合金工具钢：主要用于硬度、耐磨性和热硬性等要求高的各种刃具、工具和模具。

(3) 特殊性能钢：包括要求特殊物理性能、化学性能或力学性能的各种不锈钢、耐热钢、耐磨钢、磁钢、超强钢等。

4) 按金相组织分类

一般是按合金钢在空冷(正火)后的不同组织而分为珠光体钢、贝氏体钢、奥氏体钢和碳化物钢等。

2. 合金钢的编号

合金钢的编号是按照合金钢中的含碳量及所含合金元素的种类(元素符号)和含量来编制的。一般在牌号的首位是表示碳的平均质量分数的数字，表示方法与优质碳素钢的编号是一致的。对于结构钢以万分数计，对于工具钢以千分数计。当钢中某合金元素的平均质量分数 $w_{Me} < 1.5\%$时，钢号中只标出元素符号，不标明含量；当 $w_{Me} = 1.5\% \sim 2.5\%$，$2.5\% \sim 3.5\%$，…时，在该元素后面相应地用整数 2，3，…注出其近似含量。

例如，60Si2Mn 表示平均 $w_C = 0.6\%$、$w_{Si} > 1.5\%$、$w_{Mn} < 1.5\%$的合金结构钢；09Mn2 表示平均 $w_C = 0.09\%$、$w_{Mn} > 1.5\%$的合金结构钢。钢中 V、Ti、Al、B、稀土(以 RE 表示)等合金元素，虽然含量很低，仍应在钢号中标明，如 40MnVB、25MnTiBRE。滚动轴承钢有自己独特的牌号，牌号前面以“G”(滚)为标志，其后为铬元素符号 Cr，质量分数以千分之几表示，其余与合金结构钢牌号规定相同，如 GCr15SiMn 钢。

当平均 $w_C < 1.0\%$时，如前所述，工具钢的牌号前以千分之几(一位数)表示；当 $w_C \geq 1\%$时，为了避免与结构钢牌号相混淆，合金工具钢牌号前不标数字。例如，9Mn2V 表示平均 $w_C = 0.9\%$、$w_{Mn} = 2\%$、含少量 V 的合金工具钢；CrWMn 钢号前面没有数字，表示钢中平均 $w_C > 1.0\%$；高速工具钢牌号中则不标出含碳量。

特殊性能钢的牌号表示法与合金工具钢基本相同，只是当 $w_C \leq 0.08\%$及 $w_C \leq 0.03\%$时，在牌号前面分别冠以“0”及“00”，如 0Cr19Ni9、0Cr13Al 等。

4.3.2　合金结构钢

1. 低合金结构钢

低合金结构钢简称“普低钢”，这种钢是在低碳钢的基础上加入少量的合金元素($w_{Me} < 3\%$)，比低碳钢强度提高 10%～30%，由于其强度高，就可用 1 t 普低钢抵 1.2～2.0 t 普碳钢使用，从而可减轻构件重量，提高使用的可靠性并节约钢材。普低钢冶炼简单，生产成本与低碳钢相近，广泛用于建筑、石油、化工、铁道、桥梁、船舶等工业中。

普低钢中碳的质量分数一般不超过 0.2%，以满足韧性、焊接性和冷成形性能要求。加入以 Mn 为主的合金元素，节省贵重的 Ni、Cr 等元素。自 1957 年开始试制第一个普低钢 16Mn 以来，已建立起适合我国资源情况的普低钢系统，其产量已占钢产量的 15%，其中 16Mn 是普低钢中产量和用量最大的钢种，其他普低钢均是在 16Mn 基础上加入 V、Ti、Nb 元素。

16Mn 比 Q235 的强度提高 30%～40%，重量可减少 30%～40%。Mn 的作用是使铁素体固溶强化，增加过冷 A 稳定性而细化晶粒。加入 V、Ti、Nb、Re 元素可进一步提高普低钢的强度。

常用钢种从 300～650 MPa 分为 6 级。低合金高强度结构钢一般在热轧空冷或正火状态下使用，不需要专门的热处理。若需要改善低合金结构钢的焊接性能，可对其进行正火。新旧低合金高强度钢新、旧标准及用途举例如表 4-6 所示。

表 4-6　新旧低合金高强度钢新、旧标准及用途举例

新标准	旧 标 准	用 途 举 例
Q295	09MnV，09MnNb，09Mn2，12Mn	车辆的冲压件、冷弯型钢、螺旋焊管、拖拉机轮圈、低压锅炉气包、中低压化工容器、输油管道、储油罐、油船等
Q345	12MnV，14MnNb，16Mn，18Nb，16MnRe	船舶、铁路车辆、桥梁、管道、锅炉、压力容器、石油储罐、起重及矿山机械、电站设备、厂房钢架等
Q390	15MnTi，16MnNb，10MnPNbRe，15MnV	中高压锅炉汽包、中高压石油化工容器、大型船舶、桥梁、车辆、起重机及其他较高载荷的焊接结构件等
Q420	15MnVN，14MnVTiRe	大型船舶、桥梁、电站设备、起重机械、机车车辆、中压或高压锅炉及容器及其大型焊接结构件等
Q460		可淬火加回火后用于大型挖掘机、起重运输机械、钻井平台等

2. 合金渗碳钢

合金渗碳钢通常是指经渗碳淬火、低温回火后使用的合金钢。不少机器的零件如汽车、拖拉机上的变速齿轮，内燃机上的凸轮、活塞销以及部分量具等均采用渗碳钢制造。要求工件表面耐磨、高硬度、心部具有较高的塑性和韧性。

合金渗碳钢的热处理一般是渗碳后淬火加上低温回火。热处理使合金渗碳钢表层获得高碳回火马氏体加碳化物，硬度一般为(58～64)HRC；而心部组织则视钢的淬透性及零件尺寸的大小而定，可得到低碳回火马氏体或珠光体加铁素体组织。20CrMnTi 热处理工艺曲线，如图 4-3 所示。

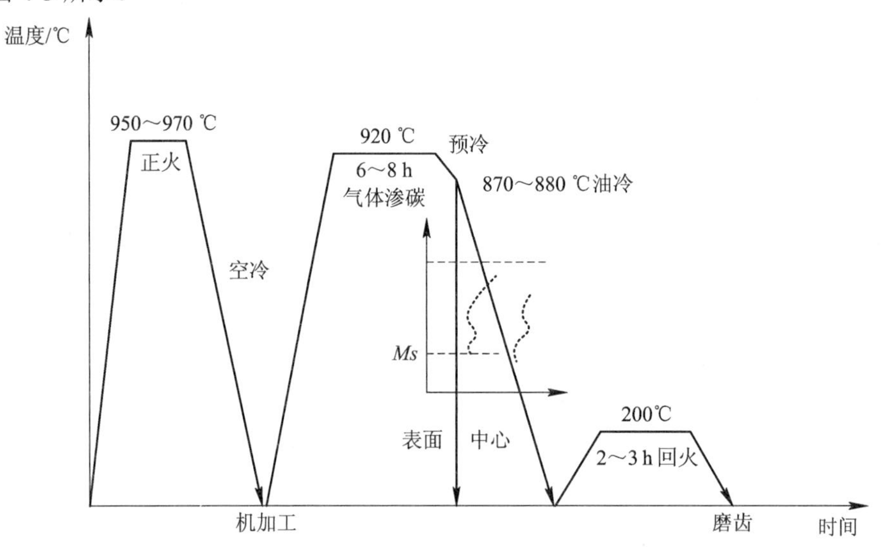

图 4-3 20CrMnTi 热处理工艺曲线

合金渗碳钢按淬透性分为三类：

(1) 低淬透性合金渗碳钢。其强度级别 R_m 在 800 MN/m^2 以下。常用的钢号有 20Mn、20MnV、15Cr 等。由于低淬透性合金渗碳钢的淬透性低，只适用于心部强度要求不高的小型渗碳件，如套筒、链条、活塞销、小轴、小齿轮等。

(2) 中淬透性合金渗碳钢。其强度级别 R_m 在 800～1200 MN/m^2 范围内。常用的钢号有 20CrMnTi、20MnVB、20MnTiB 等。中淬透性合金渗碳钢的淬透性和心部强度均较高，可用于制造一般机器中较为重要的渗碳件，如汽车、拖拉机的齿轮及活塞销等。

(3) 高淬透性合金渗碳钢。其强度级别 R_m 在 1200 MN/m^2 以上。常用的钢号有 20Cr2Ni4A、18Cr2Ni4WA 等。由于高淬透性合金渗碳钢具有很高的淬透性和心部强度很高，因此这类钢可以用于制造截面较大的重负荷渗碳件，如航空发动机齿轮、轴、坦克齿轮等。

近年来，在生产中采用渗碳钢直接进行淬火和低温回火处理，以获得低碳马氏体组织，制造某些综合力学性能要求较高的零件(如传递动力的轴、重要的螺栓等)，在某些情况下，它还可以代替中碳钢的调质处理。表 4-7 列出了常用合金渗碳钢的牌号、热处理工艺、力学性能与用途举例。

表 4-7 常用合金渗碳钢的牌号、热处理工艺、力学性能与用途举例 (摘自 GB/T 3077—2015)

牌号	热处理工艺			力学性能(不小于)				用途举例
	第一次淬火/℃	第二次淬火/℃	回火/℃	R_m /MPa	R_{eL} /MPa	A/%	KU_2/J	
20Cr	880 水、油	800 水、油	200 水、空	835	540	10	47	截面在 30 mm 以下载荷不大的件，如机床及小汽车齿轮、活塞销等
20CrMnTi	880 油	870 油	200 水、空	785	635	10	55	汽车、拖拉机截面在 30 mm 以下，承受高速、中或重载荷以及受冲击、摩擦的重要渗碳件，如齿轮、轴、齿轮轴、爪形离合器、蜗杆等
20MnTiB	930 油	860 空	200 水、空	1130	930	10	55	模数较大、载荷较重的中小渗碳件，如重型机床齿轮、轴，汽车后桥主动、被动齿轮等淬透性件
20Cr2Ni4	880 油	780 油	200 水、空	1180	1080	10	63	大截面、载荷较高、缺口敏感性低的重要零件，如重型载重车、坦克的齿轮等
18Cr2Ni4WA	950 空	850 空	200 水、空	1180	835	10	78	截面更大、性能要求更高的零件，如大截面的齿轮、传动轴、精密机床上控制进刀的蜗轮等

3. 合金调质钢

合金调质钢是经调质处理的合金钢，主要用于强度高、塑性良好和韧性好的零件。合金调质钢综合机械性能良好，许多机器和设备上的重要零件，如机床的主轴、汽车和拖拉机的后桥半轴、柴油发动机的曲轴、连杆和高强度螺栓等，都是在多种应力负荷下工作的，受力情况比较复杂，要求具有比较全面的机械性能——不但要有很高的强度，而且要求有良好的塑性和韧性，即要求零件有良好的综合机械性能，才能承受较大工作应力，防止由于突然过载等原因造成的破坏。

最典型的钢种是 40Cr，用于制造一般尺寸的重要零件。调质钢的最终热处理为淬火后高温回火(即调质处理)，回火温度一般为 500～650℃。热处理后的组织为回火索氏体，要求零件表面有良好耐磨性的，则可在调质后零件进行表面淬火或氮化处理，表 4-8 列出了常用合金调质钢的牌号、热处理工艺、力学性能与用途举例。

合金调质钢按淬透性分为以下三类：

(1) 低淬透性调质钢：油淬临界直径 30～40 mm。40Cr、40MnB、40VB(代 Cr)淬透性差、切削性能也差。低淬透性调质钢主要用于汽车和拖拉机上的连杆、螺栓、传动轴和机床主轴，以 40Cr 应用最广泛。

(2) 中淬透性调质钢：油淬临界直径 40～60 mm。35CrMo、40CrMn 等淬透性较好，可以制造截面尺寸较大的中型甚至大型零件，如曲轴、齿轮、连杆。

(3) 高淬透性调质钢：油淬临界直径 60 mm 以上，大多含有 Ni、Cr 等元素。为了防止回火脆性，钢中还含 Mo。典型牌号 40CrNiMo 用于制造大截面、重载荷的重要零件，如航空发动机曲轴。

表 4-8　常用合金调质钢的牌号、热处理工艺、力学性能及用途举例
(摘自 GB/T 3077—2015)

牌号	热处理工艺		力学性能(不小于)					用途举例
	淬火/℃	回火/℃	R_m/MPa	R_{eL}/MPa	A/%	Z/%	KU_2/J	
40Cr	850 油	520 水、油	980	785	9	45	47	汽车后半轴、机床齿轮、轴，花键轴、顶尖套等
40MnB	850 油	500 水、油	980	785	10	45	47	代替 40Cr 钢制造中、小截面重要调质件等
35CrMo	850 油	550 水、油	980	835	12	45	63	受冲击、振动、弯曲、扭转载荷的机件，如主轴、大电机轴、曲轴锤杆等
38CrMoAl	940 油	640 水、油	980	835	14	50	71	制作磨床主轴、精密丝杆、精密齿轮、高压阀门、压缩机活塞杆等
40CrNiMoA	850 油	600 水、油	980	835	12	55	78	韧性好、强度高及大尺寸重要调质件，如重型机械中高载荷轴类、直径大于 250 mm 汽轮机轴、叶片、曲轴

调质钢经热加工后，必须经过预备热处理来降低硬度，便于切削加工，消除热加工时造成的组织缺陷(带状组织)，细化晶粒，改善组织，为最终热处理做好准备。调质钢的最终热处理是淬火、高温回火。合金钢淬透性高，可以较慢冷速淬火，一般用油淬，以避免出现热处理缺陷。调质钢的最终性能取决于回火温度，一般 500～650℃。当零件强度要求较高时，应采用较低的回火温度。反之，选用较高的回火温度。

调质钢不一定必须进行调质处理，应根据工作条件而定。若零件的韧性要求不高，而强度要求高时，调质钢可以采用中、低温回火处理即可(得到回火屈氏体和回火马氏体)，其强度比高温回火索氏体高，但冲击韧性较低。例如，模锻锤杆经中温回火，凿岩机活塞经低温回火后均显著提高了零件的使用寿命。

4. 合金弹簧钢

弹簧钢是指用于制造各种弹簧的钢。在各种机器设备中(仪器、仪表)，弹簧的主要作用是吸收冲击能量，缓和机械的振动和冲击作用。此外，弹簧还可储存能量使其他机器零件完成事先规定的动作。弹簧作用力是交变应力(冲击、振动、弯曲、扭转等)。弹簧类零件应有高的弹性极限和屈强比，还应具有足够的疲劳强度和韧性。

60Si2Mn 钢是典型的合金弹簧钢。弹簧钢热处理一般是淬火后中温回火，获得回火托氏体组织。表 4-9 列出了常用合金弹簧钢的牌号、热处理工艺、力学性能及用途举例。

表 4-9 常用合金弹簧钢的牌号、热处理工艺、力学性能与用途举例(摘自 GB/T 1222—2016)

牌 号	热处理工艺		力学性能(不小于)			用 途 举 例
	淬火/℃	回火/℃	R_m/MPa	R_eL/MPa	Z/%	
65Mn	830 油	540	980	785	30	截面尺寸小于 20 mm 的弹簧、阀簧等
60Si2Mn	870 油	440	1570	1375	20	截面尺寸小于 25 mm 的机车板簧、测力弹簧等
50CrV	850 油	500	1275	1130	45	截面尺寸小于 30 mm 重要弹簧及工作温度小于 350℃的耐热弹簧
60Si2CrV	850 油	410	1860	1665	40	高强度大截面弹簧

5. 滚动轴承钢

用于制造滚动轴承套圈和滚动体的专用钢称为滚动轴承钢。除了制作滚动轴承外，滚动轴承钢还广泛应用于制造各类工具和耐磨零件。滚动轴承的工作条件非常复杂和苛刻，滚动轴承工作时要承受强烈的摩擦、磨损和很大的交变载荷，所以滚动轴承钢材应具有高强度、高硬度、高耐磨性和高抗疲劳性，并有一定的抗腐蚀性。

滚动轴承钢一般为高碳(w_C = 0.95%～1.10%)含铬的合金钢，其牌号首位用 G(“滚”字汉语拼音首位字母)表示，后面为合金元素化学符号和表示该元素平均含量千分数的数字，碳含量通常不再标注。如 GCr15，表示铬平均含量为 1.5%的滚动轴承钢，碳含量 w_C = 0.95%～1.05%。

常用的滚动轴承钢有 GCr9、GCr15、GCr15NiMn 等。碳含量较低的渗碳轴承钢，如 20CrMo、G20Cr2、G20Cr2Ni4 等。滚动轴承钢经渗碳淬火处理后，表面耐磨性好。滚动轴承钢心部有良好的韧度，用作承受大冲击载荷的轴承。表 4-10 列出了常用滚动轴承的牌号、化学成分、热处理及性能和用途。

表 4-10　常用滚动轴承的牌号、化学成分、热处理及性能和用途(摘自 GB/T 18254—2016)

牌号	化学成分/%						热处理			性能和用途
	C	Si	Mn	Cr	S	P	淬火/℃	回火/℃	回火/HRC	
GCr9	1.00～1.10	0.15～0.35	0.25～0.45	0.90～1.20	≤0.020	≤0.027	810～830	150～170	62～66	一般工作条件下小尺寸的滚动体和内、外套圈
GCr15	0.95～1.05	0.15～0.35	0.25～0.45	1.40～1.65			825～845	150～170	62～66	广泛用于汽车、拖拉机、内燃机、机床及其他工业设备上的轴承
GCr15SiMn	0.95～10.5	0.45～0.75	0.95～1.25	1.40～1.65			825～845	150～180	＞62	大型轴承或特大轴承(外径＞440 mm)的滚动体和内、外套圈

4.3.3　合金工具钢

工具钢是用来制造各种加工工具的钢。根据用途不同，工具钢分为刃具钢、模具钢和量具钢三大类。

按照化学成分不同，工具钢可分为碳素工具钢、合金工具钢和合金高速钢三类。

根据含碳量和合金元素总量不同，工具钢有中碳(w_C = 0.3%～0.65%)、高碳(w_C = 0.65%～1.35%)和超高碳(w_C ≥ 1.35%)之分，或低合金工具钢(w_{Me} < 5%)、中合金工具钢(w_{Me} = 5%～10%)和高合金工具钢(w_{Me} ≥ 10%)之分。

工具钢为优质钢或高级优质钢，各类工具钢由于工作条件和用途不同，对性能的要求也不同，但高硬度和高耐磨性是工具钢最重要的性能之一。一般工具钢均经淬火和低温回火处理，淬透性是工具钢的另一个重要性能。

1. 刃具钢

刃具钢是用来制造各种切削工具的钢(如车刀、铣刀、钻头、丝锥、板牙等)，其性能要求是高硬度、高耐磨性、高的热硬性、一定的韧性和塑性。

1) 低合金刃具钢

为了保证高硬度和耐磨性，低合金刃具钢的碳质量分数 w_C = 0.75%～1.45%，加入的合金元素硅、铬、锰可提高钢的淬透性。硅、铬还可以提高刃具钢的回火稳定性，使刃具钢一般在 300℃以下回火后硬度仍保持在 60HRC 以上，从而保证刃具钢一定的热硬性。钨在刃具钢中可形成较稳定的特殊碳化物，因钨基本上不溶于奥氏体，能使刃具钢的奥氏体晶粒保持细小，增加淬火后刃具钢的硬度，同时还提高刃具钢的耐磨性及热硬性。刃具钢一般经过淬火和低温回火后使用。常用低合金刃具钢的牌号、化学成分、热处理、性能和用途如表 4-11 所示。

表 4-11　常用低合金刃具钢的牌号、化学成分、热处理、性能和用途(摘自 GB/T 1299—2014)

牌号	化学成分/%						热处理		性能和用途
	C	Si	Mn	Cr	S	P	淬火/℃	淬火/HRC	
9SiCr	0.85～0.95	1.20～1.60	0.30～0.60	0.95～1.25	≤0.03		830～860 油	≥62	板牙、丝锥、钻头、铰刀、齿轮铣刀、拉刀等，还可做冷冲模、冷轧辊等
Cr2	0.95～1.10	≤0.40	≤0.40	1.35～1.65	≤0.03		830～860 油	≥62	车刀、插刀、铰刀、冷轧辊等
Cr06	1.30～1.45	≤0.40	≤0.40	0.50～0.70	≤0.03		780～810 水	≥64	作剃刀、刀片、手术刀具以及刮片、刻刀等
9Cr2	0.80～0.95	≤0.40	≤0.40	1.30～1.70	≤0.03		820～850 油	≥62	主要用作冷轧辊、钢印、冲孔凿、冷冲模、冲头量具及木工工具等

2) 高速工具钢

高速工具钢是由大量 W、Mo、Cr、Co、V 等元素组成的高碳、高合金钢。高速工具钢是适应高速切削的需要而发展起来的一类刃具钢，显著提高钢的红(热)硬性、硬度、耐磨性、淬透性。高速工具钢其显著特点是很高的红硬性(可达 600℃)，还具有很高的淬透性，中、小型刃具在空气冷却也能淬透，所以，高速工具钢广泛用于制造尺寸大，切削速度高，负荷重的刀具，车刀、铣刀、刨刀、拉刀、钻头、冷热模具。

一般高速钢淬火后，都要在 560℃进行回火，但高速钢淬火后残余奥氏体量多而且稳定。一次 560℃回火只能对淬火 M 起回火作用，不能使所有 A′转变为 M。为了尽量消除 A′，通常要在 560℃进行三次回火。图 4-4 为 W18Cr4V 钢的热处理工艺曲线。

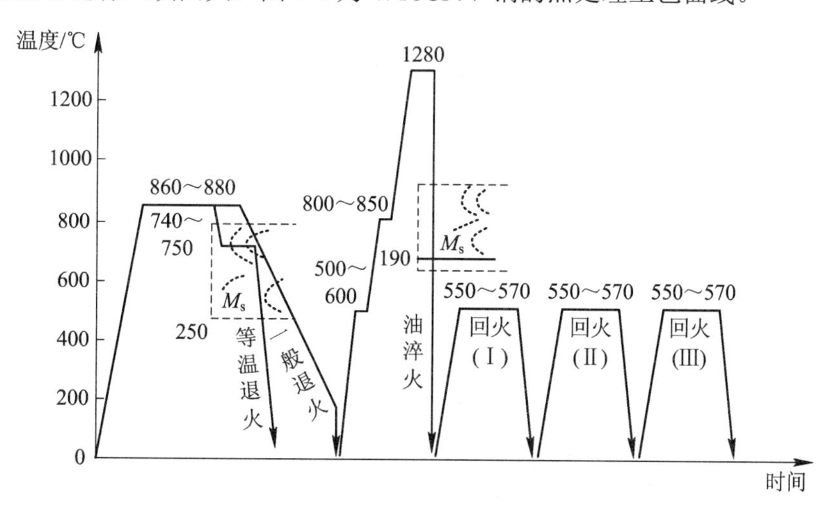

图 4-4　W18Cr4V 钢的热处理工艺曲线

常用的高速工具钢有 W18Cr4V(18-4-1)，W6Mo5Cr4V2(6-5-4-2)和 W9Mo3Cr4V(9-3-4-1)等。这三种钢的使用，占我国高速工具钢总用量的 95%以上。

2. 量具钢

量具钢是用来制造各种度量工具的钢。保持量具在使用和存放过程中的尺寸精度是量具钢最基本的性能要求。量具钢必须具有高的尺寸稳定性、高硬度、高耐磨性和一定的韧性，一般经淬火和低温回火后使用。

形状简单、精度较低和尺寸较小的量具可选用碳素工具钢，如卡尺、拼板和量规。精度要求较高的量具，通常选用高碳低合金工具钢 Cr12、GCr15，其耐磨性好，尺寸稳定性好。对于形状简单、精度不高和使用中易受冲击的量具，可用渗碳钢制造。量具经渗碳、淬火和低温回火后，表面具有高硬度、高耐磨性，心部保持足够的韧性，如中碳钢 50、55、60。在腐蚀条件下工作的量具可选用不锈钢 4Cr13、9Cr18 制造。

3. 模具钢

模具钢是用来制造冷冲模、热锻模、压铸模等模具的钢材。按模具的工作条件和使用性质，模具钢分为两大类：热作模具钢和冷作模具钢。热作模具钢用于制造各种热锻模、热挤压模和压铸模等，工作时模具型腔表面温度可达 600℃以上；冷作模具钢用于制造各种冷冲模、冷镦模、拉丝模、挤压模、弯曲模、落料模和切边模等，工作温度不超过 200～300℃。冷作模具在工作时承受较大的弯曲应力、压力、冲击力和摩擦力。冷作模具钢的性能要求与刃具钢相似，即要求高硬度、高耐磨性、高弯曲强度和足够的韧性。冷作模具钢最重要的是淬透性要高，淬火变形和开裂倾向要小(红硬性要求低)。热作模具的工作条件与冷作模具有很大不同。热作模具钢在工作时承受很大的压力和冲击，并反复受热和冷却，因此要求热作模具钢在高温下具有足够的强度、硬度、耐磨性和韧性，以及良好的耐热疲劳性，即在反复受热、冷却循环中，表面不易热疲劳(龟裂)，还应具有良好的导热性及高的淬透性。

热作模具钢的最终热处理为淬火后高温(中温)回火，以获得均匀的回火索氏体组织，硬度在 40HRC 左右，并具有较高的韧性。冷作模具钢的热处理与低合金刃具钢类似，淬火后低温回火。常用模具钢的类别、牌号、化学成分、热处理和用途举例如表 4-12 所示。

表 4-12 常用模具钢的类别、牌号、化学成分、热处理和用途举例(摘自 GB/T 1299—2014)

类别	牌号	化学成分 w_{Me}/%							热处理		用途举例
		C	Si	Mn	Cr	W	Mo	V	淬火/℃	硬度/HRC	
冷模具钢	Cr12	2.00～2.30	≤0.40	≤0.40	11.50～13.00				950～1000 油	60	冷冲模、冲头、钻套、量规、螺纹滚丝模、拉丝模等
	Cr12MoV	1.45～1.70	≤0.40	≤0.40	11.00～12.50		0.40～0.60	0.15～0.30	950～1000 油	58	截面较大、形状复杂、工作条件繁重的各种冷作模具等

续表

类别	牌号	化学成分 w_{Me}/%							热处理		用途举例
		C	Si	Mn	Cr	W	Mo	V	淬火/℃	硬度/HRC	
热模具钢	5CrMnMo	0.50～0.60	0.25～0.60	1.20～1.60	0.60～0.90		0.15～0.30		820～850 油	197～241 HBW	中小型锤锻模(边长≤300～400 mm)、小压铸模
	3Cr2W8V	0.30～0.40	≤0.40	≤0.40	2.20～2.70	7.50～9.00		0.20～0.50	1075～1125 油	207～255 HBW	压铸模、平锻机凸模和凹模、镶块、热挤压模等

4.3.4 特殊性能钢

特殊性能钢是指具有特殊物理性能和化学性能的合金钢。特殊性能钢包括不锈钢、耐热钢和耐磨钢等。这类钢的牌号表示方法与合金工具钢相同，首位数字表示碳平均含量的千分数(当碳含量大于 1%时不标注)，合金元素用化学符号表示，后面的数字表示合金元素的百分数，如 1Cr13 表示碳平均含量 0.1%，铬含量 13%的不锈钢；Mn13 表示碳平均含量大于 1%，锰含量 13%的耐磨钢。

1. 不锈钢

不锈钢是指在空气、水、酸性和碱性等介质中具有较强抗腐蚀能力的合金钢。不锈钢一般碳含量不高，主加合金元素为铬、镍。常用的不锈钢按组织分为马氏体型、铁素体型和奥氏体型三类。

(1) 马氏体型不锈钢。这类钢主要为含铬不锈钢，铬含量 12%～18%，碳含量较高(w_C = 0.1%～1.4%)，主要用于制造力学性能要求较高并能耐腐蚀的工件，如汽轮机的叶片、喷嘴、阀座、医疗器械和量具等。常用的钢号有 12Cr13、20Cr13、30Cr13 和 68Cr17 等，使用时需经淬火和回火处理。

(2) 铁素体型不锈钢。这类钢也属于含铬不锈钢，但铬含量较高(一般为 17%～32%)，碳含量较低(一般小于 0.12%)，具有良好的抗高温氧化和大气、盐水、硝酸的腐蚀，强度较低，因此主要用作耐蚀性要求较高而强度要求不高的零部件，如化工食品设备、管道、容器热交换器等。常用的钢号有 10Cr17、10Cr17Mo、008Cr27Mo 等，一般在退火状态下使用。

(3) 奥氏体型不锈钢。这类钢属于含铬和镍不锈钢，铬含量为 17%～19%，镍含量为 8%～9%，组织基本为奥氏体，耐蚀性高于铬不锈钢，具有良好的塑性和低温韧度，没有磁性，但其强度不高，切削加工性差。主要用作在各种腐蚀介质中工作的工件，如化工容器、管道、医疗器械以及抗磁仪表和建筑造型装饰等。常用的钢号有 12Cr18Ni9、17Cr18Ni9、

07Cr18Ni11Ti 等。

2. 耐热钢

耐热钢是指在高温时具有良好抗氧化性和保持高强度的合金钢。主要合金元素为提高高温抗氧化能力的铬、硅和铝等，还有提高高温强度的钨、钼、钒、钛、铌等。耐热钢按其组织分为马氏体型、奥氏体型和铁素体型等几种。

(1) 马氏体型耐热钢。这类钢用于工作温度低于 600℃的重载工件，如汽轮机转子、叶片、泵阀、排气阀等。常用的钢有 12Cr5Mo、14Cr17N12、42Cr9Si2、40Cr10Si2Mo 等。

(2) 奥氏体型耐热钢。这类钢用于工作温度 600～700℃的重负荷重要工件，如内燃机排气阀、加热炉构件、热交换器等。常用的钢有 20Cr25Ni20、06Cr23Ni13、45Cr14Ni14W2Mo 等。

(3) 铁素体型耐热钢。这类钢的工作温度为 900～1000℃，主要用作炉用材料、高温热交换器、喷嘴、汽缸套、化工石油设备等。常用的钢号有 16Cr25N、022Cr12、10Cr17 等，主要合金元素是铬。

3. 耐磨钢

耐磨钢是指能承受强烈冲击载荷和严重磨损的高锰合金钢。由于高锰钢加工硬化性极强，难以切削加工，因此一般都直接铸造成形。耐磨钢主要用于制造拖拉机和坦克的履带、铁道道岔、挖掘机铲齿、破碎机颚板和防弹装甲等耐磨损、耐冲击工件。常用的耐磨钢有 ZGMn13-1(低冲击件用)、ZGMn13-2(普通件用)、ZGMn13-3(复杂件用)和 ZGMn13-4(高冲击件用)等。ZG 是铸钢两字汉语拼音首字母，Mn 后面的数字表示锰含量的百分数，最后的数字为序号。

高锰耐磨钢在使用前，都应进行在水中淬火的“水韧处理”，以提高其塑性、韧度而降低硬度和强度。当工件受到强烈的冲击、摩擦力和压力时，工件表面即因塑性变形而产生很强的加工硬化，同时还发生马氏体转变，因此其表面硬度可大大提高，能达到 52～56HRC，具有很高的耐磨性，而心部还保持良好的塑性和韧性。

4.4 铸　　铁

铸铁是 $w_C>2.11\%$的铁碳合金。除碳以外，铸铁还含有较多的 Si、Mn 和其他一些杂质元素。同钢相比，铸铁熔炼简便、成本低廉，虽然强度、塑性和韧性较低，但是具有优良的铸造性能、很高的减摩性和耐磨性、良好的消震性和切削加工性以及缺口敏感性低等一系列优点，因此，铸铁广泛应用于机械制造、冶金、石油化工、交通、建筑和国防工业各部门。

工业上所有的铸铁实际上不是简单的铁碳合金，而是以 Fe、C、Si 为主要元素的多元合金。其元素成分大致为 C 占 2.4%～4.0%，Si 占 0.6%～3.3%，Mn 占 0.2%～1.2%，P 占 0.02%～1.2%，S 占 0.02%～0.15%。

根据碳在铸铁中存在的形式，铸铁可分为以下几种：

(1) 白口铸铁。碳全部或大部分以渗碳体形式存在，因铸铁断裂时断口呈白亮颜色，故称白口铸铁。

(2) 灰口铸铁。碳大部分或全部以游离的石墨形式存在。因铸铁断裂时断口呈暗灰色，故称为灰铸铁(简称灰铸铁)。根据石墨的形态，灰铸铁可分为普通灰铸铁(石墨呈片状)、球墨铸铁(石墨呈球状)、可锻铸铁(石墨呈团絮状)、蠕墨铸铁(石墨呈蠕虫状)。

(3) 麻口铸铁。碳既以渗碳体形式存在，又以游离态石墨形式存在。

因此，除白口铸铁外，各种铸铁之间的区别仅仅在于石墨形态不同，铸铁与钢的区别仅在于铸铁组织中存在不同形状的游离态石墨。

4.4.1 铸铁的石墨化

铸铁中碳的存在形式主要有两种，一种是碳以碳化物状态存在，如渗碳体(Fe_3C)及合金铸铁中的其他碳化物；另一种是碳以游离状态存在，即石墨(以 C 表示)。石墨的晶格类型为六方晶格，如图 4-5 所示。石墨基面中的原子结合力较强，而两基面之间的结合力较弱，故石墨的两基面间很容易产生滑动。石墨的强度、硬度、塑性和韧性极低，常呈片状形态存在。

铸铁组织中石墨的形成过程称为石墨化过程。铸铁的石墨化有两种方式：一种是石墨直接从液态合金和奥氏体中析出，另一种是渗碳体在一定条件下分解出石墨。铸铁的组织取决于石墨化过程进行的程度，而影响石墨化的主要因素是铸铁的化学成分和冷却速度。

碳与硅是强烈促进石墨化的元素。铸铁中碳、硅含量越高，石墨化进行得越充分。硫是强烈阻碍石墨化的元素，并可降低铁水的流动性，使铸铁的铸造性能恶化，其含量应尽可能降低。锰也是阻碍石墨化的元素，但锰和硫有很强的亲和力，在铸铁中能形成 MnS，可减弱硫对石墨化的有害作用。

冷却速度对铸铁石墨化的影响也很大。铸铁冷却得越慢，越有利于石墨化的进行。冷却速度受铸造材料、铸造方法和铸件壁厚等因素的影响，例如，金属型铸造时铸铁冷却快，砂型铸造时铸铁冷却较慢；壁薄的铸件冷却快，壁厚的铸件冷却慢。化学成分(C + Si)和冷却速度(铸件壁厚)对铸铁组织的综合影响如图 4-6 所示。从图中可以看出，薄壁铸件容易形成白口铸铁组织。要得到灰铸铁组织，应增加铸铁的碳和硅含量。对于壁厚的铸件，为避免得到过多的石墨，应适当减少铸铁的碳和硅含量。

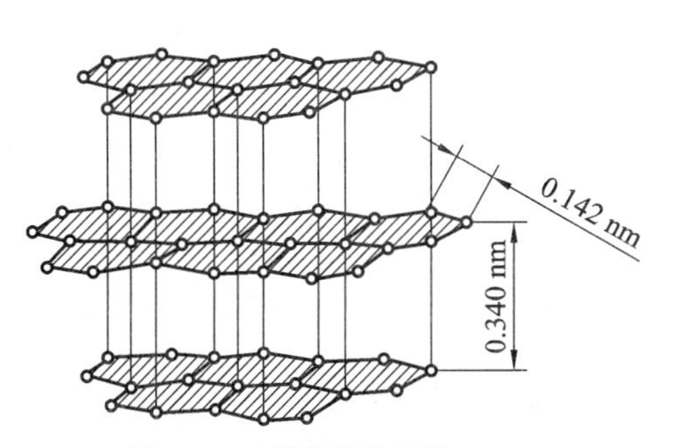

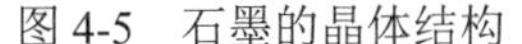
图 4-5 石墨的晶体结构

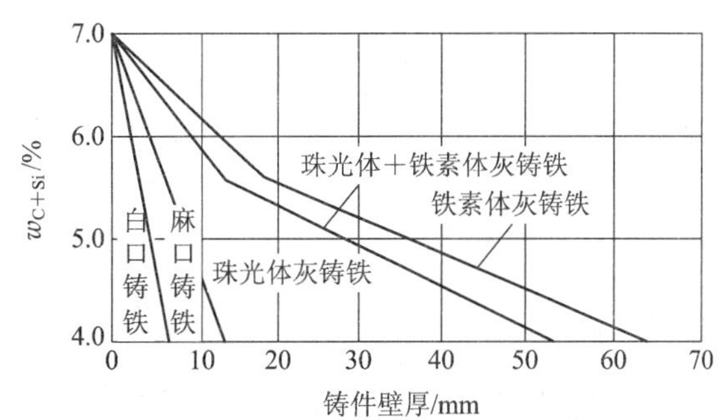

图 4-6 铸铁的成分和冷却速度对铸铁组织的影响

常用铸铁有灰铸铁、球墨铸铁、可锻铸铁和蠕墨铸铁，它们的组织形态都是由某种基体组织加上不同形态的石墨构成的。

4.4.2 灰铸铁

1. 灰铸铁的化学成分、组织和性能

由于化学成分和冷却条件的综合影响，灰铸铁的显微组织有三种类型：铁素体(F)基体 + 片状石墨(G)；铁素体(F)-珠光体(P)基体 + 片状石墨(G)；珠光体(P)基体 + 片状石墨(G)。因此，灰铸铁的显微组织可以看成是在钢的基体上分布着一些片状石墨，如图 4-7 所示。

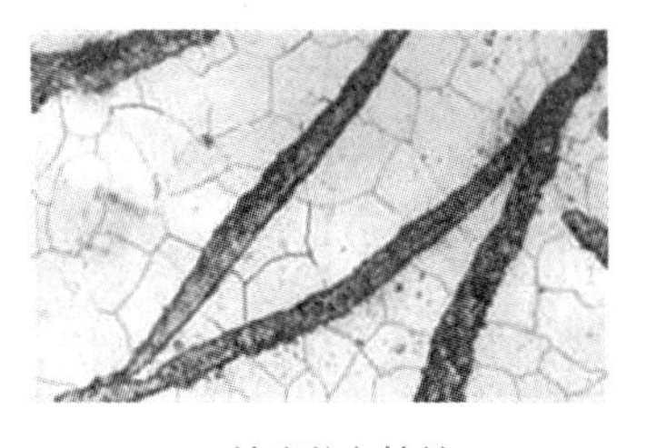

(a) 铁素体灰铸铁

(b) 铁素体-珠光体灰铸铁

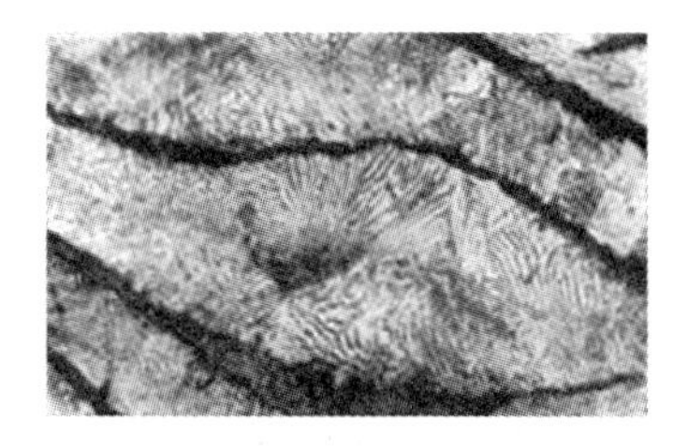

(c) 珠光体灰铸铁

图 4-7　灰铸铁的显微组织

灰铸铁的性能主要决定于基体的性能和石墨的数量、形状、大小及分布状况。基体组织主要影响灰铸铁的强度、硬度、耐磨性和塑性。由于石墨本身的强度、硬度和塑性都很低，因此灰铸铁中存在的石墨，就相当于在钢的基体上布满了大量的孔洞和裂缝，割裂了基体组织的连续性，减小了基体金属的有效承载面积；而且在石墨的尖角处易产生应力集中，造成铸件局部损坏，并迅速扩展形成脆性断裂。这就是灰铸铁的抗拉强度和塑性比同样基体的钢低的原因。片状石墨愈多、愈粗大，分布愈不均匀，则灰铸铁的强度和塑性就愈低。

石墨除有割裂灰铸铁基体的不良作用外，也有它有利的一面，归纳起来大致有以下几个方面：

(1) 优良的铸造性能。由于灰铸铁碳的质量分数高、熔点较低、流动性好，因此凡是不能用锻造方法制造的零件，都可采用灰铸铁铸造成形。此外，石墨的比体积较大，当铸件在凝固过程中析出石墨时，部分地补偿了铸件在凝固时基体的收缩，故铸铁的收缩量比钢小。

(2) 良好的吸振性。由于石墨阻止晶粒间振动能的传递，并且将振动能转化为热能，所以灰铸铁中的石墨对振动可起缓冲作用。灰铸铁的这种吸振能力约是钢的数倍，这对提高机床的精度，减少噪声，延长受振动零件的寿命很有好处。因此，灰铸铁广泛用作机床床身、主轴箱等材料。

(3) 较低的缺口敏感性。灰铸铁中由于石墨的存在，就相当于灰铸铁存在许多小的缺口，故对铸件的缺陷或缺口几乎不具有敏感性。

(4) 良好的切削加工性。在进行切削加工时，石墨起着减摩和断屑作用，故灰铸铁的切削加工性能好，刀具磨损小。

(5) 良好的减摩性。由于石墨本身的润滑作用，以及石墨从铸铁表面脱落后留下的孔洞具有存储润滑油的能力，故灰铸铁具有良好的减摩性。

值得注意的是，铸件在承受压应力时，由于石墨不会缩小有效承载面积和不产生缺口应力集中现象，故灰铸铁的抗压强度与钢相近。基体组织对灰铸铁力学性能的影响是：当石墨

存在的状态一定时，铁素体灰铸铁具有较高的塑性，但强度、硬度和耐磨性较低；珠光体灰铸铁的强度和耐磨性都较高，但塑性较低；铁素体-珠光体灰铸铁的力学性能介于两者之间。

2. 灰铸铁的牌号及用途

灰铸铁的牌号由“HT”及数字组成。其中“HT”是“灰铁”两字汉语拼音的第一个字母，其后的数字表示最低的抗拉强度，如HT100表示灰铸铁，最低抗拉强度是100 MPa。常用灰铸铁的类别、牌号、力学性能及用途举例见表4-13。

表4-13 灰铸铁的类别、牌号、力学性能及用途举例(摘自GB/T 9439—2010)

类别	牌号	力学性能		用途举例
		R_m/MPa 不小于	硬度 HBW	
F灰铸铁	HT100	100	≤179	低载荷和不重要零件，如盖、外罩、手轮、支架等
F+P灰铸铁	HT150	150	125～205	承受中等应力的零件，如底座、床身、工作台、阀体、管路附件及一般工作条件要求的零件
P灰铸铁	HT200	200	180～230	承受较大应力和较重要的零件，如汽缸体、齿轮、机座、床身、活塞、齿轮箱、油缸等
	HT250	250	180～250	
孕育铸铁	HT300	300	200～275	床身导轨，车床、冲床等受力较大的床身、机座、主轴箱、卡盘、齿轮等，高压油缸、泵体、阀体、衬套、凸轮，大型发动机的曲轴、汽缸体、汽缸盖等
	HT350	350	220～290	

3. 灰铸铁的孕育处理

为了改善灰铸铁的组织和力学性能，生产中常采用孕育处理，即在浇注前向铁水中加入少量孕育剂(如硅铁、硅钙合金等)，以改变铁水的结晶条件，从而得到细小均匀分布的片状石墨和细小的珠光体组织。经孕育处理后的灰铸铁称为孕育铸铁。孕育铸铁的强度有较大的提高，塑性和韧性也有改善，一般用于制造力学性能要求较高、截面尺寸变化较大的大型铸件。

4. 灰铸铁的热处理

由于热处理只能改变灰铸铁的基体组织，不能改变石墨的形状、大小和分布，故灰铸铁的热处理一般只用于消除铸件内应力和白口组织，以稳定尺寸、提高工件表面的硬度和耐磨性等。消除应力退火是将铸铁缓慢加热到500～600℃，并保温一段时间，随炉降至200℃后出炉空冷。消除白口组织的退火是将铸件加热到850～950℃，保温2～5 h，然后随炉冷却到400～500℃，出炉空冷，使渗碳体在高温和缓慢冷却中分解，以消除白口组织，降低硬度，改善切削加工性。为了提高某些铸件的表面耐磨性，常采用表面淬火等方法，使工作面(如机床导轨)获得细马氏体基体＋石墨组织。

4.4.3 球墨铸铁

球墨铸铁是20世纪50年代发展起来的一种新型铸铁，它是由普通灰铸铁熔化的铁液经过球化处理后得到的。球化处理的方法是在铁液出炉后，在浇注前加入一定量的球化剂(稀土镁合金等)和孕育剂，使石墨呈球状析出。

球墨铸铁按显微组织可分为铁素体(F)基体 + 球状石墨(G)，铁素体(F)-珠光体(P)基体 + 球状石墨(G)，珠光体(P)基体 + 球状石墨(G)，下贝氏体($B_下$)基体 + 球状石墨(G)四种。图 4-8 为球墨铸铁的显微组织形貌。

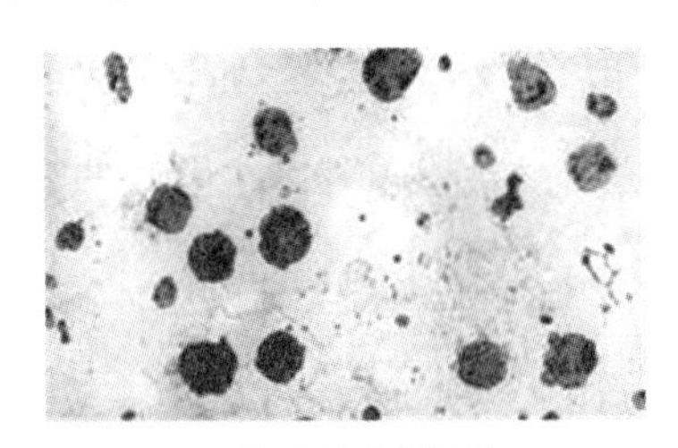
(a) 铁素体球墨铸铁

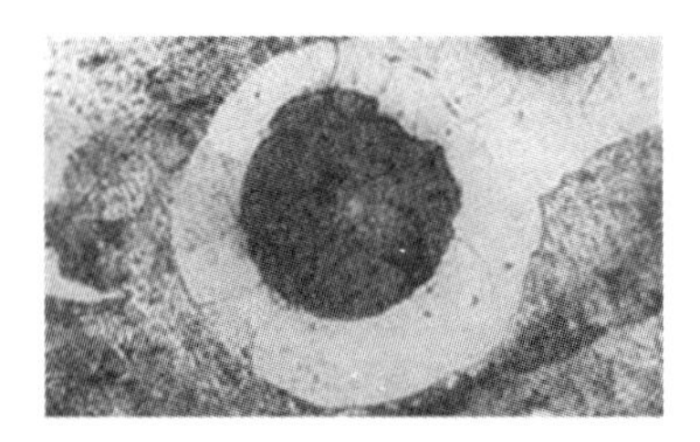
(b) 铁素体-珠光体球墨铸铁

图 4-8 球墨铸铁的显微组织

球墨铸铁的力学性能与其基体的类型以及球状石墨的大小、形状及分布状况有关。由于球状石墨对基体的割裂作用最小，又无应力集中作用，所以，基体的强度、塑性和韧性可以充分发挥。球墨铸铁与灰铸铁相比，有较高的强度和良好的塑性与韧性。球墨铸铁的某些性能还可与钢相媲美，如屈服点比碳素结构钢高，疲劳强度接近中碳钢。同时，球墨铸铁还具有与灰铸铁相类似的优良性能。此外，球墨铸铁通过各种热处理，可以明显地提高其力学性能。但球墨铸铁的收缩率较大，流动性稍差，原材料及处理工艺要求较高。

球墨铸铁的牌号用“QT”及后面两组数字表示。“QT”是“球铁”两字汉语拼音的第一个字母，两组数字分别代表其最低抗拉强度和最低伸长率。表 4-14 为部分球墨铸铁的牌号、基体组织、力学性能及应用举例。

表 4-14 球墨铸铁的牌号、基体组织、力学性能及应用举例(摘自 GB/T 1348—2009)

牌号	基体组织	R_m/MPa	$R_{p0.2}$/MPa	A/%	HBW	应用举例
QT400-15	F	400	250	15	120～180	阀体，汽车、内燃机零件，机床零件，减速器壳
QT450-10		450	310	10	160～210	
QT500-7	F+P	500	320	7	170～230	机油泵齿轮，机车、车辆轴瓦
QT700-2	P	700	420	2	225～305	柴油机曲轴、凸轮轴，汽缸体、汽缸套，活塞环，部分磨床、铣床、车床的主轴等
QT800-2		800	480	2	245～335	
QT900-2	$B_下$	900	600	2	280～360	汽车的螺旋锥齿轮、拖拉机减速齿轮、柴油机凸轮轴

球墨铸铁的热处理工艺性能较好，凡是钢可以进行的热处理工艺，一般都适合于球墨铸铁，而且球墨铸铁通过热处理改善性能的效果比较明显。球墨铸铁常用的热处理工艺有退火、正火、调质和贝氏体等温淬火等。

4.4.4 蠕墨铸铁

蠕墨铸铁是 20 世纪 60 年代开发的一种铸铁材料。它是用高碳、低硫、低磷的铁液加入蠕化剂(镁钛合金、镁钙合金等)，经蠕化处理后获得的高强度铸铁。

蠕墨铸铁的原铁液一般都属于含高碳硅的共晶或过共晶化学成分。蠕墨铸铁中的石墨呈短小的蠕虫状，其形状介于片状石墨和球状石墨之间，如图4-9所示。

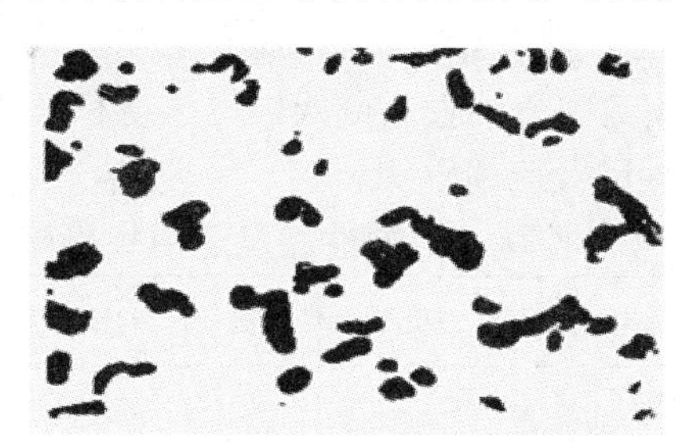

图4-9 铁素体蠕墨铸铁的显微组织

蠕虫状石墨对铸铁基体产生的应力集中现象和割裂现象明显减小，因此，蠕墨铸铁的力学性能优于基体相同的灰铸铁而低于球墨铸铁，而且蠕墨铸铁在铸造性能和导热性能等方面都要比球墨铸铁好。

蠕墨铸铁的牌号用“RuT”及后面数字表示。“RuT”是“蠕铁”两字汉语拼音的前两个字母和第一个字母，其后数字表示最低抗拉强度。

由于蠕墨铸铁具有许多优良的力学性能和良好的铸造性能，故常用于制造受热循环载荷、要求组织致密、强度较高、形状复杂的大型铸件，如机床的立柱、柴油机的汽缸盖、缸套和排气管等。

4.4.5 可锻铸铁

可锻铸铁俗称玛钢、马铁，它是由一定成分的白口铸铁经可锻化退火，使渗碳体分解而获得团絮状石墨的铸铁。为了保证铸件在一般冷却条件下都获得白口组织，又要在退火时容易使渗碳体分解，并呈团絮状石墨析出，因此要求严格控制铁水的化学成分。与灰铸铁相比，应使可锻铸铁中碳、硅的质量分数低一些，以保证铸件获得白口组织。

可锻化退火将白口铸铁件加热到910～960℃，经长时间保温，使组织中的渗碳体分解为奥氏体和石墨(团絮状)，然后缓慢降温，奥氏体将在已形成的团絮状石墨上不断析出石墨。当冷却至共析转变温度范围(720～770℃)时，然后缓慢冷却，即得到以铁素体为基体的黑心可锻铸铁(也称铁素体可锻铸铁)。如果在通过共析转变温度时的冷却速度较快，则得到以珠光体为基体的可锻铸铁，如图4-10所示。

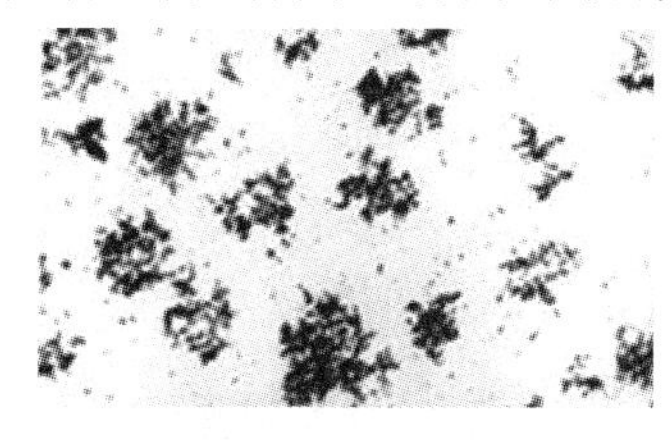

(a) 铁素体可锻铸铁

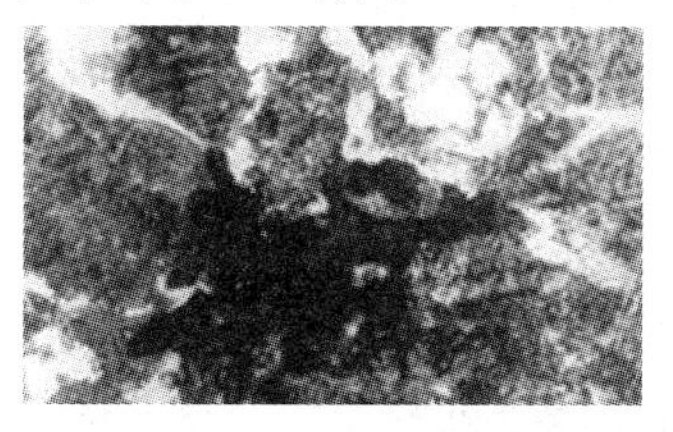

(b) 铁素体＋珠光体可锻铸铁

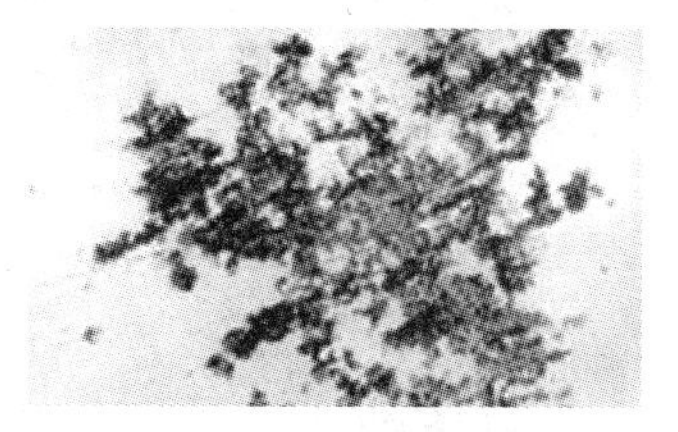

(c) 珠光体可锻铸铁

图4-10 可锻铸铁的显微组织

由于可锻铸铁中的石墨呈团絮状，对基体的割裂作用较小，因此它的力学性能比灰铸铁有所提高，但可锻铸铁并不能进行锻压加工。可锻铸铁的基体组织不同，其性能也不同，其中黑心可锻铸铁具有较高的塑性和韧性，而珠光体可锻铸铁具有较高的强度、硬度和耐磨性。

可锻铸铁的牌号是由三个字母及两组数字组成。其中前两个字母 KT 是“可铁”两字汉语拼音的第一个字母，第三个字母代表类别，H 和 Z 分别表示“黑”和“珠”的汉语拼音的第一个字母。其后的两组数字分别表示最低抗拉强度和最低伸长率。表 4-15 列出了可锻铸铁的牌号、类别、力学性能及应用举例。

表 4-15　可锻铸铁的牌号、类别、力学性能及应用举例(摘自 GB/T 9440—2010)

<table>
<tr><th>牌号</th><th>类别</th><th>R_m/MPa</th><th>$R_{p0.2}$/MPa</th><th>A/%</th><th>HBW</th><th>应用举例</th></tr>
<tr><td>KTH300-06</td><td rowspan="4">黑心可锻铸铁</td><td>300</td><td></td><td>6</td><td rowspan="4">≤150</td><td rowspan="4">汽车、拖拉机的后桥外壳、转向机构、弹簧钢板支座等，机床上用的扳手，低压阀门，管接头，铁道扣板和农具等</td></tr>
<tr><td>KTH330-08</td><td>330</td><td></td><td>8</td></tr>
<tr><td>KTH350-10</td><td>350</td><td>200</td><td>10</td></tr>
<tr><td>KTH370-12</td><td>370</td><td></td><td>12</td></tr>
<tr><td>KTZ550-04</td><td rowspan="2">珠光体可锻铸铁</td><td>500</td><td>340</td><td>4</td><td>180～230</td><td rowspan="2">曲轴、连杆、齿轮、凸轮轴、摇臂、活塞环等</td></tr>
<tr><td>KTZ700-02</td><td>700</td><td>530</td><td>2</td><td>240～290</td></tr>
</table>

可锻铸铁具有铁液处理简单、组织比球墨铸铁稳定、容易进行流水线生产和低温韧性好等优点，广泛应用于汽车和拖拉机等机械制造行业，用于制造形状复杂、可承受冲击载荷的薄壁件(<25 mm)和中小型零件。但可锻化退火的时间太长(几十小时)，能源消耗大，生产率低，成本高。

4.4.6　合金铸铁

常规元素硅、锰高于普通铸铁规定含量或含有其他合金元素，具有较高力学性能或某种特殊性能的铸铁称为合金铸铁。常用的合金铸铁有耐磨铸铁、耐热铸铁和耐腐蚀铸铁等。

1. 耐磨铸铁

不易磨损的铸铁称为耐磨铸铁。通常可通过激冷或向铸铁中加入铜、钼、锰、磷等元素，这样可在铸铁中形成一定数量的硬化相来提高其耐磨性。耐磨铸铁按其工作条件大致可分为两类：一类是在无润滑、干摩擦条件下工作的，如犁铧、轧辊和球磨机磨球等；一类是在润滑条件下工作的，如机床导轨、汽缸套、活塞环和轴承等。

在干摩擦条件下工作的零件，应具有均匀的高硬度组织，如白口铸铁就是一种较好的耐磨铸铁。我国很早就用它来制作农具等，但它的脆性很大。在润滑条件下工作的零件，其组织为软基体上分布着硬组织。珠光体灰铸铁基本上符合要求，其珠光体基体中的铁素体为软基体，渗碳体为硬组织，而石墨片则有润滑作用。

2. 耐热铸铁

可以在高温下使用，其抗氧化性或抗生长性能符合使用要求的铸铁，称为耐热铸铁。铸铁在反复加热和冷却时产生体积长大的现象，称为铸铁的生长。在高温下铸铁产生的体积膨胀是不可逆的，这是由于铸铁内部发生氧化和石墨化引起的。因此，铸铁在高温下损坏的形式主要是在反复加热和冷却过程中，发生相变和氧化从而引起铸铁生长及产生微裂纹。

为了提高铸铁的耐热性，常向铸铁中加入硅、铝、铬等合金元素，使铸铁表面形成一层致密的 SiO_2、Al_2O_3、Cr_2O_3 等氧化膜，阻止氧化性气体渗入铸铁内部产生氧化，从而抑制铸铁的生长。国外应用较多的耐热铸铁是铬、镍系耐热铸铁，我国目前广泛应用的是高硅、高铝或铝硅耐热铸铁以及铬耐热铸铁。

耐热铸铁主要用于制造工业加热炉附件，如炉底板、烟道挡板、传递链构件、渗碳坩埚等。

3. 耐腐蚀铸铁

能耐化学、电化学腐蚀的铸铁，称为耐腐蚀铸铁。耐腐蚀铸铁通常加入的合金元素是硅、铝、铬、镍、铜等，使铸铁表面生成一层致密稳定的氧化膜，从而提高了耐腐蚀能力。常用的耐腐蚀铸铁有高硅耐腐蚀铸铁、高铝耐腐蚀铸铁和高铬耐腐蚀铸铁等。耐腐蚀铸铁主要用于化工机械，如管件、阀门和耐酸泵等。

4.5 有色金属材料

4.5.1 铝及其合金

1. 工业纯铝

铝是地壳中储量最丰富的元素之一，工业纯铝呈银白色，面心立方晶格，无同素异构转变，熔点 660℃；比重小，仅为铁的 1/3；导电性、导热性较高，导电性仅次于银、铜、金，导电率为铜的 64%，导热性强于铁差于铜；强度、硬度低，塑性高，可以进行各种冷、热加工，能轧制很薄的铝箔，冷拔成极细的丝，焊接性良好。铝广泛应用于电器，电缆，容器，低温设备，日常生活用品。工业纯铝的纯度为 99.0%～98.0%，其牌号有 L_1～L_7，牌号越大，纯度越低。

2. 铝合金

在纯铝中适量加入 Si、Cu、Mn、Mg 等合金元素制成铝合金，可获得较高强度，并具有良好的加工性能，而仍保持其比重小、耐腐蚀的优点，许多铝合金还可以通过热处理使其性能强化。铝合金通常按成型工艺分为变形铝合金和铸造铝合金。图 4-11 为铝合金分类示意图。

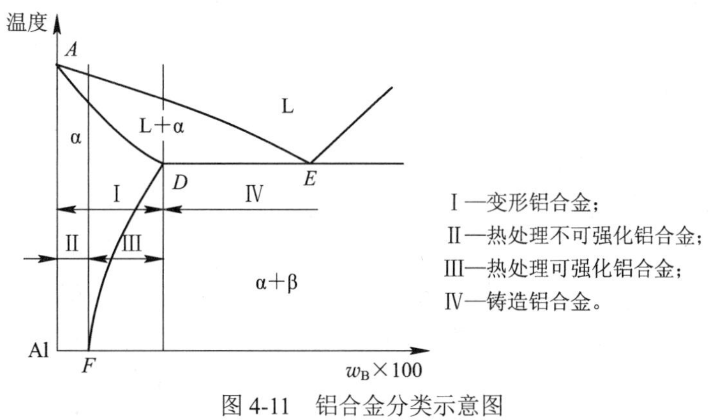

图 4-11 铝合金分类示意图

1) 变形铝合金

变形铝合金按照性能特点和用途分为防锈铝、硬铝、超硬铝、锻铝四种。其中只有防锈铝合金属于不能热处理强化的铝合金，其他可热处理强化。

(1) 防锈铝。这类铝合金主要是 Al-Mg 和 Al-Mn 系合金，呈单相固溶体，塑性好、抗蚀性高、焊接性好，一般只能依靠加工硬化。

(2) 硬铝。由于该铝合金强度和硬度高，故称硬铝，又称杜拉铝。硬铝主要是 Al-Cu-Mg 和 Al-Cu-Mn 系合金。2A12 是航空工业应用最广泛的一种高强度硬铝合金，用于制造飞机蒙皮、桁条、梁和动力骨架。硬铝耐腐蚀性差，为了提高硬铝合金的耐蚀性，通常在硬铝板材表面通过热轧包上一层工业纯铝，称为包铝。

(3) 超硬铝。Al-Zn-Mg-Cu 系超硬铝合金是变形铝合金中强度最高的一类铝合金，其强度可达 680 MPa。热处理为淬火加人工时效硬化，淬火温度 465～475℃，120℃人工时效 4 h。超硬铝的性能特点是强度很高，塑性较差(7A04，$A = 12\%$；7A09，$A = 7\%$)，耐腐蚀性较差(可包铝)，缺口敏感性大(过时效处理可改善)。这类合金主要用于制造飞机上受力较大的结构零件。

(4) 锻铝。主要是 Al-Mg-Si-Cu 系合金。锻铝具有良好的热塑性，适于生产各种锻件或模锻件。热处理为淬火加人工时效。锻铝合金常用于仪表和飞机制造中一些要求有中等以上强度和形状比较复杂的锻压件。表 4-16 为常见变形铝合金的类别、牌号、代号、主要化学成分、热处理和力学性能。

表 4-16 变形铝合金的类别、牌号、代号、主要化学成分、热处理和力学性能 (摘自 GB/T 3190—2020)

类别	牌号	代号	主要化学成分/%				热处理	力学性能		
			Cu	Mg	Mn	其他		R_m/MPa	A/%	HBW
防锈铝	5A05	LF5		4.5～5.5	0.3～0.6		退火	270	23	70
	3A21	LF21			1.0～1.6			130	23	30
硬铝	2A01	LY1	2.2～3.0	0.2～0.5			固溶处理+自然时效	300	24	70
	2A11	LY11	3.8～4.8	0.4～0.8	0.4～0.8			420	18	100
	2A12	LY12	3.8～4.9	1.2～1.8	0.3～0.9			480	11	131
超硬铝	7A04	LC4	1.4～2.0	1.8～2.8	0.2～0.6	Zn 5.0～7.0	固溶处理+人工时效	600	12	150
	7A09	LC9	1.2～2.0	2.0～3.0	0.15	Zn 5.1～6.1		680	7	190
锻铝	2A50	LD5	1.8～2.6	0.4～0.8	0.4～0.8	Si 0.7～1.2		420	13	105
	2A70	LD7	1.9～2.5	1.4～1.8	Ni 1～1.5	Fe 1.0～1.5		440	13	120

2) 铸造铝合金

用于制造铸件的铝合金称为铸造铝合金，其主要特点是具有良好的铸造性能，所以一些形状复杂而又不易用锻压方法制造的零件，如发动机缸体、活塞和曲轴箱等，均可采用铸造铝合金铸造。常用的铸造铝合金有 Al-Si 系、Al-Cu 系、Al-Mg 系和 Al-Zn 系等四大类。常见铸造铝合金的类别、牌号、代号、铸造方法、热处理、力学性能和用途举例如表 4-17 所示。

表 4-17 铸造铝合金的类别、牌号、代号、铸造方法、热处理、力学性能和用途举例(摘自 GB/T 1173—2013)

类别	牌号	代号	铸造方法	热处理	力学性能			用途举例
					R_m/MPa	A/%	HBW	
铝硅合金	ZAlSi12	ZL102	J	F	155	2	50	铸造性能好，力学性能低
	ZAlSi7Mg	ZL101	J	T5	205	2	60	良好的铸造性能和力学性能
	ZAlSi7Cu4	ZL107	J	T6	275	2.5	100	
铝铜合金	ZAlCu5Mn	ZL201	S	T4	295	8	70	耐热性好，铸造性能及耐腐蚀性低
铝镁合金	ZAlMg10	ZL301	S	T4	280	10	60	力学性能较高，耐腐蚀性好
铝锌合金	ZAlZnSi7	ZL401	J	T1	244	1.5	90	力学性能较高，适宜于压力铸造

注：(1) 铸造方法符号：J—金属性铸造；S—砂型铸造。

(2) 热处理：F—铸态；T1—人工时效；T4—固溶加自然时效；T5—固溶加不完全人工时效；T6—固溶加完全人工时效。

Al-Si 系合金是铸造铝合金中应用最广泛的一种合金系，牌号也最多。二元 Al-Si 合金(ZL102)又称硅铝明。ZL102 是简单的 Al-Si 系合金，其流动性好，铸件致密，是比较理想的铸造铝合金。ZL102 即使经过变质处理后，合金强度仍然很低，所以通常用来制造机械性能要求不高而形状复杂的铸件。为了进一步提高 Al-Si 合金的机械性能，通常需要加入 Cu、Mg、Mn 等合金，造成 Mg_2Si、$AuAl_2$、$W(Al_xMg_5Si_4Cu)$等强化相，通过“淬火+时效”使合金进一步强化，形成特殊硅铝明。

4.5.2 铜及其合金

1. 纯铜

纯铜又称紫铜，密度 8.9 g/cm^3，熔点 1083℃，面心立方晶格，强度低(200～250 MPa)，塑性好($A = 50\%$)，抗蚀性较好，导电，导热性高，抗磁性好，加工硬化性高，广泛用于电器原件，电缆和换热器等。

工业纯铜按照加工方法及含氧量的不同可分为工业纯铜和无氧铜两类。工业纯铜又称韧铜、电解铜，是用电解方法制造的，牌号 T1～T4，T1 纯度最高 99.95%，T4 是 99.5%；无氧铜是经熔炼和铸造法生产的，氧含量极低，牌号 Tu1、Tu2。

2. 铜合金

由于纯铜强度低，价格贵，工业上常用合金化的方法来获得强度较高的铜合金，铜合金常用作结构件材料，其中黄铜的抗蚀性能与纯铜相似，在大气、淡水中稳定，在海水中抗蚀性稍差。

1) 黄铜

以 Zn 作为主要合金元素的铜合金称为黄铜。按加工成形方法的不同，分为加工黄铜和铸造黄铜两类；按化学成分的不同，分为普通黄铜和特殊黄铜。加入 Al、Sn、Pb、Si 等第三种元素的黄铜称为特殊黄铜(复杂黄铜)。

(1) 普通黄铜。简单的 Cu-Zn 合金称为普通黄铜。牌号中 H 表示黄铜，其后数字表示平均含铜量，如 H80，H70，H62。如图 4-12 所示，黄铜中含 Zn 量对力学性能的影响。当 $w_{Zn} < 30\%$左右时，随着锌含量的增加，R_m 和 A 同时增大；当 w_{Zn} 在 30%左右时，A 达最大值，随着锌含量的增加，黄铜塑性急剧下降，而 R_m 则随着锌含量的增加而增加，当 w_{Zn} 在 45%左右时，R_m 值最大。当 $w_{Zn} > 45\%$时，R_m 和 A 随着锌含量的增加而下降。Cu-Zn 合金的显微组织如图 4-13 所示。

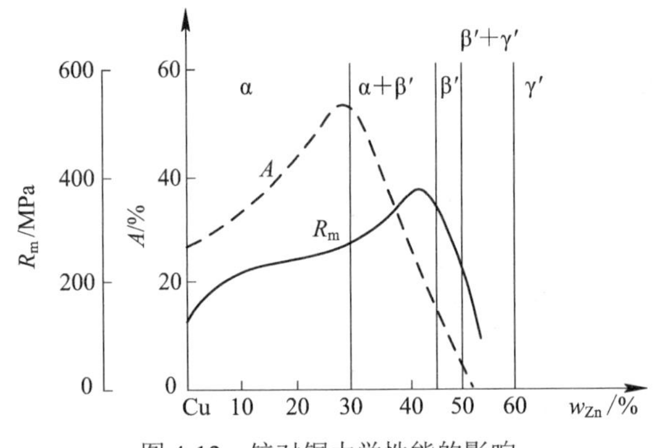

图 4-12 锌对铜力学性能的影响

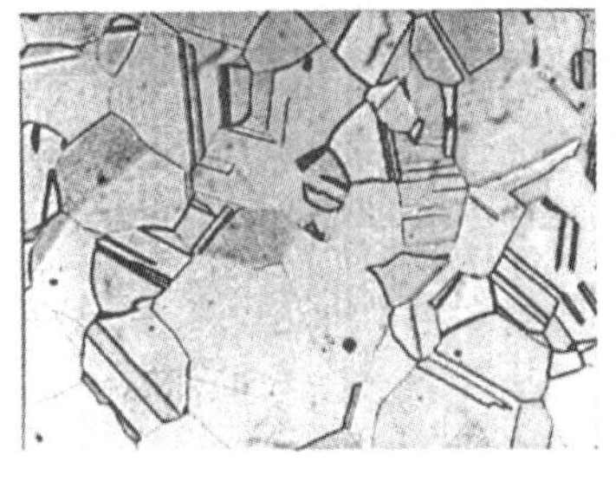

(a) 单相黄铜α

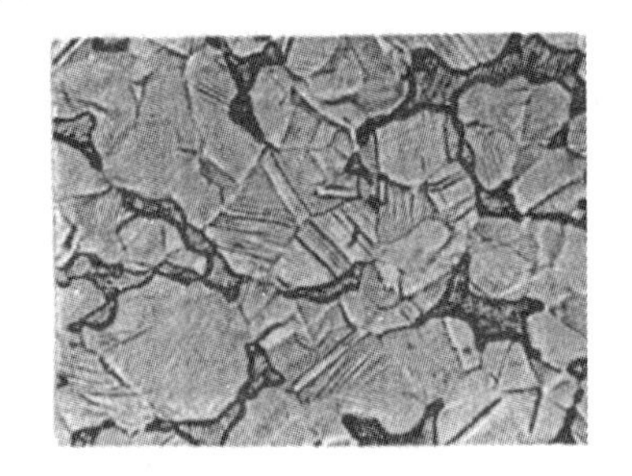

(b) 双相黄铜(α+β)

图 4-13 Cu-Zn 合金的显微组织

α 黄铜也叫单相黄铜，$w_{Zn} < 32\%$(即 H68 以上黄铜)。α 黄铜具有较高的强度，塑性很好，可进行冷、热加工，适宜制造冷轧板材、冷拔线材、散热器、冷凝器的管道、弹壳、工艺品和奖章等。常用的 α 黄铜有 H80、H70、H68 等。H70、H68 是三七黄铜，其中 Zn 和 Cu 元素的比例为 3∶7。

双相黄铜的典型牌号为 H62、H59，$w_{Zn} = 32\% \sim 45\%$。由于 β 相高温塑性好，所以双相黄铜适宜热加工，一般轧成棒材和板材，再经切削加工成各种零件，如散热器、垫圈、弹簧和金属网。

(2) 特殊黄铜。在二元黄铜基础上添加 Al、Fe、Si、Mn、Pb、Ni 元素形成特殊黄铜(分别称为铅黄铜、铁黄铜、硅黄铜)。它们具有比普通黄铜更高的强度、硬度、抗耐磨性和良好的铸造性能。在造船，电机，化工行业得到了广泛的使用。

2) 青铜

铜与锡的合金最早称为青铜，现在把除黄铜以外的所有铜合金都称为青铜。为了区别起见，把 Cu 与 Sn 合金称为锡青铜，其他铜合金称为无锡青铜，或分别叫作铝青铜、硅青铜、锡青铜和铍青铜等。常用铜合金的组别、代号、主要化学成分和力学性能，如表 4-18 所示。

表 4-18 常见铜合金的组别、代号、主要化学成分及力学性能

组别	代号	主要化学成分/%		力学性能		
		Cu	其他	R_m/MPa	A%	HBW
Pb 黄铜	HPb 63-3	62.0～65.0	Pb 2.4～3.0	600	5	—
	HPb 60-1	59.0～61.0	Pb 0.6～1.0	610	4	—
Sn 黄铜	HSn 90-1	88.0～91.0	Sn 0.25～0.75	520	5	148
	HSn 62-1	61.0～63.0	Sn 0.7～1.1	700	4	—
Al 黄铜	HAl 77-2	76.0～79.0	Al 1.8～2.6	650	12	170
Si 黄铜	HSi 65-1.5-3	63.5～66.5	Si 1.0～2.0 Pb 2.5～3.5	600	8	160
Mn 黄铜	HMn 58-2	57.0～60.0	Mn 1.0～1.2	700	10	175
Fe 黄铜	HFe59-1-1	57.0～60.0	Fe 0.6～1.2	700	10	160
Ni 黄铜	HNi 65-5	64.0～67.0	Ni 5.0～6.5	700	4	—

4.5.3 轴承合金

滑动轴承是由轴承体和轴瓦组成的。制造轴瓦及其内衬的合金叫作轴承合金。轴在轴瓦中高速旋转时，必然发生强烈摩擦，造成轴和轴承的磨损。轴通常价格昂贵，经常更换是不经济的，选择满足一定性能要求的轴承可以确保轴的最小磨损。

在轴承合金中，如在软基体上均匀分布一定大小的硬质点，则基体上能满足上述性能要求。当轴在轴承中运转时，软基体由于先磨损而产生凹陷，使硬质点凸出在软基体之上，这样轴和轴瓦的接触面积变小，且其间隙可储存润滑油，降低了轴和轴承的磨损系数，减少了轴和轴承的磨损。如图 4-14 所示，软的基体可以承受冲击和震动，而且偶然进入的外来硬质点也能压入软基体内，不致摩擦伤轴。对于载荷较大的轴承，也可以在轴承的硬基体上分布一定的软质点。总之，轴承不能太硬，太硬使得轴磨损增大；轴承不能太软，太软使得轴承承受能力变小。

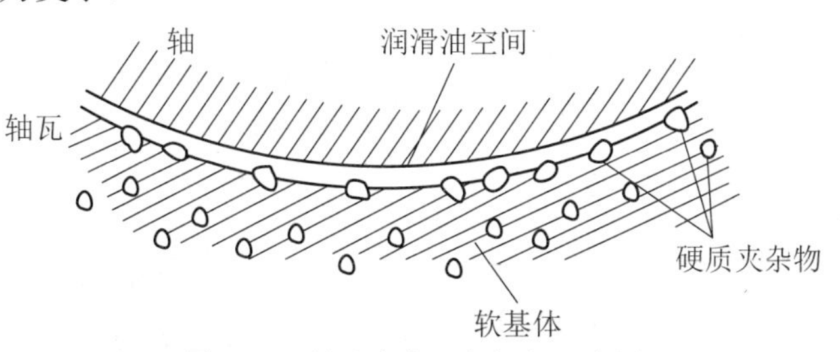

图 4-14 轴承合金理想组织示意图

常用锡基轴承合金是以锡为基础，加入锑、铜等元素组成的合金，此外还有铅基轴承合金、铜基轴承合金和铝基轴承合金等。常用轴承合金的牌号、熔化温度、力学性能、特点和用途举例如表 4-19 所示。

表 4-19　轴承合金的牌号、熔化温度、力学性能、特点和用途举例

牌　号	熔化温度/℃	力学性能			特　点	用途举例
		R_m/MPa	A/%	HBW		
ZSnSb12Pb10Cu4	185			29	软而韧，耐压，硬度较高，热强度较低，浇注性能差	一般中速、中压发动机的主轴承，不适应于高温
ZSnSb11Cu6	241	90	6.0	27	应用较广，不含 Pb，硬度适中，减摩性和抗磨性较好，膨胀系数比其他巴氏合金都小，优良的导热性和耐蚀性疲劳强度低，不宜浇注很薄且振动载荷大的轴承	重载、高速、<110℃的重要轴承如 750 kW 以上电机，890 kW 以上快速行程柴油机，高速机床主轴的轴承和轴瓦
ZSnSb4Cu4	225	80	7.0	20	韧性为巴氏合金中最高者，与 ZSnSb11Cu6 相比强度硬度较低	韧性高，浇注层较薄的重载荷高速轴承，如涡轮内燃机高速轴承
ZPbSb16Sn16Cu2	240	78	0.2	30	与 ZSnSb11Cu6 相比，摩擦系数较大，耐磨性和使用寿命不低，但冲击韧度低，不能承受冲击载荷，价格便宜	工作温度<120℃，无显著冲击载荷，重载高速轴承及轴衬
ZPbSb15Sn10	240	60	1.8	24	冲击韧性比上一合金高，摩擦系数大，但磨合性好，经退火处理，其塑性、韧性、强度和减摩性均大大提高，硬度有所下降	承受中等冲击载荷，中速机械的轴承，如汽车、拖拉机的曲轴和连杆轴承
ZPbSb15Sn5	248		0.2	20	与锡基 ZSnSb11Cu6 相比，耐压强度相当，塑性和导热较差，在≤100℃冲击载荷较低的条件下，其使用寿命相近，属性能较好的铅基低锡轴承合金	低速、轻压力条件下的机械轴承，如矿山水泵轴承、汽轮机、中等功率电机、空压机的轴承和轴衬

4.5.4 钛及其合金

钛及钛合金已在航空、航天、导弹、造船和化工机械等行业中广泛应用，它具有重量轻、比强度高、耐高温和耐腐蚀以及良好的低温韧性等优点，由于钛化学活泼性极高，目前钛的制炼比较困难，价格昂贵。

工业纯钛熔点1668℃，密度4.5 kg/m^3，具有同素异晶转变。在882.5℃以下时，为α-Ti(密排六方)；在882.5℃以上时，β-Ti(体心立方)。工业纯钛的性质与其纯度有关，纯度越大，硬度和强度越低。常用牌号有TA1、TA2、TA3，牌号顺序数字越大，杂质含量越多，钛的强度变大，塑性变差。工业纯钛耐腐蚀性强，在航空、船舶、化工行业中应用较多，如飞机滑架、蒙皮。

工业钛合金按其退火组织可分为α、β和α＋β三大类。牌号为TA4～TA8表示α-Ti合金，TB1-TB2表示β钛合金，TC1-TC10表示(α＋β)钛合金。

钛及钛合金是一种很有发展前途的新型金属材料。我国钛金属的矿产资源丰富，蕴藏量居世界各国前列，目前已形成了较完整的钛金属生产工业体系。常用钛合金的组别、牌号、供应状态、力学性能和用途举例，如表4-20所示。

表4-20 钛合金的组别、牌号、供应状态、力学性能和用途举例
(摘自GB/T 3620.1—2016)

组别	牌号	供应状态	力学性能			用途举例
			R_m/MPa	A/%	Z/%	
α型钛合金	TA5	退火	700	15	40	在500℃以下工作的零件，如飞机蒙皮、骨架零件、压气机壳体、叶片等
	TA6	退火	700	10	27	
β型钛合金	TB2	淬火+时效	1400	7	10	在350℃以下工作的零件，如压气机叶片、轴、轮盘等重载旋转件，以及飞机的构造等
(α＋β)型钛合金	TC4	退火	950	10	30	在400℃以下长期工作的零件、锻件，各种容器、泵、低温部件、舰艇耐压壳体、坦克履带等
	TC10	退火	1150	12	30	在450℃以下长期工作的零件，如飞机结构零件、起落架、导弹发动机外壳、武器结构件等

技 能 训 练

一、不同工作条件下机床主轴的选材

1. 实训目的

培养学生在设计和制造机械零件的过程中，能够根据零件工作条件合理地选用材料。

2. 实训设备及用品

车床主轴。

3. 实训指导

1) 金属零件选材的一般原则

在机器制造工业中，无论是开发新产品或是更新老产品，在设计和制造机械零件的过程中，除了标准零件可由设计者查阅手册选用外，大多要考虑如何合理地选用材料这个重要问题。实践证明，影响产品的质量和生产成本的因素很多，其中材料的选用是否合理，往往起到关键的作用。

从机械零件设计和制造的一般程序来看，先是按照零件工作条件的要求来选择材料，然后根据所选材料的机械性能和工艺性能来确定零件的结构形状和尺寸。在着手制造零件时，也要按所选用的材料来制订加工工艺方案。比如选用的材料是铸铁，就只能用铸造方法去生产。

机械零件选材时，主要是考虑零件的工作条件、材料的工艺性能和产品的成本。现将有关选材的一些基本原则分述如下：

(1) 选用的材料要满足零件的工作条件要求。

零件的工作条件是各种各样的，例如，受力状态有拉伸、压缩、弯曲、扭转和剪切等；载荷性质也有静载、冲击和交变的不同；工作温度则有室温、高温和低温之分；环境介质也有酸性的、碱性的、海水以及使用润滑剂等的不同。从上列的工作条件来看，受力状态和载荷性质是反映机械性能的；工作温度和环境介质则属于使用环境的。

材料的机械性能指标也是各种各样的，如屈服极限、强度极限、疲劳极限等是反映材料强度的指标；断后伸长率、断面收缩率等是反映材料塑性的指标；冲击韧性、断裂韧性等则是反映材料韧性的指标。

由于选材的基本出发点是要满足零件的强度要求，所以各种强度指标通常都直接用于零件断面尺寸的设计计算，而 A(断后伸长率)、Z(断面收缩率)、α_K(冲击韧度)、K_{1C}(断裂韧度)等则一般不直接用于设计计算。有时为了保证零件的安全性，采用它们作间接的强度校核，以确定所选材料的强度、塑性和韧性等是否配合适当。至于材料的硬度指标，虽可对强度性能作出一定量的估计，也不用于零件的设计计算，但硬度测量比较简便，在生产中是应用很多的。

至于零件使用的环境，在选材时也是必须考虑的，如在高温下工作的零件，可选用耐热钢；要求耐腐蚀的，可用奥氏体不锈钢；要求耐磨的，可用硬质合金；要求高硬度的，可用工具钢等等。

(2) 材料的工艺性能也是选材的重要依据。

零件的生产方法不同，将直接影响零件的质量和生产成本。

金属材料的基本加工方法有铸造、锻压、焊接、切削加工和热处理等。金属材料的工艺性能对这些加工方法的影响，将在以后各篇中分别论述，这里就不介绍了。

(3) 选材时必须十分重视材料的经济性。

所选材料既要价廉质优，又要尽量选用国产材料。一般而言，铸铁能满足要求就不选用铸钢；碳素钢能满足要求就不选用合金钢。如有些曲轴和连杆，选用球墨铸铁代替锻钢生产，就减少了切削加工量，降低了加工成本。

在选材时必须重视材料的经济性，不仅要考虑材料本身的价格和制造零件所需的一切费用，还要考虑材料的功能。根据价值工程的原理：价值 = 功能/成本。用计算出的结果进行比较，价值就不单是材料本身的价格了，还有材料的功能和使用寿命等含义，所以价值工程原理公式能够比较全面地反映选材的经济性。例如，要制造一个耐腐蚀的容器，有三个选材方案，一是用普通碳素钢，制造成本为5000元，可使用1年；第二个是用奥氏体耐酸不锈钢，制造成本为40 000元，可用10年；第三个是用铁素体不锈钢，制造成本为15 000元，可用6年。根据价值工程原理算出一、二、三方案的价值系数是1∶1.25∶2，可见第三选材方案的经济性更好些。

2) 不同工作条件下机床主轴的选材

根据零件选材的一般原则，机床主轴在不同的工作条件、材料、热处理工艺、硬度要求和用途的情况，如表4-21所示。

表4-21 机床主轴的工作条件、材料、热处理工艺、硬度要求和用途

序号	工作条件	材料	热处理工艺	硬度要求	用途
1	在滚动轴承中运转；低速，轻或中等载荷；精度要求不高；稍有冲击载荷	45钢	正火或调质	(220～250)HBW	一般简易机床主轴
2	在滚动或滑动轴承中运转；低速，轻或中等载荷；精度要求不很高；有一定的冲击、交变载荷	45钢	正火或调质后轴颈局部表面淬火，整体淬硬	≤229HBW(正火) (220～250)HBW(调质) (46～57)HRC(表面)	CB3463、CA6140和C61200等重型车床主轴
3	在滑动轴承中运转；中或重载荷，转速略高；精度要求较高；有较高的交变、冲击载荷	40Cr 40MnB 40MnVB	调质后轴颈表面淬火	(220～280)HBW(调质) (46～55)HRC(表面)	铣床、M74758磨床砂轮主轴
4	在滑动轴承中运转；重载荷，转速很高；精度要求极高；有很高的交变、冲击载荷	38CrMoAl	调质后渗氮	≤260HBW(调质) ≥850HV(渗氮表面)	高精度磨床砂轮主轴，T68镗杆，T4240A坐标镗床主轴，C2150-6D多轴自动车床中心轴
5	在滑动轴承中运转；重载荷，转速很高；高的冲击载荷；很高的交变压力	20CrMnTi	渗碳淬火	≥50HRC(表面)	Y7163齿轮磨床、CG1107车床、SG8630精密车床主轴

二、汽车变速器齿轮的选材

1. 实训目的

培养学生在设计和制造机械零件的过程中能够合理地选用材料。

2. 实训设备及用品

汽车变速器齿轮。

3. 实训指导

图 4-15 所示为汽车变速器齿轮。

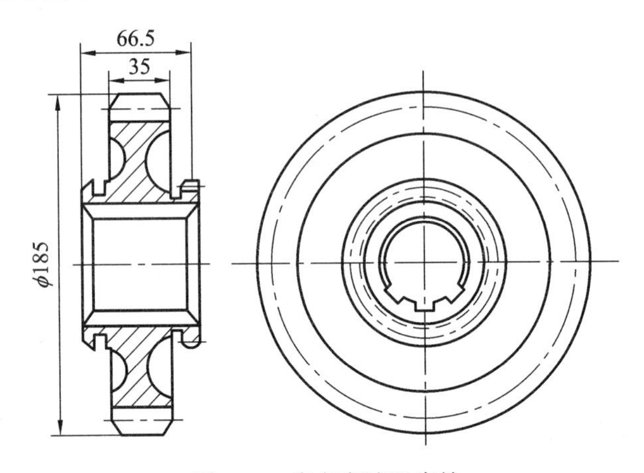

图 4-15　汽车变速器齿轮

1) 工作条件

汽车变速齿轮高速运转、受力较大，且起动、制动及变速时频繁受到强烈冲击。

2) 失效形式

根据工作特点，其主要失效形式为齿根折断和齿面损伤。齿根折断包括交变弯曲应力引起的疲劳断裂和冲击过载导致的崩齿与开裂；齿面损伤包括交变接触应力引起的接触疲劳和强烈摩擦导致的过度磨损。

3) 性能要求

要求具有高的弯曲疲劳强度，高的接触疲劳强度和耐磨性，齿轮心部要有足够的强度和韧性。

4) 材料选择

选用 20Cr 或 20CrMnTi 钢制造。

5) 工艺路线制订

其加工工艺路线为：下料→锻造→正火→切削加工→渗碳、淬火＋低温回火→喷丸→磨削加工。

正火可消除锻造应力、均匀组织和硬度，改善切削加工性能；渗碳处理可以提高轮齿表层碳的质量分数，保证渗碳层的深度；淬火+低温回火可以获得较高的耐磨性和抗疲劳性；喷丸处理可以增大表层压应力，提高零件的疲劳强度，消除氧化皮。

项目小结

1. 钢中常存元素 Si、Mn、S、P 等，Mn 和 Si 是钢中的有益元素，S 和 P 是钢中的有害元素。

2. 碳钢是指碳含量在 2.11%以下的铁碳合金。碳钢按碳的含量分为低碳钢、中碳钢和高碳钢，按钢的冶金质量分为普通钢、优质钢、高级优质钢，按钢的用途分为碳素结构钢、碳素工具钢、专用钢，按钢液脱氧程度分为沸腾钢、镇静钢、半镇静钢。

3. 合金钢是指为了改善钢的组织和性能，在冶炼时特意加入合金元素的钢。合金钢按合金元素含量分为低合金钢、中合金钢、高合金钢，按主要用途分为合金结构钢、合金工具钢、特殊性能钢，按金相组织分为珠光体钢、贝氏体钢、奥氏体钢和碳化物钢等。

4. 铸铁是 $w_C > 2.11\%$的铁碳合金。根据碳在铸铁中存在的形式，铸铁可分为白口铸铁、灰口铸铁和麻口铸铁；根据石墨的形态，灰铸铁可分为普通灰铸铁、球墨铸铁、可锻铸铁和蠕墨铸铁。

5．工业纯铝的纯度为 99.0%～98.0%，其牌号 L1～L7，牌号越大，纯度越低。在纯铝中适量加入 Si、Cu、Mn、Mg 等合金元素配制成铝合金，铝合金通常按成形工艺分为变形铝合金和铸造铝合金。

6．纯铜又称紫铜，按照加工方法及含氧量不同分为工业纯铜和无氧铜。

7．制造轴瓦及其内衬的合金叫作轴承合金。常用的锡基轴承合金是以锡为基础，加入锑、铜等元素组成的合金。此外还有铅基轴承合金、铜基轴承合金和铝基轴承合金等。

8. 钛及钛合金在航空、航天、导弹、造船、化工、机械等领域广泛应用，它具有重量轻、比强度高、耐高温、耐腐蚀以及良好的低温韧性等优点。工艺纯钛的性质与其纯度有关，纯度越大，硬度、强度越低。

习　题

1. 碳素结构钢、优质碳素结构钢、碳素工具钢各自有何性能特点？非合金钢共同的性能不足是什么？

2. 合金元素提高钢的耐回火性，使钢在使用性能方面有何益处？

3. 为什么合金渗碳钢一般采用低碳，合金调质钢采用中碳，而合金工具钢采用高碳成分？

4. 指出下列每个牌号钢的类别、含碳量、热处理工艺和主要用途：

Q235，45，T8，Q345，20CrMnTi，40Cr，60Si2Mn，GCr15，9SiCr，CrWMn，W18Cr4V，Cr12MoV，5CrMnMo，12Cr18Ni9，42Cr9Si2，ZGMn13

5. 为什么汽车变速齿轮常采用 20CrMnTi 钢制造，而机床上同样是变速齿轮却采用 45 钢或 40Cr 钢制造？

6. 试为下列机械零件或用品选择适用的钢种及牌号：

地脚螺栓，仪表箱壳，小柴油机曲轴，木工锯条，油气储罐，汽车齿轮，机床主轴，汽车发动机连杆，汽车发动机螺栓，汽车板簧，拖拉机轴承，板牙，高精度塞规，大型冷冲模，胎模锻模，硝酸槽，手术刀，内燃机气阀，大型粉碎机颚板

7. 化学成分和冷却速度对铸铁石墨化有何影响？阻碍石墨化的元素主要有哪些？

8. 为什么一般机器的支架、机床床身常用灰铸铁制造？

9. 灰铸铁、球墨铸铁、蠕墨铸铁、可锻铸铁在组织上的根本区别是什么？试述石墨对铸铁性能特点的影响。

10. 铝合金分为几类？各类铝合金各自有何强化方法？铝合金淬火与钢的淬火有何异同？

11. 指出下列代号、牌号合金的类别、主要合金元素及主要性能特征。

3A21，7A04，ZL102，ZL203，H68，HPb59-1，ZCuZn16Si4，QSn4-3，QBe2，ZCuSn10Pbl，ZSnSb11Cu6

项目 5　其他工程材料

技能目标

培养学生能够正确认识和使用机械工业中常用的非金属材料、复合材料和新型工程材料。

思政目标

认识新型工程材料，以高性能材料研究开发和应用作为切入点，激发学生的爱国热情和民族自豪感，树立远大志向，为建设材料强国而努力奋斗。

知识链接

除金属材料外，工程材料还包括高分子材料、无机非金属材料和复合材料等。高分子材料和无机非金属材料统称为非金属材料，是工程材料的重要组成部分。非金属材料的强度等力学性能一般不如金属材料，但成形工艺简单，而且具有一些独有的特殊性能，在近代工业中的用途不断扩大。非金属材料的发展速度远高于金属材料，有学者曾预言：非金属材料在工业中的使用量在不久的将来将超越金属材料。

新型工程材料是人们在制造过程中按照既有的目的设计制造出来的，并非原存在于自然。新型工程材料具有高新性能，能满足尖端设备的制造需要。它由军事需要、经济需要所推动，其开发与利用的联系比以往的材料更加紧密。新型工程材料更加注重环保，并关注资源的协调性。

5.1　高分子材料

高分子材料是以高分子化合物为主要组分的材料。高分子化合物是指相对分子质量(分子量)很大的化合物，其分子量一般在 5000 以上。高分子化合物包括有机高分子化合物和无机高分子化合物两类。有机高分子化合物又分为天然的和合成的。机械工程中使用的高分子材料主要是各种有机高分子化合物，如塑料、合成橡胶、合成纤维、涂料和胶黏剂等。

5.1.1　塑料

1. 塑料的组成

塑料是以合成树脂为主要成分，加入一些用来改善塑料使用性能和工艺性能的添加剂而制成的。

工业中用的树脂主要是合成树脂，如聚乙烯等。树脂的种类、性能和数量决定了塑料的性能，因此，塑料基本上都是以树脂的名称命名的，如聚氯乙烯塑料的树脂就是聚氯乙烯。

添加剂的种类较多，主要有以下几种。

(1) 填料。填料可使塑料具有所要求的性能，且能降低成本。用木屑、纸屑、石棉纤维、玻璃纤维等材料作填料，可增加塑料强度；用高岭土、滑石粉、氧化铝、石墨、铁粉、铜粉和铝粉等无机物作为填料，可使塑料具有较高的耐热性、导热性、耐磨性和耐蚀性等。

(2) 增塑剂。增塑剂用以增加树脂的可塑性、柔软性、流动性，并可降低脆性。常用的增塑剂有磷酸酯类化合物、甲酸酯类化合物和氯化石蜡等。

(3) 稳定剂(防老剂)。稳定剂可增加塑料对光、热、氧等老化作用的抵抗力，延长塑料的寿命。常用的稳定剂有硬脂酸盐、环氧化合物等。

(4) 润滑剂。加入少量润滑剂可改善塑料成形时的流动性和脱模性，使制品表面光滑美观。常用的润滑剂有硬脂酸等。

除上述添加剂外，还有固化剂、发泡剂、抗静电剂、稀释剂、阻燃剂和着色剂等。需要说明的是，并非每种塑料都需要加入上述全部的添加剂。加入添加剂的种类和数量是根据塑料的品种和使用要求决定的。

2. 塑料的特性

(1) 质轻。塑料的密度为 0.9～2.2 g/cm^3，只有钢铁的 1/8～1/4，铝的 1/2。其中，泡沫塑料的密度仅为 0.01 g/cm^3 左右，这对减轻产品的重量具有重要意义。

(2) 比强度高。塑料的强度比金属低，但密度小，比强度高。

(3) 化学稳定性好。塑料能耐大气、水、碱和有机溶剂等的腐蚀。

(4) 优异的电绝缘性。塑料的电绝缘性可与陶瓷、橡胶以及其他绝缘材料相媲美。

(5) 减摩性和耐磨性好。塑料的硬度低于金属，但多数塑料的摩擦系数小，有些塑料(如聚四氟乙烯、尼龙等)具有自润滑性。因此，塑料可用于制作在无润滑条件下工作的某些耐磨零件。

(6) 工艺性好。成形加工性好，且方法简单，多数塑料制品的成品率高。

(7) 耐热性差。多数塑料只能在 100℃左右使用，少数品种可在 200℃左右使用；蠕变量大(在载荷长期作用下塑性变形量逐渐增加)；易燃烧和易老化(因为光、热、载荷、水、碱、酸、氧等的长期作用使塑料变硬、变脆、开裂等的现象称为老化)；导热性差，约为金属的 1/500；热膨胀系数大，约为金属的 3～10 倍。

3. 常用塑料

1) 热塑性塑料

热塑性塑料在加热时变软，冷却后变硬，再加热又可变软，可反复成形，且性能基本不变。其制品的使用温度应低于 120℃。热塑性塑料成形工艺简便，可注射、挤出、吹塑成形，生产率较高。常用的热塑性塑料有以下几种。

(1) 聚乙烯(PE)。按生产工艺的不同，聚乙烯分为高压聚乙烯、中压聚乙烯和低压聚乙烯。高压聚乙烯化学稳定性高，柔软性、绝缘性、透明性和耐冲击性好，宜吹塑成薄膜、软管和瓶等；低压聚乙烯质地坚硬，耐磨性、耐蚀性和绝缘性好，宜制作成化工用管道、槽，电线、电缆包皮以及承载小的齿轮、轴承等零件，又因其无毒，还可制作茶杯、奶瓶、食品袋等。

(2) 聚氯乙烯(PVC)。聚氯乙烯分为硬质聚氯乙烯和软质聚氯乙烯。硬质聚氯乙烯强度较高，绝缘性和耐蚀性好，耐热性差，在 -15～60℃使用，用于化工耐蚀的结构材料，如输油管、容器、离心泵、阀门管件等，用途较广；软质聚氯乙烯强度低于硬质聚氯乙烯，伸长率大，绝缘性较好，在 -15～60℃的温度范围使用，用于电线、电缆的绝缘包皮，农用薄膜，工业包装等，因其有毒，不能用于包装食品。

(3) 聚丙烯(PP)。聚丙烯的强度、硬度、刚性和耐热性均高于低压聚乙烯，其制品可在120℃以下长期使用。聚丙烯绝缘性好，且不受湿度影响，无毒、无味，低温脆性大，不耐磨。常用于一般机械零件(如齿轮、接头)、耐蚀件(如泵叶轮、化工管道、容器、绝缘件)、壳体类零件(电视机、收音机、电扇、电机罩等)、生活用具、医疗器械、食品和药品包装等。

(4) 聚酰胺(PA)。聚酰胺俗称尼龙或锦纶。聚酰胺强度、韧性、耐磨性、耐蚀性、吸振性、自润滑性、成形性好，摩擦系数小，无毒、无味，可在 100℃以下使用。聚酰胺的蠕变值大，导热性差，吸水性高，成形收缩率大。常用的有尼龙 6、尼龙 66、尼龙 610、尼龙 1010 等。聚酰胺常用于制造要求耐磨和耐蚀的某些承载和传动零件，如轴承、导轨、齿轮、螺母等，也可用于制作高压耐油密封圈，或喷涂在金属表面作防腐和耐磨涂层。

(5) 聚甲基丙烯酸甲酯(PMMA)。聚甲基丙烯酸甲酯俗称有机玻璃。聚甲基丙烯酸甲酯透光性、着色性、绝缘性、耐蚀性好，在自然条件下老化速度缓慢，可在 -60～100℃使用。聚甲基丙烯酸甲酯不耐磨，脆性大，易溶于有机溶剂中。硬度不高，表面易擦伤。聚甲基丙烯酸甲酯用于航空、仪器、仪表、汽车中的透明件和装饰件，如飞机窗、灯罩、电视和雷达屏幕、油标、油杯、设备标牌等。

(6) ABS 塑料。ABS 塑料是丙烯腈(A)、丁二烯(B)和苯乙烯(S)的三元共聚物。ABS 塑料综合力学性能好，尺寸稳定性、绝缘性、耐磨性、耐水和耐油性好，但长期使用易起层。ABS 塑料用于制造齿轮、叶轮、轴承、把手、管道、贮槽内衬、仪表盘、轿车车身、汽车挡泥板和电话机、电视机、仪表的壳体等，应用较广。

(7) 聚甲醛(POM)。聚甲醛耐磨性、尺寸稳定性、着色性、减摩性和绝缘性好，可在 -40～100℃长期使用。聚甲醛加热易分解，成形收缩率大。聚甲醛用于制造减摩、耐磨件、绝缘件及传动件，如轴承、滚轮、齿轮、化工容器、仪表外壳和表盘等，可代替尼龙和有色金属。

(8) 聚四氟乙烯(PTFE)。聚四氟乙烯也称塑料王。聚四氟乙烯有极强的耐蚀性，可抗王水腐蚀。聚四氟乙烯绝缘性、自润滑性好，不吸水，摩擦系数小，可在 -195～250℃使用，但价格较高。聚四氟乙烯用于耐蚀件、减摩件、耐磨件、密封件和绝缘件，如高频电缆和电容线圈架、化工用反应器和管道等。

(9) 聚碳酸酯(PC)。聚碳酸酯被誉称“透明金属”，具有优良的综合性能，冲击韧性和延性突出，在热塑性塑料中是最好的；弹性模量较高，不受温度的影响；抗蠕变性能好，尺寸稳定性高。聚碳酸酯透明度高，可染成各种颜色。聚碳酸酯绝缘性能优良，在 10～130℃间介电常数和介质损耗近于不变。聚碳酸酯适宜制造精密齿轮、蜗轮、蜗杆、齿条等零件。利用其高的电绝缘性能，可制造垫圈、垫片、套管、电容器等绝缘件，并可作电子仪器仪表的外壳、护罩等。由于聚碳酸酯透明性较好，在航空及宇航工业中，是一种不可缺少的制造信号灯、挡风玻璃，座舱罩和帽盔等的重要材料。

(10) 聚砜(PSF)。聚砜的强度、硬度、成形温度均较高，抗蠕变、尺寸稳定性和绝缘性较好，可在 -100～150℃长期使用。聚砜不耐有机溶剂和紫外线。聚砜用于制造耐热件、绝缘件、减摩和耐磨件、高强度件(如凸轮、精密齿轮)、真空泵叶片、仪表壳体和罩、汽车护板等。

2) 热固性塑料

热固性塑料加热时软化，冷却后坚硬。热固性塑料固化后再加热，不再软化或熔融，不能再成形。热固性塑料抗蠕变性强，不易变形，耐热性高，但树脂较脆，强度不高，成形工艺复杂，生产率低。常用的热固性塑料有以下几种。

(1) 酚醛塑料(PF)。酚醛俗称电木，由酚类和醛类在酸或碱催化剂的作用下缩聚合成酚醛树脂，再加入添加剂而制得的高聚物。酚醛塑料具有一定的强度和硬度、耐磨性好、绝缘性良好、耐热性较高和耐蚀性优良。酚醛塑料的缺点是性脆和不耐碱。酚醛塑料广泛用于制作插头、开关、电话机、仪表盒、汽车刹车片、内燃机曲轴皮带轮、纺织机和仪表中的无声齿轮、化工用耐酸泵和日用用具等。

(2) 环氧塑料(EP)。环氧塑料是环氧树脂加入固化剂后形成的热固性塑料。环氧塑料强度较高、韧性较好、尺寸稳定性高、具有优良的绝缘性能、耐热、耐寒、化学稳定性很高、成形工艺性能好。环氧塑料的缺点是有毒性。环氧塑料是很好的胶黏剂，对各种材料(金属及非金属)都有很强的胶粘能力。环氧塑料用于制作塑料模具、印刷线路板、灌封电器元件、配制飞机漆、油船漆和罐头涂料等。

5.1.2 橡胶

1. 橡胶的组成与性能

橡胶是以生胶为主要原料，加入适量的配合剂而制成的高分子材料。生胶是指未加配合剂的天然胶或合成胶，它也是将配合剂和骨架材料粘成一体的黏结剂。

配合剂是指为改善和提高橡胶制品性能而加入的物质，如硫化剂、活性剂、软化剂、填充剂、防老剂和着色剂等。

常用的硫化剂是硫黄，橡胶经硫化处理后，可提高橡胶制品的弹性、强度、耐磨性、耐蚀性和抗老化能力；活化剂用于加速脱硫过程；软化剂用于增强橡胶塑性，改善黏附力，降低硬度和提高耐寒性；填充剂用于提高橡胶强度，减少生胶用量，降低成本和改善工艺性；防老剂可在橡胶表面形成稳定氧化膜，用于抵抗氧化作用，防止和延缓橡胶发黏、变脆和性能变坏等老化现象；着色剂用于改变橡胶制品颜色并对橡胶制品起防护作用。

此外，为减少橡胶制品变形，提高其承载能力，可在橡胶内加入骨架材料。常用的骨架材料有金属丝、纤维织物等。

橡胶的弹性大，最高伸长率可达 800%～1000%，当外力去除后能迅速恢复原状。橡胶可积储能量，吸振能力强，有足够的强度，耐磨性、隔声性和绝缘性好，有一定的耐蚀性。

2. 常用橡胶

按原料来源不同，橡胶分为天然橡胶和合成橡胶。天然橡胶是从天然产胶植物中制取的橡胶，主要成分是聚异戊二烯，合成橡胶是用石油、天然气、煤和农副产品为原料制成的。

根据应用范围不同，橡胶分为通用橡胶和特种橡胶。

(1) 丁苯橡胶。丁苯橡胶是以丁二烯和苯乙烯为单体共聚而成。丁苯橡胶具有较好的耐磨性、耐热性、耐老化性，价格便宜。丁苯橡胶主要用于制造轮胎、胶带、胶管及生活用品。

(2) 顺丁橡胶。顺丁橡胶是由丁二烯聚合而成的。顺丁橡胶的弹性、耐磨性、耐热性和耐寒性均优于天然橡胶，是制造轮胎的优良材料。顺丁橡胶的缺点是强度较低、加工性能差，主要用于制造轮胎、胶带、弹簧、减震器、耐热胶管和电绝缘制品等。

(3) 氯丁橡胶。氯丁橡胶是由氯丁二烯聚合而成的。氯丁橡胶的机械性能和天然橡胶相似，但耐油性、耐磨性、耐热性、耐燃烧性、耐溶剂性和耐老化性能均优于天然橡胶，所以称为“万能橡胶”。氯丁橡胶既可作为通用橡胶，又可作为特种橡胶。氯丁橡胶耐寒性较差(−35℃)，密度较大(1.23 g/cm^3)，生胶稳定性差，生产成本较高。氯丁橡胶主要用于制造电线、电缆的外皮、胶管、输送带等。

(4) 氟橡胶。氟橡胶是以碳原子为主链、含有氟原子的高聚物。氟橡胶具有很高的化学稳定性，它在酸、碱和强氧化剂中的耐蚀能力居各类橡胶之首，其耐热性也很好，缺点是价格昂贵、耐寒性差、加工性能不好。氟橡胶主要用于制作高级密封件、高真空密封件和化工设备中的里衬、火箭和导弹的密封垫圈。常用橡胶的种类、名称、性能和用途举例如表 5-1 所示。

表 5-1　常用橡胶的种类、名称、性能和用途举例

种类	名称(代号)	R_m/MPa	A/%	使用温度 t/℃	回弹性	耐磨性	耐碱性	耐酸性	耐油性	耐老化	用途举例
通用橡胶	天然橡胶(NR)	17～35	650～900	−70～110	好	中	好	差	差		轮胎、胶带、胶管
	丁苯橡胶(SBR)	15～20	500～600	−50～140	中	好	中	差	差	好	轮胎、胶板、胶布、胶带、胶管
	顺丁橡胶(BR)	18～25	450～800	−70～120	好	好	好	差	差	好	轮胎、V 形带、耐寒运输带、绝缘件
	氯丁橡胶(CR)	25～27	800～1000	−35～130	中	中	好	中	好	好	电线(缆)包皮，耐燃胶带、胶管，汽车门窗嵌条，油罐衬里
	丁腈橡胶(NBR)	15～30	300～800	−35～175	中	中	中	中	好	中	耐油密封圈、输油管、油槽衬

续表

种类	名称(代号)	R_m/MPa	A/%	使用温度 t/℃	回弹性	耐磨性	耐碱性	耐酸性	耐油性	耐老化	用途举例
特种橡胶	聚氨酯橡胶(UR)	20～35	300～800	-30～80	中	好	差	差	好		耐磨件、实心轮胎、胶辊
	氟橡胶(FPM)	20～22	100～500	-50～300	中	中	好	好	好	好	高级密封件，高耐蚀件，高真空橡胶件
	硅橡胶	4～10	50～500	-100～300	差	差	好	中	差	好	耐高、低温制品和绝缘件

5.2 陶瓷材料

陶瓷材料是用天然或合成化合物经过成形和高温烧结制成的一类无机非金属材料。

陶瓷材料是工程材料中刚度最好、硬度最高的材料，其硬度一般 > 1500HV，而淬火钢的硬度为(500～800)HV，高分子材料的硬度 < 20HV。陶瓷的抗压强度较高，但抗拉强度较低，塑性和韧性很差。陶瓷材料一般具有较高的熔点(大多在 2000℃以上)，且在高温下具有极好的化学稳定性。陶瓷的导热性低于金属材料，是良好的隔热材料。同时陶瓷的线膨胀系数比金属低，当温度发生变化时，陶瓷具有良好的尺寸稳定性。陶瓷材料在高温下不易氧化，并对酸、碱、盐具有良好的抗腐蚀能力。大多数陶瓷具有良好的电绝缘性。此外，陶瓷材料还有独特的光学性能。

陶瓷按原料的不同分为普通陶瓷和特种陶瓷。根据陶瓷应用范围的不同，普通陶瓷分为日用陶瓷和工业陶瓷；根据陶瓷用途的不同，特种陶瓷材料可分为结构陶瓷、工具陶瓷和功能陶瓷。

5.2.1 常用普通陶瓷

普通陶瓷又称传统陶瓷，是以天然黏土、长石、石英等为原料，经成形、烧结而成的陶瓷。普通陶瓷坚硬而脆性较大，绝缘性和耐蚀性极好。由于其制造工艺简单、成本低廉，因而在各种陶瓷中用量最大。

普通日用陶瓷主要用于制作日用器皿和瓷器，一般具有良好的光泽度、透明度，热稳定性和机械强度较高。常用的普通日用陶瓷有：长石质瓷，是国内外常用的日用陶瓷，作一般的工业瓷制品；绢云母质瓷，是我国的传统用瓷；骨质瓷，在近些年得到广泛应用，主要用作高级日用瓷制品；滑石质瓷，是我国发展的综合性能较好的新型高质瓷；高石英质日用瓷，是我国最近研制成功的新型陶瓷，石英含量 ≥ 40%，瓷质细腻、色调柔和、透光度好、强度高、热稳定性好。

工业陶瓷即工业生产和工业产品用陶瓷。普通工业陶瓷包括建筑陶瓷、电工陶瓷和化工陶瓷等。建筑陶瓷用于装饰板、卫生间装置和器具等，通常尺寸较大，要求机械强度和热稳定性较高；电工陶瓷主要指电器绝缘用瓷，也叫作高压陶瓷，要求其力学性能高、介电性能和热稳定性好；化工陶瓷用于化工、制药、食品等工业及实验室中的管道设备、耐蚀容器及实验器皿等，通常要求耐各种化学介质腐蚀的能力要强。几种普通陶瓷的基本性能如表 5-2 所示。

表 5-2　几种普通陶瓷的基本性能

陶瓷种类	日用陶瓷	建筑陶瓷	电工陶瓷	化工陶瓷
密度(×10^3)/(kg・m^{-3})	2.3～2.5	～2.2	2.3～2.4	2.2～2.3
气孔率/%		～5		< 6
吸水率/%		3～7		< 3
抗拉强度/MPa		10.8～51.9	23～35	8～12
抗压强度/MPa		568.4～803.6		80～120
抗弯强度/MPa	40～65	40～96	70～80	40～60
冲击韧度/(kJ・m^{-2})	1.8～2.1		1.8～2.2	1～1.5
线膨胀系数(×10^{-6})/℃	2.5～4.5			4.5～6.0
导热系数/[W・(m・K)$^{-1}$]		～1.5		0.92～1.04
介电常数			6～7	
损耗角正切			0.02～0.04	
体积电阻率/(Ω・m)			不小于 10"	
莫氏硬度	7	7		7
热稳定性/℃	220	250	150～200	(2*)

注：*表示试样由 220℃急冷至 20℃的次数。

5.2.2　常用特种陶瓷

特种陶瓷又称近代陶瓷、精细陶瓷或高性能陶瓷，是以高纯度的人工合成的金属氧化物、碳化物、氮化物等为原料，利用精密控制工艺成形烧结制成的陶瓷材料。特种陶瓷通常具有一种或多种功能，如电、磁、光、热、声、化学、生物等功能，同时具有耦合功能(如压电、热电、电光、声光、磁光等功能)。特种陶瓷包括特种结构陶瓷和功能陶瓷两大类，如压电陶瓷、磁性陶瓷、电容器陶瓷和高温陶瓷等。工程上最重要的是高温陶瓷，包括氧化物陶瓷、硼化物陶瓷、氮化物陶瓷和碳化物陶瓷。

1. 氧化物陶瓷

氧化物陶瓷的熔点大多在 2000℃以上，烧成温度约为 1800℃；氧化物陶瓷是单相多晶体结构，有时有少量气相；强度随温度的升高而降低，在 1000℃以下时可保持较高强度，随温度变化不大；纯氧化物陶瓷在任何高温下都不会氧化。

1) 氧化铝(刚玉)陶瓷

氧化铝陶瓷的主要成分是 Al_2O_3，根据其含杂质的多少，氧化铝呈红色(如红宝石)或蓝色(如蓝宝石)。在实际生产中，氧化铝陶瓷按氧化铝的含量可分为 75、95 和 99 等几种。氧化铝陶瓷的强度比普通陶瓷高 2～6 倍。氧化铝陶瓷的硬度较高(仅低于金刚石)，高温蠕变小，耐酸、碱和化学药品的腐蚀，高温下不氧化，绝缘性好，但脆性大，不能承受冲击。

氧化铝陶瓷是很好的高温耐火结构材料，用于制造高温容器(如坩埚)、内燃机火花塞、空压机泵零件和高温轴承等。

微晶氧化铝(微晶刚玉)陶瓷的硬度极高，用于制造硬度要求高的切削淬火钢刀具和金属拔丝模等。

氧化铝陶瓷耐酸、碱和化学药品的腐蚀，可用于制造化工和石油用泵的密封环等。

2) 氧化铍陶瓷

氧化铍陶瓷具备一般陶瓷的特性，导热性极好，有很高的热稳定性，强度低，抗热冲击性较高；消散高能辐射的能力强，热中子阻尼系数大。

氧化铍陶瓷用于制造坩埚、真空陶瓷、原子反应堆陶瓷、气体激光管、晶体管散热片、集成电路的基片和外壳等。

3) 氧化锆陶瓷

氧化锆陶瓷的熔点在 2700℃以上，耐 2300℃高温，推荐使用温度 2000～2200℃；能抗熔融金属的浸蚀，做铂、锗等金属的冶炼坩埚和 1800℃以上的发热体及炉子、反应堆绝热材料等；氧化锆作添加剂可以大大提高陶瓷材料的强度和韧性。例如，氧化锆增韧陶瓷可替代金属制造拉丝模、泵叶轮和汽车零件(凸轮、推杆、连杆等)。

4) 氧化镁/钙陶瓷

氧化镁/钙陶瓷通常是通过加热白云石(镁或钙的碳酸盐)矿石除去 CO_2 制成的，其特点是能抵抗各种碱性金属渣的作用，因而常用作炉衬的耐火砖。但氧化镁/钙陶瓷的缺点是热稳定性差，MgO 在高温下易挥发，CaO 甚至在空气中易水化。

2. 碳化物陶瓷

碳化物陶瓷有很高的熔点、硬度(近于金刚石)和耐磨性(特别是在浸蚀性介质中)，缺点是耐高温氧化能力差(约 900～1000℃)，脆性极大。

1) 碳化硅陶瓷

碳化硅陶瓷的密度为 3.2×10^3 kg/m^3，莫氏硬度为 9.2，不仅具有优良的常温力学性能，如较高的抗弯强度、优良的抗氧化性、良好的耐腐蚀性、较高的抗磨损以及较低的摩擦系数，而且高温力学性能(强度、抗蠕变性等)是已知陶瓷材料中最佳的。碳化硅陶瓷高温强度可一直维持到 1600℃，是陶瓷材料中高温强度最好的材料。碳化硅陶瓷的抗氧化性也是所有非氧化物陶瓷中最好的。碳化硅陶瓷的缺点是断裂韧性较低，即脆性较大。

碳化硅陶瓷用于制作工作温度高于 1500℃的结构件，如火箭尾喷管的喷嘴、浇注金属的浇口杯、热电偶套管和炉管、汽轮机叶片、高温轴承和泵的密封圈等，也可以用作石墨表面保护层、砂轮及磨料等。

2) 碳化硼陶瓷

碳化硼陶瓷硬度极高，抗磨粒磨损能力很强；熔点可达 2450℃，高温下会快速氧化，与热或熔融黑色金属发生反应，使用温度限定在 980℃以下。

碳化硼陶瓷主要用于作磨料，有时可用于制造超硬质工具。

3) 其他碳化物陶瓷

碳化钼、碳化铌、碳化钽、碳化钨和碳化锆陶瓷的熔点和硬度都很高，在 2000 ℃以上的中性或还原气氛作高温材料；碳化铌、碳化钛用于 2500℃以上的氮气气氛中的高温材料。

3. 硼化物陶瓷

硼化物陶瓷有硼化铬、硼化钼、硼化钛、硼化钨和硼化锆等。

硼化物陶瓷具有高硬度，同时具有较好的耐化学浸蚀能力。硼化物陶瓷熔点范围为 1800～2500℃。与碳化物陶瓷相比，硼化物陶瓷具有较高的抗高温氧化性能，使用温度达 1400℃。

硼化物陶瓷主要用于制作高温轴承、内燃机喷嘴、各种高温器件、处理熔融非铁金属的器件等，也可用作电触点材料。

4. 氮化物陶瓷

1) 氮化硅陶瓷

氮化硅陶瓷的化学稳定性较好，除氢氟酸外，可耐无机酸(盐酸、硝酸、硫酸、磷酸、王水)和碱液腐蚀；抗熔融非铁金属侵蚀，硬度高，摩擦系数小，有自润滑性；绝缘性、耐磨性好，热膨胀系数小，抗高温蠕变高于其他陶瓷；最高使用温度低于氧化铝陶瓷，而抗氧化温度高于碳化物和硼化物。

氮化硅陶瓷主要用于制作高温轴承、热电偶套管、转子叶片、泵和阀的密封件、切削高硬度材料的刀具等。

2) 氮化硼陶瓷

六方氮化硼为六方晶体结构，也叫作“白色石墨”。氮化硼陶瓷有良好的高温绝缘性(2000℃时仍绝缘)、耐热性、热稳定性、化学稳定性、润滑性，能抗多数熔融金属的侵蚀。氮化硼陶瓷硬度低，可进行切削加工。

氮化硼陶瓷主要用于制作热电偶套管、坩埚、导体散热绝缘件、高温容器、管道、轴承和玻璃制品的成形模具等。

3) 氮化钛陶瓷

氮化钛陶瓷硬度高(1800HV)、耐磨性较好。氮化钛陶瓷主要用于刀具表面涂层、耐磨零件表面涂层。

5.3　复合材料

复合材料是指两种或两种以上的物理性质和化学性质不同的物质，经一定的方法得到的一种新的多相固体材料。复合材料的相分为基体相和增强相。基体相起黏结剂的作用，增强相起提高强度或韧性的作用。复合材料最大的特点是其性能比组成材料的性能优越得多，大大改善或克服了组成材料的弱点，可创造单一材料不具备的双重或多重功能，或在不同时间或条件下发挥不同的功能。例如，汽车的玻璃纤维挡泥板：单独使用玻璃会太脆，单独使用聚合物材料则强度低，而且挠度满足不了要求。但强度和韧性都不高的这两种单一材料经复合后却得到了令人满意的高强度和高韧性的新材料，而且重量很轻。

5.3.1 复合材料的分类

复合材料按基体不同，分为非金属基体复合材料和金属基体复合材料。目前使用较多的是以高分子材料为基体的复合材料。

复合材料按增强相的形态不同，分为晶须增强复合材料、颗粒增强复合材料、层叠增强复合材料和纤维增强复合材料。

复合材料按性能不同，分为结构复合材料和功能复合材料等。结构复合材料用于制作结构件，功能复合材料是指具有某种物理功能和效应的复合材料。

5.3.2 复合材料的性能特点

复合材料的性能及其特点如下。

(1) 高的比强度和比模量。例如，碳纤维和环氧树脂组成的复合材料，其比强度是钢的 8 倍，比模量比钢大 3 倍。

(2) 抗疲劳性能好。通常，复合材料中的纤维缺陷少，因而本身抗疲劳性能好；而复合材料基体的塑性和韧性好，能够消除或减少应力集中，不易产生微裂纹；复合材料塑性变形的存在又使微裂纹产生钝化而减缓了其扩展。这样就使得复合材料具有很好的抗疲劳性能。例如，碳纤维增强树脂的疲劳强度为拉伸强度的 70%～80%，一般金属材料却仅为 30%～50%。

(3) 减振性能好。复合材料的纤维与基体界面有吸振能力，可减小振动。例如，尺寸和形状相同的梁，用金属制成的梁 9 s 停止振动，用碳纤维复合材料制成的梁 2.5 s 就可停止振动。

(4) 高温性能好。复合材料高温下保持很高的强度，聚合物基复合材料使用温度 100～350℃；金属基复合材料使用温度 350～1100℃；SiC 纤维、Al_2O_3 纤维陶瓷复合材料在 1200～1400℃范围内可保持很高的强度。碳纤维复合材料在非氧化气氛下可在 2400～2800℃长期使用。

此外，复合材料还有较好的减摩性、耐蚀性、断裂安全性和工艺性等。

5.3.3 常用复合材料

1. 纤维增强复合材料

1) 玻璃纤维增强复合材料

玻璃纤维增强复合材料俗称玻璃钢，按黏结剂不同，分为热塑性玻璃钢和热固性玻璃钢。

(1) 热塑性玻璃钢以玻璃纤维为增强剂，以热塑性树脂为黏结剂。与热塑性塑料相比，当基体材料相同时，热塑性玻璃钢的强度和疲劳强度提高了 2～3 倍，冲击韧度提高了 2～4 倍，抗蠕变能力提高了 2～5 倍，强度超过了某些金属。这种玻璃钢用于制作轴承、齿轮、仪表盘、收音机壳体等。

(2) 热固性玻璃钢以玻璃纤维为增强剂，以热固性树脂为黏结剂。其密度小，耐蚀性、绝缘性、成形性均较好，比强度高于铜合金和铝合金，甚至高于某些合金钢；但刚度差，为钢的 1/10～1/5，耐热性不高(低于 200℃)，易老化和蠕变。这种玻璃钢主要用于制作要求自重轻的受力件，如汽车车身、直升机旋翼、氧气瓶、轻型船体、耐海水腐蚀件、石油化工管道和阀门等。

2) 碳纤维增强复合材料

这种复合材料与玻璃钢相比，其抗拉强度高，弹性模量是玻璃钢的 4～6 倍。玻璃钢在 300℃以上，强度会逐渐下降，而碳纤维增强复合材料的高温强度较好。玻璃钢在潮湿环境中强度会损失 15%，碳纤维增强复合材料的强度不受潮湿的影响。

此外，碳纤维增强复合材料还具有优良的减摩性、耐蚀性、导热性和较高的疲劳强度。

碳纤维增强复合材料适于制作齿轮、高级轴承、活塞、密封环、化工零件和容器、飞机涡轮叶片、宇宙飞行器外形材料、天线构架、卫星和火箭机架、发动机壳体、导弹鼻锥等。

2. 层叠增强复合材料

层叠增强复合材料由两层或两层以上不同的材料复合而成。用层叠法增强的复合材料可使其强度、刚度、耐磨、耐蚀、绝热、隔声、减轻自重等性能分别得到改善。常见的层叠增强复合材料有双层金属复合材料、塑料-金属多层复合材料和夹层结构复合材料等。

例如，SF 型三层复合材料是以钢为基体，以烧结铜网或铜球为中间层，以塑料为表面层的自润滑复合材料。这种材料的力学性能取决于钢基体，摩擦性和磨损性能取决于塑料，中间层主要起黏结作用。这种复合材料比单一塑料提高承载能力 20 倍，导热系数提高 50 倍，热膨胀系数下降 75%，改善了尺寸稳定性，可制作高应力(140 MPa)、高温(270℃)、低温(−195℃)和无油润滑条件下的轴承。

夹层结构复合材料由两层薄而强的面板(或称蒙皮)中间夹着一层轻而弱的芯子组成。面板与芯子用胶接或焊接连在一起。夹层结构复合材料夹层结构密度小，可减轻构件自重，有较高的刚度和抗压稳定性，可绝热、隔声和绝缘，已用于飞机机翼和火车车厢等制件。

3. 颗粒增强复合材料

颗粒复合材料是由一种或多种材料的颗粒均匀分散在基体材料内所组成的。金属陶瓷就是一种典型的颗粒复合材料。碳化物金属陶瓷是应用最广泛的金属陶瓷，通常以 Co 或 Ni 作金属黏结剂，根据金属含量的不同可作耐热结构材料或工具材料。碳化物金属陶瓷作工具材料时，通常被称为硬质合金，它是将金属的热稳定性好、塑性好、高温易氧化和蠕变与陶瓷脆性大、热稳定性差、耐高温和耐腐蚀等性能进行互补，将陶瓷微粒分散于金属基体中，使两者复合为一体。例如，WC 硬质合金刀具就是一种金属陶瓷。

4. 晶须增强金属基复合材料

晶须增强金属基复合材料是目前应用最广泛的一类金属复合材料。这类材料多以铝、镁和钛合金为基体，以碳化硅、碳化硼、氧化铝细粒或晶须为增强相。最典型的代表是 SiC 增强铝合金。晶须增强金属基复合材料有极高的比强度和比模量，广泛应用于军工行业，如制造轻质装甲、导弹飞翼和飞机部件，汽车工业的发动机活塞、制动件和喷油嘴件等也有使用。

5.4 新型工程材料

5.4.1 纳米材料

纳米材料(Nano Materials)是指由尺度为1～100 nm的纳米粒子凝聚成的纤维、薄膜、块体及与其他纳米粒子或常规材料(薄膜、块体)组成的复合材料。纳米材料以其异乎寻常的特性引起了材料界的广泛关注。例如，纳米铁材料的断裂应力比一般铁材料高12倍；气体通过纳米材料的扩散速度比通过一般材料的扩散速度快几千倍；纳米相的Cu比普通的Cu坚固5倍，而且其硬度随颗粒尺寸的减小而增大；纳米相材料的颜色和其他特性随它们的组成颗粒的不同而异；纳米陶瓷材料具有塑性或超塑性等。

1. 纳米材料的特性

纳米粒子属于原子簇与宏观物体交界的过渡区域，该系统既非典型的微观系统，也非典型的宏观系统，具有一系列新异的特性。当材料小颗粒尺寸进入纳米量级时，其本身和由它构成的纳米固体主要具有如下三个方面的效应，并由此派生出传统固体不具备的许多特殊性质。

1) 小尺寸效应

当超微粒子的尺寸小到纳米数量级时，粒子的声、光、电、磁、热力学等特性均会呈现新的尺寸效应，如由磁有序转为磁无序，超导相转变为正常相等。根据纳米材料的小尺寸效应，可以制作磁性钥匙、磁性车票和磁性液体，还可以用于电声器件、阻尼器件、密封、润滑等领域。

2) 表面与界面效应

随着纳米微粒尺寸的减小，比表面积增大，三维纳米材料中界面占的体积分数增加，如当粒径为5 nm时，比表面积为180 m^2/g，界面体积分数为50%；当粒径为2 nm时，比表面积增加到450 m^2/g，体积分数增加到80%。此时已不能把界面简单地看作一种缺陷，它已成为纳米固体的基本组分之一，并对纳米材料的性能起着举足轻重的作用。

3) 量子尺寸效应

随着粒子尺寸的减小，能级间距增大，从而导致粒子的磁、光、声、热、电及超导电性与宏观特性显著不同。量子尺寸效应在微电子学和光电子学中一直占有显赫的地位，根据这一效应已经设计出许多具有优越特性的器件。

2. 纳米材料的应用

由于纳米材料所具有的特殊性质，使其在许多领域拥有广泛的应用价值。纳米材料在韧性、强度和硬度上都比常规材料有大幅提高，从而被广泛地应用于航空、航天、航海和石油钻探等领域；纳米材料优异的磁学性能使其在光磁系统和光磁材料中有着广泛的应用，如可以用于制备信息存储的磁电阻读出磁头；纳米材料在半导体器件也有着潜在的应用价值，可用于二极管、电池电极材料、太阳能电池材料等；纳米材料在储热材料和纳米复合材料的机械耦合性能应用方面有其广泛的应用前景，如可用于热交换器和烧结促进材料等；纳米材料的小尺寸及光学性质使其可应用于红外线感测器材料、微光纤材料、微型激光和发光二极管材料等。

5.4.2　梯度功能材料

许多结构件会遇到各种服役条件，因此，要求材料的性能应随构件中的部位而不同。例如，民用或军用刀具都只需其刃部坚硬，其他部位只需要具有高强度和高韧性即可；齿轮轮体必须有好的韧性，而其表面则必须坚硬和耐磨；涡轮叶片的主体必须高强度、高韧性和抗蠕变，而它的外表面必须耐热和抗氧化。众所周知，零件中材料成分和性能的突然变化常常会导致明显的局部应力集中，无论该应力是内部的还是外加的。同样，如果一种材料过渡到另一种材料是逐步进行的，这些应力集中就会大大地降低。为了减少材料的应力集中，提高材料的性能，人们研发了一种新型的功能梯度材料(Functionally Gradient Materials，FGM)。

梯度功能材料是一种集各种组分(如金属、陶瓷、纤维、聚合物等)为一体的新型材料，其结构、物性参数和物理、化学、生物等单一或综合性能都呈连续变化，以适应不同环境，实现某一特殊功能。

1. 梯度功能材料的特点

梯度功能材料主要通过连续控制材料的微观要素(包括组成、结构和空隙在内的形态与结合方式等)，使材料界面的成分和组织呈连续性的变化，主要特征有：

(1) 材料的组分和结构呈连续性梯度变化。

(2) 材料内部没有明显的界面。

(3) 材料的性质也呈连续性梯度变化。

2. 梯度功能材料的制备

对于梯度功能材料的制备技术和方法，国内外科学工作者进行了大量的研究和开发。其制备技术综合了超细、超微细粉、均质或非均质复合材料等微观结构控制技术和生产技术。使用的原材料可为气相、液相或固相，制备办法有化学气相沉积法(CVD)、物理蒸镀法(PVD)、等离子喷涂法(PS)、自蔓延高温合成法(SHS)、粉末冶金法、化学气相渗透法(CVI)、激光倾斜烧结法和电解析出法等。

3. 梯度功能材料的应用

虽然梯度功能材料的最先研制目标是获得缓和热应力型超耐热材料，如用于火箭燃烧器、飞机涡轮发动机、高效燃气轮机等的超耐热结构件中，其耐热性、复用性和可靠性是以往使用的陶瓷涂层复合材料无法比拟的。但从梯度功能的概念出发，通过金属、陶瓷、塑料和金属间化合物等不同物质的巧妙梯度复合，梯度功能材料在核能、电子、光学、化学、电磁学、生物医学乃至日常生活领域中也都有着巨大的潜在应用前景。

总之，梯度功能材料是一种设计思想新颖、性能极为优良的新型材料，将 FGM 结构和 FGM 化技术与智能材料系统有机地结合起来，将会给材料科学带来一场新的革命，因此，梯度功能材料被认为是 21 世纪材料科学的一个重要发展方向。

5.4.3 形状记忆合金

材料在某一温度下受外力的作用而变形，当外力去除后，材料仍保持其变形后的形状，但当温度上升到某一定值时，材料会自动恢复到变形前原有的形状，似乎对以前的形状保持记忆，这种材料被称为形状记忆合金(Shape Memory Alloy)。

1. 形状记忆合金的特性

形状记忆合金与普通金属的变形及恢复不同。普通金属材料，当变形在弹性范围内时，去除载荷后可以恢复到原来的形状；当变形超过弹性范围后，再去除载荷时，材料会发生永久变形。如在材料变形后加热，这部分的变形并不会清除。而形状记忆合金在变形超过弹性范围，当去除载荷后也会发生残留变形，但这部分残留变形在形状记忆合金加热到某一温度时即会消除而恢复到原来形状。有的形状记忆合金，当变形超过弹性范围后，在某一程度内，当去除载荷后，它能缓慢返回原形，这种现象称为超弹性(Super-Elasticity)或伪弹性。如铜铝镍合金就是一种超弹性合金，当伸长率超过 20%(大于弹性极限)后，一旦去除载荷又可恢复原形。

2. 形状记忆合金的应用

由于形状记忆合金在正、逆变化时会产生很大的力，乃至形状变化量也很大，所以可作为发动机进风口的连接器。当发动机超过一定温度时，连接器使进风口的风扇连接到旋转轴上输送冷风，达到启动控制的目的。此外，形状记忆合金还可以用来作为温度安全阀和截止阀等。在军事和航天行业中，记忆合金可以做成大型抛物面天线，当在马氏体状态时形状记忆合金变成很小的体积；当形状记忆合金发射到卫星轨道上时，天线在太阳照射下温度升高，自动张开，这样便于携带。

医学上使用的形状记忆合金主要是 Ni-Ti 合金，形状记忆合金可以埋入机体内作为移植材料，在生物体内部作为固定折断骨骼的销和进行内固定接骨的接骨板，形状记忆合金一旦植入生物体内，由于体内温度使其收缩，使断骨处紧紧相接，或用来顺直脊柱的弯曲；在内科方面，可将 Ni-Ti 丝插入血管，由体温使其恢复到母相形状，消除血栓，使 95%的凝血块不流向心脏。用记忆合金制成的肌纤维与弹性体薄膜心室相配合，可以模仿心室收缩运动，制造人工心脏；在牙科方面，另一种使用较普及的形状记忆合金是牙齿矫正线，依靠固定在牙齿上的托架的金属线的弹力来矫正排列不整齐的牙齿，具有矫正范围大、不必经常更换金属线、异物感小等优点，已大量应用于临床；在整形外科方面，有使用超弹性医疗带捆扎骨头的病例。

5.4.4 高熵合金

高熵合金(High-Entropy Alloys)简称 HEAs，是由 5 种或 5 种以上主要元素组成的，且每种主要元素的原子分数大于 5%并小于 35%。由于高熵合金可能具有许多理想的性质，因此在材料科学及工程方面相当受到重视。由传统合金的发展经验认为，若合金中加入的金属种类越多，会使合金材质脆化，但高熵合金和以往的合金不同，有多种金属却不会脆化。现有的传统合金还没有哪种合金可以同时具备以上优异性能，因此，高熵合金具有极为广阔的应用前景，可大幅度应用于制作高强度、耐高温、耐腐蚀的刀具、模具及机件，是切入高功能、高附加值特殊合金材料领域的良好契机。

1. 高熵合金的特点

由于高熵合金从设计理念就与传统合金不同，选择等原子比或近似等原子比的多个元素为主元，因此决定了高熵合金与传统合金有不同的特点。高熵合金具有单一的晶体结构；高熵合金在铸态和完全回火态会析出纳米相结构甚至非晶质结构；热力学相对稳定性；固溶强化机制显著；具有较高的热稳定性以及抗高温氧化的能力。

2. 高熵合金的应用

高熵合金是一个全新的合金领域，它跳出了传统合金的设计框架，是具有许多优异性能的特殊合金系，调整其成分可以进一步优化性能，因而具有极为广阔的应用前景。这里仅介绍高熵合金在机械工程领域的应用。

高熵合金具有较高的硬度和耐磨性。多数高熵合金的铸态组织硬度为 600～900 HV，相当于或者大于碳钢及合金碳钢的完全淬火硬化后的硬度；改变高熵合金元素的含量，还可进一步提高高熵合金的硬度，而且高熵合金通常还表现出很高的耐热性，例如，Al0.3CoCrFeNiC0.1 高熵合金在 700～1000℃时效处理 72 h 后，合金硬度非但没有下降，反而有不同程度的提升。普通高速钢，如 W18Cr4V 和 W6Mo5Cr4V2 的有效切削加工温度在 600℃以内，当温度再升高，刀具会明显钝化。此外，高速钢刀具在获得高硬度和高耐磨性的同时，牺牲了钢材的塑性和韧性。钢材的塑性和韧性较差，则刀具常常出现折断和崩刃等失效形式，而高熵合金在获得高硬度的同时，仍具有较好的塑性和韧性。

高熵合金具有高硬度、高耐磨性、高强度及优良的耐高温性能、耐蚀性，使之非常适合制备各类工具和模具，尤其是挤压模和塑料模。例如，AlCoCrFeNiTi 1.5 的抗压强度高达 2.22 GPa，含有 Cr 或 Al 的高熵合金具有高达 1100℃的优异抗氧化性能。普通模具钢则无法兼顾耐磨性、耐蚀性、耐高温性和良好的塑性。

高熵合金的耐蚀性优异。在室温条件下，高熵合金 Cu0.5NiAlCoCrFeSi 在 1 mol/L 的 NaCl 和 0.5 mol/L 的 H_2SO_4 溶液中的耐蚀性比 304 不锈钢还要好；CuAlNiCrTiSi 合金在 5% 的 HCl 溶液中比 304 不锈钢更加耐蚀，在 10%的 NaOH 溶液中也远比 A309 铝合金耐蚀。因此，高熵合金可广泛用于耐高压和耐腐蚀的化工容器和船舶上的高强度耐蚀件。

高熵合金良好的塑性使其易于制成涡轮叶片，而其优良的耐蚀性、耐磨性、高加工硬化率及耐高温性能，可保证涡轮叶片长期、稳定地工作，提高服役安全性，减少叶片的磨损和腐蚀失效。

技能训练

一、自行车车架材料演变的认知

1. 实训目的

(1) 通过信息收集了解自行车车架材料的演变过程，并了解自行车车架材料的特点。

(2) 培养学生的自主学习能力和市场调研能力，使学生能够在将来更好地适应社会、适应工作岗位。

2. 实训设备及用品

自行车车架。

3. 实训指导

1) 信息收集

学生以小组为单位，利用互联网和课程资源库等资源，搜集自行车车架材料的图片和文字资料等。

2) 信息处理

在课堂上，各小组简要汇报资料搜集情况，在教师的引导下让学生处理信息，各小组以卡片的形式把搜集到的信息粘贴在黑板上，教师指导学生对自行车车架材料进行分类，并让学生分析和总结各类材料的性能特点及应用。

3) 信息提炼

各小组相互交流并总结出自行车车架材料的演变过程等，将实践活动转化为对材料的认知。

4) 自行车车架材料的演变

自行车车架作为整个自行车的骨架，最大程度地决定和影响了骑行姿势的正确性和舒适性。车架材质从最早的铬钼钢进化到铝合金，然后是复合材料的运用，如碳纤维，其他还有钪合金、镁合金和钛合金等。随着新材料不断研发，管件与结构设计能力的不断提升以及加工技术的创新，都是为了让自行车车架更轻、更强、更舒适且流线型设计更加美观。

(1) 铬钼钢车架。钢材是在自行车上使用最久的车架材质，主要优点是长时间骑乘的刚性好，管材有弹性(吸震)，管材接合方式多且加工性良好，易焊接且不需要热处理，因此其成本相对较低。缺点是铬钼钢车架重量过重，保养不当容易生锈，管材塑形不易且有金属疲劳的问题。现今许多合金钢材已可在刚性、弹性系数、传动性、稳定性上得到很好的效果，唯一美中不足的依旧是重量较重。

(2) 铝制车架。铝合金是目前市场上使用最普遍的材质。铝合金车架的优点在于重量轻，短时间的硬度和刚性表现最佳，塑形加工容易，不会生锈。要轻可以把管材进行抽管加工到极薄，要强也可利用 CNC 模具切削做出夸张的外形和惊人的强度。缺点是铝合金车架几乎没有弹性可言，会累积金属疲劳，也由于其灵敏轻巧和高刚性的特性，因此很容易传递地面的震动，造成骑乘舒适性不佳。

(3) 碳纤维车架。碳纤维是新生的材料，强度高、质轻，严格来讲是复合材料。碳纤维并非单一材料组成，其他树脂、玻纤、铝合金等也可依特性混合或搭接使用。碳纤维是目前重量最轻的车架材料，碳纤维管是由一丝丝纤维线织成碳纤布后，一层层管制后，再经加工处理搭接而成的。碳纤维车架的特性是轻量，具有弹性(吸震佳)，骑乘感稳定，长途循迹持续感佳，舒适度高，工艺变化多，但表面硬度不佳，当施予之外力高于其破坏强度时会造成断裂。再者，近年来由于碳纤维需求量大增，造成材料短缺，因此价格居高不下。碳纤维车架质轻，能吸收地面的冲击，素材的反拨力强等，故是理想的自行车车架素材。

(4) 钛车架。钛合金的特性类似铝合金与碳纤维的综合，它既有类似碳纤维的弹性，也有铝合金的轻巧与刚性，且耐腐蚀不生锈，骑乘感佳，但缺点是材料价格昂贵，因为钛的提炼与加工过程复杂，焊接技术难度高，因此价格居高不下无法普遍化，故多用于小管径的车架。

(5) 高光泽长纤维热塑性(LFT)复合材料。随着科技的不断创新，自行车车架材料更加趋向于环保方向。最新的高光泽长纤维热塑性(LFT)复合材料可以满足自行车车架的各种苛刻要求，尤其是复杂的轮辋，并且 LFT 材料还能回收利用。另外，LFT 复合材料兼具刚度、冲击强度和动态疲劳性能，这使得该材料除了是体育用品的理想选择之外，还非常适合用于汽车和消费品的应用。

二、新型工程材料的认知

1. 实训目的

(1) 认识各种新型工程材料的性能特点和应用，为正确应用新型工程材料打下良好基础。

(2) 培养学生的自主学习能力和市场调研能力，使学生能够在将来更好地适应社会和工作岗位。

2. 实训设备及用品

新型工程材料。

3. 实训指导

1) 信息收集

学生以小组为单位，利用互联网和课程资源库等资源，或到材料市场调查，搜集新型工程材料制品或原料的图片、文字资料等，其中的文字资料包括新型工程材料的名称、牌号、性能特点及应用等。

2) 信息处理

在课堂上各小组简要汇报资料搜集情况，在教师的引导下学生处理信息，各小组以卡片的形式把搜集到的信息粘贴在黑板上，教师指导学生对新型工程材料进行分类，并让学生分析和总结各类新型工程材料的性能特点及应用。

3) 信息提炼

各小组相互交流并总结出各类新型工程材料的性能特点、应用等，将实践活动转化为对材料的认知。

4) 新型工程材料的特点和应用

这里仅以非晶态合金和阻尼合金为例进行介绍。

(1) 非晶态合金。非晶态合金又称为金属玻璃，非晶态合金外观上和金属材料没有任何区别，其结构形态却类似于玻璃。非晶态合金杂乱的原子排列状态赋予其一系列特性：高强度、优良的软磁性、高耐蚀性、超导电性。非晶态合金可以用来制作轮胎、传送带、水泥制品及高压管道的增强纤维，还可用来制成各种切削刀具和保安刀片。含 Cr 的非晶态合金可制造海上军用飞机电缆、鱼雷、化学滤器和反应容器等。

(2) 阻尼合金。阻尼合金又称为防振合金，它不是通过结构方式去缓和振动和噪声，而是利用金属本身具有的衰减能去消除振动和噪声的发生源。阻尼合金可用于制作火箭、导弹、喷气式飞机的控制盘或导航仪等精密仪器及发动机罩，汽轮机叶片等发动机部件；汽车车体、制动装置、发动机转动部件、变速器、空气净化器；桥梁、削岩机、钢梯等土木建筑部件；冲压机、链式搬运机的导链机或各式齿轮等机械工程零部件；车轮、铁轨等铁路部件；船舶用发动机的旋转部件、推进器等，以及空调、洗衣机变压器用防噪声罩和音响设备中的喇叭、电唱机转盘轴、各种螺钉等家用电器零件，还有打字机、穿孔机等办公设备。

项 目 小 结

1. 高分子材料是以高分子化合物为主要组分的材料。塑料是以合成树脂为主要成分，加入一些用来改善塑料使用性能和工艺性能的添加剂而制成的。橡胶是以生胶为主要原料，加入适量配合剂而制成的高分子材料。

2. 陶瓷材料是用天然或合成化合物经过成形和高温烧结制成的一类无机非金属材料。陶瓷按原料不同分为普通陶瓷和特种陶瓷。

3. 复合材料是指两种或两种以上的物理性质和化学性质不同的物质，经一定的方法得到的一种新的多相固体材料。按基体不同，复合材料分为非金属基体复合材料和金属基体复合材料；按增强相的形态不同，复合材料分为晶须增强复合材料、颗粒增强复合材料、层叠增强复合材料和纤维增强复合材料；按性能不同，复合材料分为结构复合材料、功能复合材料等。

4. 新型工程材料：纳米材料、梯度功能材料、形状记忆合金和高熵合金等。

习 题

1. 简述各类非金属材料的性能特点和应用。
2. 什么是梯度功能材料？简述梯度功能材料的应用前景。
3. 高熵合金与传统合金有什么不同？

毛 坯 成 形 篇

项目6 铸造成形

技能目标

(1) 熟悉整模造型和分模造型典型工艺过程、铸件的结构工艺性，具有选择典型铸造方法的能力，会画简单铸件的铸造工艺简图。

(2) 熟悉挖砂造型工艺过程，铸件的结构工艺性。具有选择典型铸件铸造方法的能力。

思政目标

(1) 以青铜器作品为切入点，培养学生国情观念和文化自信，尊重中华民族的优秀文明成果，传播弘扬中华优秀传统科技文化。

(2) 以绿色铸造为切入点，引导学生树立绿色环保理念。

知识链接

铸造是零件毛坯最常用的生产工艺之一。在一般机械设备中，铸件约占整个机械设备重量的 45%～90%，如汽车的铸件重量约占整车重量的 40%～60%，拖拉机的铸件重量约占拖拉机重量的 70%，金属切削机床的铸件重量约占机床总重量的 70%～80%等。在国民经济其他各个部门中，也广泛采用各种各样的铸件。由于铸造可选用多种多样的合金铸造，加之基本设备投资小，工艺灵活性大和生产周期短等优点，因而广泛地应用在机械制造、矿山冶金、交通运输、石化通用设备、农业机械、能源动力、轻工纺织、家用电器、土建工程、电力电子、航天航空、国防军工等国民经济各部门，是现代大机械工业的基础。

6.1 铸造工艺基础

将液态金属浇注到具有与零件形状相适应的铸型空腔中，待液态金属冷却凝固后，以获得零件或毛坯的方法称为铸造。铸件通常是毛坯件，要经过切削加工才能成为零件。但对零件要求不高或用精密铸造方法得到的铸件，也可不过经切削加工而直接使用。

铸造能够制造各种尺寸和形状复杂的铸件，特别是内腔形状复杂的毛坯件，如设备的箱体、机座等。铸件的轮廓尺寸可小至几毫米，大至十几米；重量可小至几克，大至数百吨。铸件的形状和尺寸与零件很接近，因而节省了金属材料和加工的工时。精密铸件可省去切削加工，而直接用于装配。铸造生产适应性广，各种合金金属都可以用铸造方法制成铸件，特别是有些塑性差的材料，只能用铸造方法制造毛坯，如铸铁等。铸造的设备简单，所用的原材料来源广泛而且价格较低，因铸造的成本低廉。

但是，铸造缺陷较多，铸件性能低于同种材料的锻件(晶粒粗等)。铸造工序较多，生产效率低，劳动条件差，污染环境。

6.1.1 液态合金的充型

用金属或合金采用铸造的方法制成外部形状、尺寸正确、内在质量健全的铸件的能力，称为铸造性能。铸造性能是衡量材料可铸性好坏的重要指标。

如果某种合金在液态时流动能力大，不易吸收气体，冷凝过程不缩小，凝固后铸件化学成分均匀，则认为该合金具有良好的铸造性能。液态金属填充铸型的过程称为充型。液态合金充满铸型型腔，获得形状完整和轮廓清晰铸件的能力，即为充型能力。充型能力不足，易产生浇不足或冷隔。

1. 合金的流动性

液态合金的流动能力，称为合金的流动性，是合金主要铸造性能之一。液态金属的流动性能越好，填充铸型的能力越强，易得到形状完整、轮廓清晰、尺寸准确、外观质量好的铸件，而且有利于液态金属在凝固过程中对铸件的补缩，有利于液态金属中气体和熔渣的浮出，使铸件的内在质量好。

测定合金流动性的方法：如图 6-1 所示，将液态金属浇入一个螺旋形的标准试样所形成的铸型中(该试样由每 50 mm 为一个标距)，待金属凝固后，测出实际螺纹线的长度，在相同的浇注条件下，螺纹线的长度越长，说明该合金流动性能越好。反之，流动性较差。在使用的铸造合金中，灰铸铁和硅黄铜的流动性最好，铝合金次之，铸钢流动性最差。

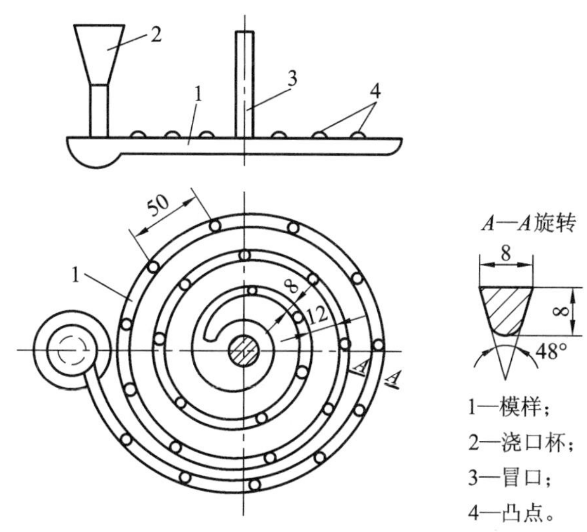

图 6-1 螺旋形模样及浇注系统

2. 影响充型能力的主要因素

1) 合金的成分

合金的化学成分不同，则其流动性不同。共晶成分的合金是在恒温下结晶的，结晶是由表面向中心逐层进行的。这种凝固方式的结晶前沿是平齐的，凝固层的内壁较为光滑，所以对未凝固液态金属的流动阻力较小，合金的流动性好。除纯金属外，其他成分合金的结晶是在一个温度范围内进行的，由于初生的树枝状晶体使固体层内表面粗糙，所以合金的流动性变差，显然，合金成分越远离共晶点，结晶温度范围越宽，流动性越差。

2) 浇注温度

浇注温度对液态金属的流动性影响显著。浇注温度高，合金的黏度下降，且因过热度高，合金在铸型中保持流动的时间长，故充型能力强；反之，充型能力差。由于合金的充型能力随浇注温度的提高呈直线上升，因此，对薄壁铸件或流动性较差的合金可适当提高浇注温度，以防止浇不足和冷隔缺陷现象产生。但浇注温度过高，铸件容易产生缩孔、缩松、黏砂和气孔等缺陷，所以在保证充型能力足够的前提下，浇注温度不宜过高。

液态合金所受的压力越大，充型能力就越好。当进行压力铸造、低压铸造和离心铸造时，因充型压力较砂型铸造提高很多，所以充型能力较强。

3) 铸型填充条件

在铸型中凡是增加液体金属的流动阻力、降低流速和加快冷却速度的因素，都会降低液体金属的充型能力。

铸型材料的导热系数和比热容越大，对液态合金的激冷能力越强，合金的充型能力就越差。例如，金属型铸造较砂型铸造容易产生浇不足和冷隔缺陷。

在金属型铸造、压力铸造和熔模铸造时，铸型被预热到数百度，由于减缓了金属液的冷却速度，故使液态合金的充型能力得到提高。

在金属液的热作用下，铸型(尤其是砂型)将产生大量气体，如果铸型排气能力差，型腔中的气压将增大，以致阻碍液态合金的充型。为了减小气体的压力，除应设法减少气体的来源外，应使铸型具有良好的透气性，并在远离浇口的最高部位设出气口。

4) 铸件结构

铸件结构的复杂程度和铸件的壁厚都会影响液态金属的流动性。当铸件壁厚过薄、厚薄部分过渡面多、有大的水平面等结构时，都会使金属液的流动困难。

6.1.2 铸件的凝固与收缩

1. 铸造合金的收缩

合金从浇注、凝固直至冷却到室温，其体积和尺寸减小的现象叫作收缩。收缩是合金的物理本性。收缩给铸造工艺带来许多困难，是多种铸造缺陷(如缩孔、缩松、裂纹、变形等)产生的根源，为使铸件的形状和尺寸符合技术要求，内部组织致密，必须研究收缩的规律性。

从金属液体浇注到金属的室温冷却过程是收缩的全过程，可划分为三个阶段：

(1) 液态收缩。从浇注温度到凝固开始温度(即液相线温度)间的收缩。

(2) 凝固收缩。从凝固开始温度到凝固结束温度(即固相线温度)间的收缩。

(3) 固态收缩。从凝固终了温度冷却到室温的收缩。

合金的液态收缩和凝固收缩表现为合金体积的收缩，常用单位体积收缩量(即体积收缩率)来表示。合金的固态收缩不仅引起合金体积上的缩减，同时，更明显地表现在铸件尺寸上的缩减，因此固态收缩常用单位长度上的收缩量(即线收缩率)来表示。

不同合金的收缩率不同。表6-1所示为几种铁碳合金的体积收缩率。

表6-1 几种铁碳合金的体积收缩率

合金种类	含碳量/%	浇注温度/℃	液态收缩/%	凝固收缩/%	固态收缩/%	总体积收缩/%
铸造碳钢	0.35	1610	1.6	3	7.8	12.4
白口铸铁	3.00	1400	2.4	4.2	5.4～6.3	12～12.9
灰铸铁	3.50	1400	3.5	0.1	3.3～4.2	6.9～7.8

铸件的实际收缩率与其化学成分、浇注温度、铸件结构和铸型条件有关。

2. 铸件中的缩孔和缩松

液态金属在铸型内的冷凝过程中，由于液态收缩和凝固收缩，产生体积缩减，若得不到液体金属的补充，则会在铸件最后凝固的部位形成缩孔。缩孔一般是指体积较大的集中缩孔，而分散的小孔称为缩松。

1) 缩孔的形成

缩孔是集中在铸件上部或最后凝固部位容积较大的空洞。缩孔多呈倒圆锥形，内表面粗糙，通常隐藏在铸件的内层，但在某些情况下，可暴露在铸件的上表面，呈明显的凹坑。

为了便于分析缩孔的形成，现假设铸件呈逐层凝固，缩孔形成的过程如图6-2所示。当液态金属充满铸型后，靠近型壁的外层金属冷却最快，先凝固形成外壳，壳中金属液面开始下降。随着温度继续下降、外壳加厚，但内部液体因液态收缩和外壳的凝固收缩，体积继续缩减、液面下降，使铸件内部出现了空隙。直到铸件内部完全凝固，在铸件上部形成了缩孔。缩孔大多隐藏在铸件内，靠上部分或最后凝固的部分，形状为倒锥状，有时缩孔的顶面也会形成内凹，称为“明缩孔”。总之，合金的液态收缩和凝固收缩越大，浇注温度越高，铸件越厚，则缩孔的容积就越大。

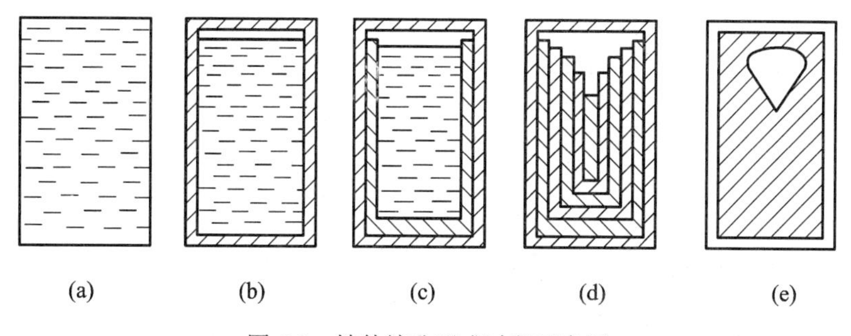

图6-2 铸件缩孔形成过程示意图

2) 缩松的形成

分散在铸件某区域内部细小的缩孔，称为缩松。如图6-3所示，缩松的形成原因是铸件最后凝固区域的收缩未能得到补足，或者因合金呈糊状凝固，被树枝状晶体分隔开的小液体区难以得到补缩所致。

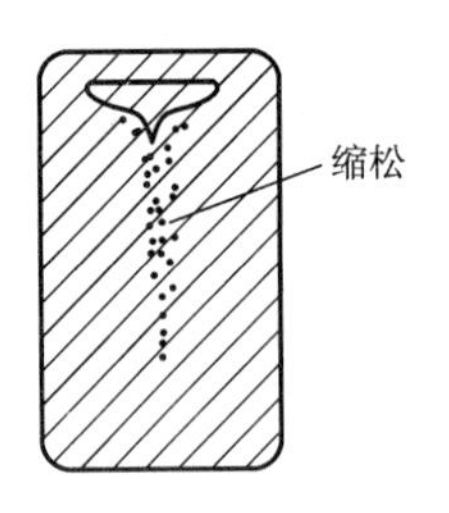

图 6-3　宏观缩松

不同铸造合金的缩孔和缩松的倾向不同。逐层凝固合金(纯金属、共晶合金或结晶温度范围窄的合金)的缩孔倾向大，缩松倾向小；糊状凝固的合金缩孔倾向虽小，但极易产生缩松。

3) 缩孔和缩松的防止

缩孔和缩松是一种铸造常见的缺陷，可使铸件的力学性能下降，缩松还可使铸件因渗漏而报废。因此，必须依据技术要求，采取适当的工艺措施予以防止。实践证明，只要能使铸件实现“定向凝固”(即顺序凝固)，尽管合金的收缩较大，也可获得没有缩孔和缩松的致密铸件。

所谓顺序凝固就是在铸件的厚壁处设置冒口，使铸件的凝固按薄壁-厚壁-冒口的顺序先后进行，使缩孔集中在冒口中，从而获得致密的铸件。如图 6-4 所示，为了保证冒口对铸件的补缩作用，冒口必须最后凝固，所以冒口要做得足够大。设在铸件上端的冒口一般通到砂型的顶部，称为“明冒口”，它除了补缩作用外，还有集渣、排气，观察金属液是否浇满铸型的作用。另一种冒口称为“暗冒口”，与外界不通，位于砂型之内，虽然热量散发慢，但补缩作用强。

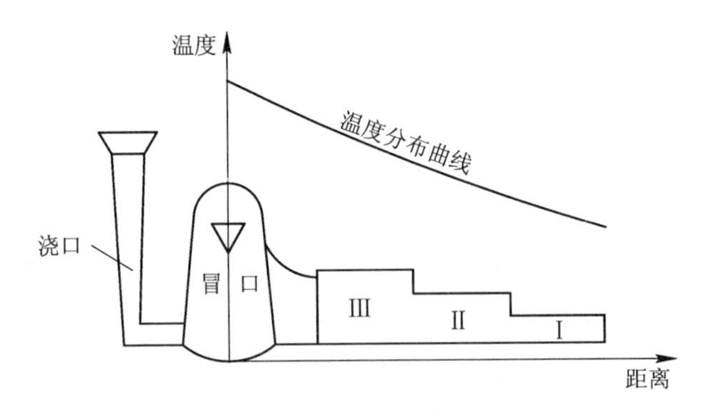

图 6-4　定向凝固

为了使铸件实现定向凝固，在安放冒口的同时，还可在铸件上某些厚大部位增设冷铁。图 6-5 所示铸件的热节不止一个，若仅靠顶部冒口难以向底部凸台补缩，为此，在该凸台的型壁上安放了两个外冷铁。由于冷铁加快了该处的冷却速度，使厚度较大的凸台反而最先凝固。由于实现了铸件自下而上的顺序凝固，从而防止了凸台处缩孔和缩松的产生。可以看出，冷铁仅是加快某些部位的冷却速度，以控制铸件的凝固顺序，但本身不起补缩作用。冷铁通常用钢或铸铁制成。

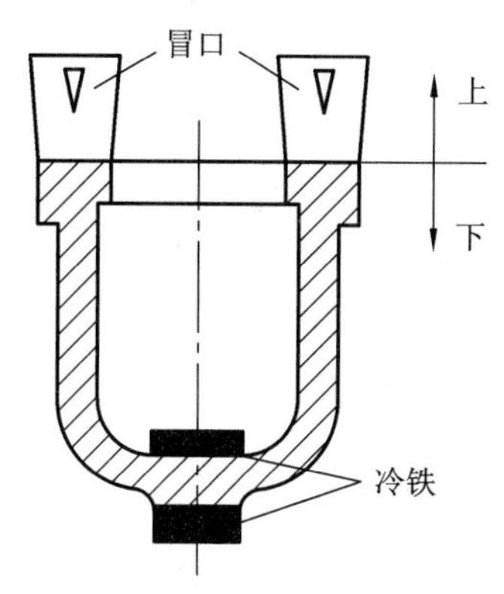

图6-5 冷铁的应用

安放冒口和冷铁、实现顺序凝固，虽可有效地防止缩孔和缩松，但却耗费了许多金属和工时，加大了铸件的生产成本。同时，顺序凝固扩大了铸件各部分的温度差，促进了铸件的变形和裂纹倾向。因此，安放冒口和冷铁主要用于必须补缩的场合，如铝青铜、铝硅合金和铸钢件等。

3. 铸造应力及铸件的变形

铸件在固态收缩阶段若收缩受阻，使铸件内部产生内应力，称为铸造应力。它是铸件产生变形裂纹的主要原因。

1) 热应力

热应力是由于铸件各部分冷却速度不同，以致在同一时间内铸件各部分收缩不一致，在铸件内部产生了相互制约的内应力，“+”表示拉应力，“−”表示压应力，如图6-6所示。

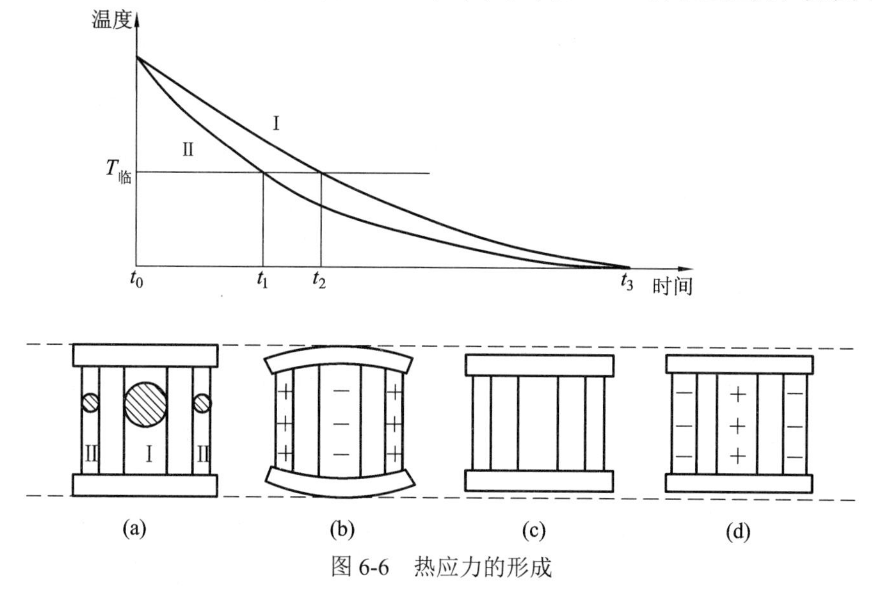

图6-6 热应力的形成

预防热应力的基本途径是尽量减少铸件各个部位间的温度差，使铸件均匀冷却。为此，可将浇口开在薄壁处，使薄壁处铸型在浇注过程中的升温较厚壁处高，因而可补偿薄壁处的冷速快的现象。有时为增快铸件厚壁处的冷速，还可在厚壁处安放冷铁。采用同时凝固原则可减少铸造内应力，防止铸件的变形和裂纹缺陷，又可免设冒口而省工省料。同时凝固原则的缺点是铸件心部容易出现缩孔或缩松。

2) 机械应力

铸件在凝固收缩时受到铸型或型芯的机械阻碍而形成的内应力。如图 6-7 所示，机械应力一般使铸件产生拉应力和剪应力。这种应力是暂时的，铸件经开箱和清理型芯后，应力可以消失。但机械应力在铸型中能与热应力相叠加，如机械应力与热应力同向时，则会增加内应力值，铸件产生裂纹。

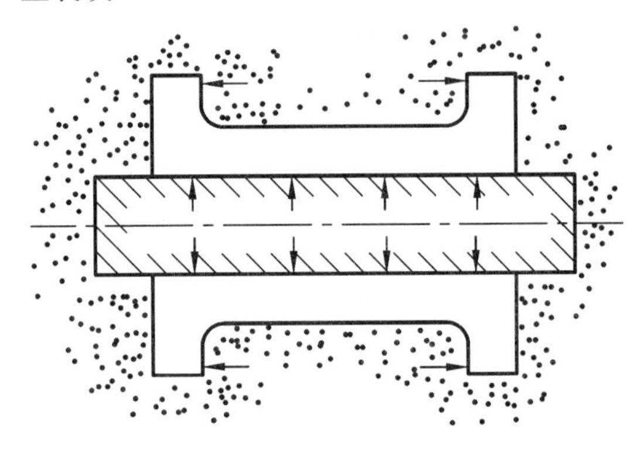

图 6-7　机械应力

3) 铸件的变形与防止

由于铸造热应力的存在，铸件将以变形的方式自动缓解和消除这种内应力。显然，只有原来受拉伸部分产生收缩变形，受压缩部分产生拉伸变形，才能使残余内应力减小或消除，如图 6-8 所示。

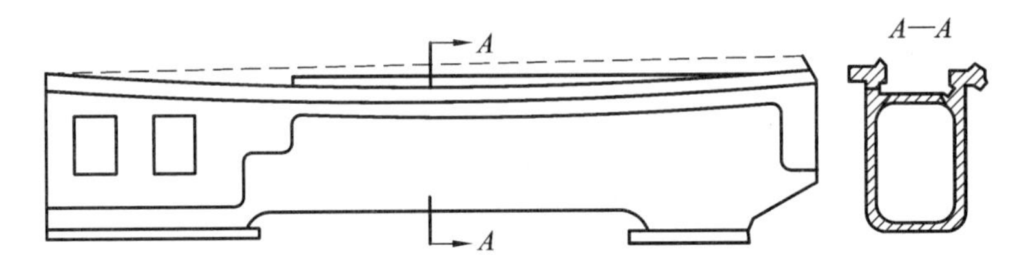

图 6-8　车床床身挠曲变形示意图

为了防止铸件变形，应尽量减少铸件内应力，尽量使铸件壁厚均匀或形状对称，采用同时凝固的原则，使铸件各部分没有温差，或温差较小。还可采用反变形法，预先将模样做成与铸件变形相反的形状，来补偿铸件的变形。还可设拉筋，在铸件上设置拉筋(也称防变形肋)，来承受一部分应力，待铸件经热处理消除应力后，再将拉筋去掉。

实践证明，尽管变形后铸件的内应力有所减缓，但并未彻底去除，这样的铸件经机械加工之后，由于内应力重新分布，铸件还将缓慢地发生微量变形，使零件丧失了应有的精确度。为此，对于不允许发生变形的重要机件必须进行时效处理。

自然时效是将铸件置于露天场地半年以上，使其缓慢地发生变形，从而使内应力消除。人工时效是将铸件加热到 550～650℃进行去应力退火。时效处理宜在粗加工之后进行，以便将粗加工所产生的内应力一并消除。

4) 铸件的裂纹与防止

当铸件中的内应力超过金属的强度极限时，铸件便会产生裂纹。裂纹是铸件的严重缺陷，可使铸件报废。

(1) 热裂。热裂是铸件在凝固末期高温下形成的裂纹。其形状特征是裂纹短、缝隙宽、形状曲折，裂缝内金属呈氧化色(黄紫色)。热裂是铸钢和铸铝合金件常见的缺陷。

为了防止热裂的产生，要严格控制铸件中硫的含量和选取收缩率小的合金；铸件结构设计合理，可以减少内应力；提高型砂和芯砂的退让性。

(2) 冷裂。冷裂是铸件在低温下形成的裂纹。裂纹形状特征是裂纹细小、呈连续直线状、缝内干净，有时呈轻微氧化色。

冷裂常出现在形状复杂铸件的受拉伸部位，特别是应力集中处(如尖角、孔洞类缺陷附近)。不同铸造合金的冷裂倾向不同。如塑性好的合金，可通过塑性变形使内应力自行缓解，故冷裂倾向小；反之，脆性大的合金较易产生冷裂。

为防止铸件的冷裂，除应设法降低内应力外，还应控制铸件中的含磷量。如铸钢的含磷量大于 0.1%，铸铁的含磷量大于 0.5%。因铸件的冲击韧性急剧下降，冷裂倾向将明显增加。

6.2 砂型铸造

砂型铸造是传统的铸造方法，适用于各种形状、大小、批量及各种合金铸件的生产。砂型铸造是将液态金属浇注到砂型型腔内，从而获得铸件的生产方法。铸件从砂型内取出时，砂型便被破坏。所以，砂型铸造又称一次性铸造，俗称翻砂。掌握砂型铸造是合理选择铸造方法和正确设计铸件的基础。

6.2.1 造型方法的选择

制造铸型的工艺过程称为造型。造型是砂型铸造最基本的工序，造型方法的选择是否合理，对铸件质量和成本有着重要的影响。由于手工造型和机器造型对铸造工艺的要求有着明显的不同，在多数情况下，造型方法的选定是制订铸造工艺的前提，因此，必须先研究造型方法的选择。

1. 造型材料

用来制造砂型和砂芯的材料统称为造型材料。如图 6-9 所示，用于制造砂型的材料称为型砂；用于制造型芯的材料称为芯砂。型(芯)砂的质量直接影响着铸件的质量，型(芯)砂的质量不好会使铸件产生气孔、砂眼、黏砂和夹砂等缺陷。由于型(芯)砂的质量问题而造成铸件废品约占铸件总废品的 50%以上。

铸造时，根据铸造合金种类、铸件大小和铸件形状等不同，选择不同的型砂和芯砂配比。如铸钢件的浇注温度高，要求型(芯)砂有高的耐火度，故选用较粗的含 SiO_2 量较高的石英砂；而铸造铝合金、铜合金时，可以选用颗粒较细的普通原砂。为了保证芯砂有足够的强度和透气性，芯砂中黏土和新砂加入量要比型砂高。

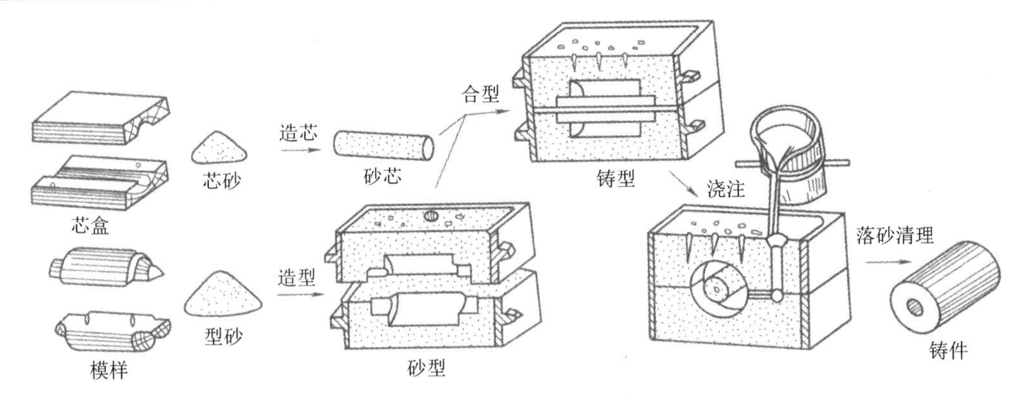

图 6-9　套筒的砂型铸造过程

2. 手工砂型造型

1) 手工造型常用的砂箱及工具

(1) 砂箱。砂箱是长方形、方形或圆形的坚实框子，有时根据铸件的结构，砂箱做成特殊形状。砂箱的作用是固紧所捣实的型砂，以便于铸型的搬运及在浇注时能承受液体金属的压力。砂箱可以用木料、铸铁、钢或铝合金制成。通常上箱和下箱组成一对砂箱，彼此之间有销子及销孔进行配合，造型工具如图 6-10 所示。

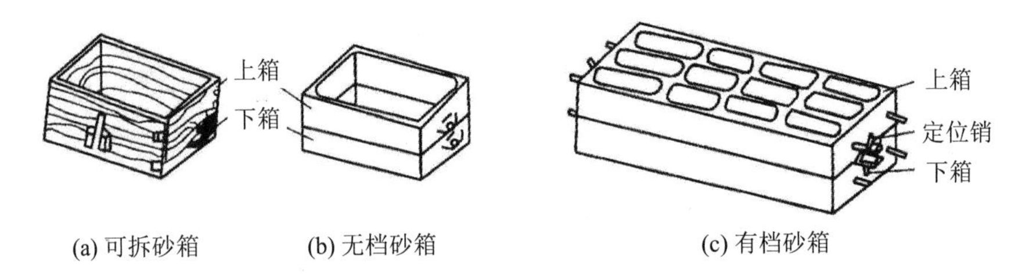

(a) 可拆砂箱　(b) 无档砂箱　(c) 有档砂箱

图 6-10　常用砂箱示意图

(2) 造型工具。常用的工具及作用如图 6-11 所示。

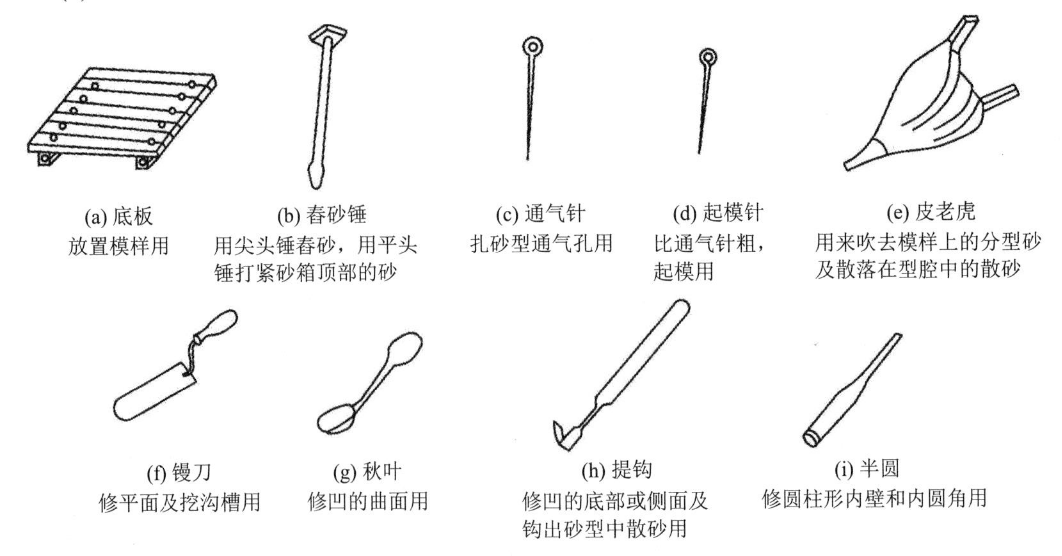

(a) 底板
放置模样用

(b) 舂砂锤
用尖头锤舂砂，用平头锤打紧砂箱顶部的砂

(c) 通气针
扎砂型通气孔用

(d) 起模针
比通气针粗，起模用

(e) 皮老虎
用来吹去模样上的分型砂及散落在型腔中的散砂

(f) 镘刀
修平面及挖沟槽用

(g) 秋叶
修凹的曲面用

(h) 提钩
修凹的底部或侧面及钩出砂型中散砂用

(i) 半圆
修圆柱形内壁和内圆角用

图 6-11　造型工具及作用

2) 手工造型常用方法

砂型的组成如图 6-12 所示。

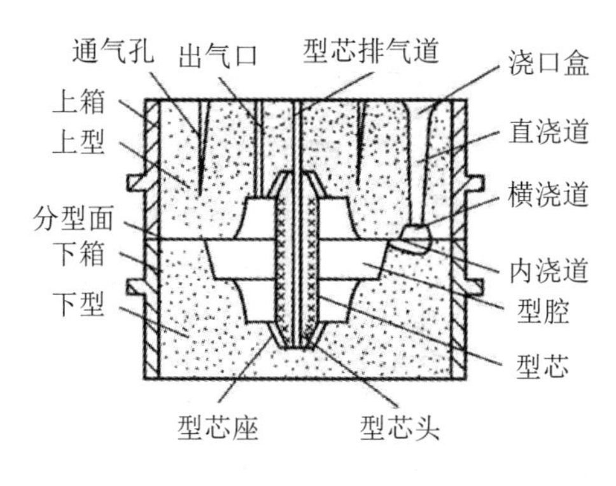

图 6-12 砂型组成

按造型的手段，造型可以分为手工造型和机器造型两大类。手工造型操作灵活，工艺装备简单，但生产效率低，劳动强度大，仅适用于单件小批量生产。手工造型的方法很多，可根据铸件的形状、大小和批量选择。常用的手工造型有整模造型、分模造型、挖砂造型、假箱造型、活块造型、三箱造型和刮板造型等几种方法。

(1) 整模造型。把模型整体放在一个砂箱内，分型面为平面，最大截面在一端。下箱有型，上箱无型，所以铸件不会产生错型。整模造型操作简单，适用于形状简单的铸件，如盘类和盖类零件。整模造型过程如图 6-13 所示。

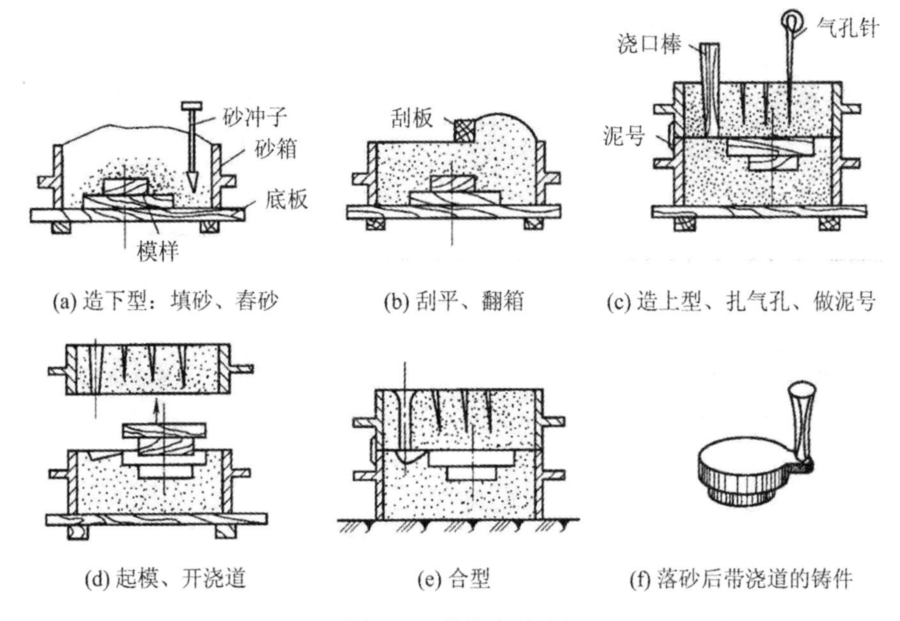

图 6-13 整模造型过程

(2) 分模造型。把模型沿最大截面处分为两半，一半位于上砂箱内，另一半位于下箱砂内。分模造型应用最广泛，其造型简单，便于下芯和安放浇注系统。套筒的分模造型过程如图 6-14 所示。

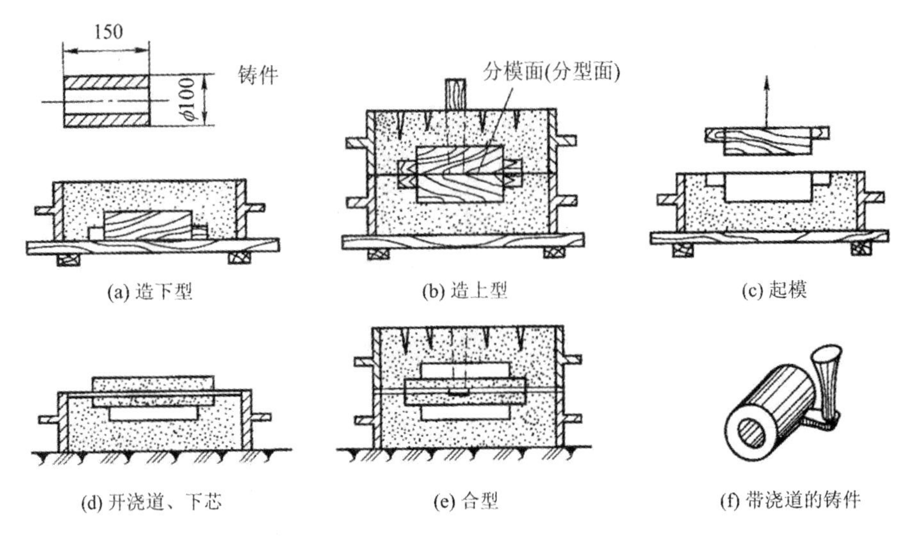

图 6-14　套筒的分模造型过程

(3) 挖砂造型。如果铸件的外形轮廓为曲面或阶梯面，其最大截面也是曲面，由于造型条件所限，模型不便分成两半时，常采用挖砂造型。挖砂造型时，每造一型需挖砂一次，操作麻烦，生产率低，要求操作技术水平高。挖砂时应注意，须要挖到模型的最大截面处，位置要恰当，否则就会在分型面产生毛刺，影响铸件的外形和尺寸精度。此方法仅用于形状较复杂铸件的单件生产。图 6-15 为手轮的挖砂造型过程。

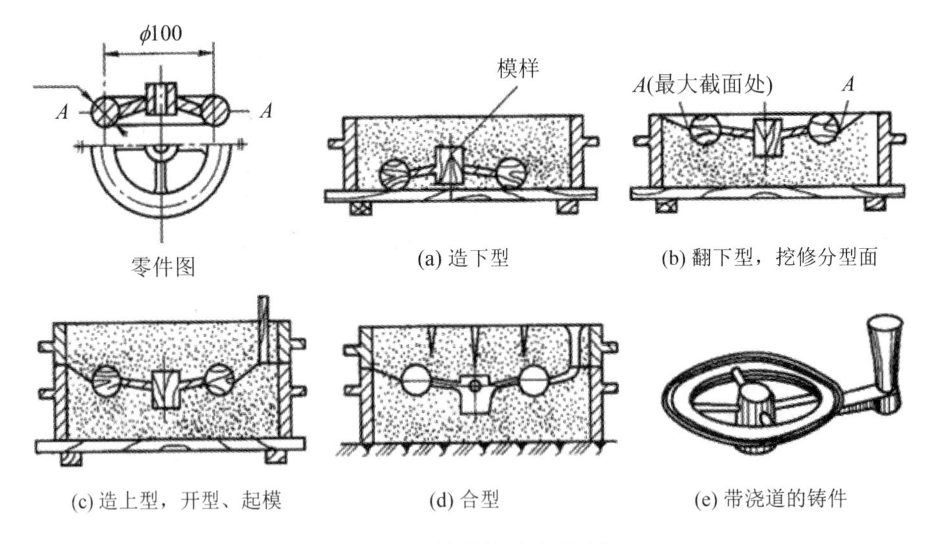

图 6-15　手轮的挖砂造型过程

(4) 假箱造型。当挖砂造型生产的铸件有一定批量时，为了避免每型挖砂，可采用假箱造型。其过程如图 6-16 所示。假箱造型时，先预制好一半型，其上承托模样，用其造下型，然后在此下型上再造上型，开始预制的半型不用来浇注，故称假箱。假箱一般是用强度较高的型砂制成，舂得比铸型硬。假箱造型可免去挖砂操作，提高造型效率。当铸件数量较大时，可用木料制成成形底板代替假箱。

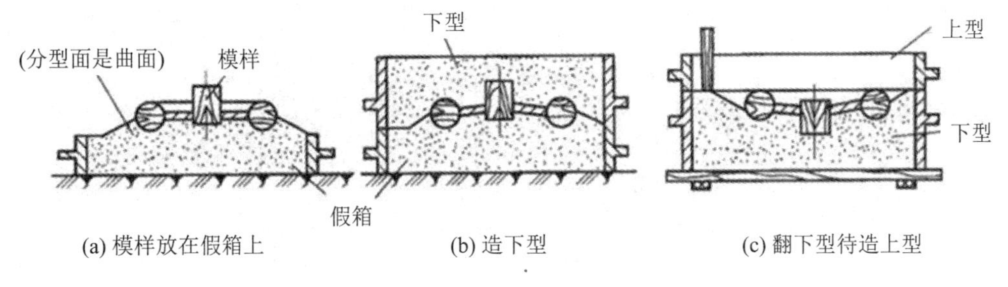

图 6-16 假箱造型

(5) 活块造型。在活块造型中，模样上可拆卸或活动的部分叫活块。为了起模方便，将模样上有妨碍起模的部分做成活动的。活块与模样用销子或燕尾连接，起模时，先将模样主体取出，再将留在铸型内的活块单独取出，活块造型要求造型特别细心，操作技术水平高，生产率低，质量也难以保证。活块造型过程如图 6-17 所示。

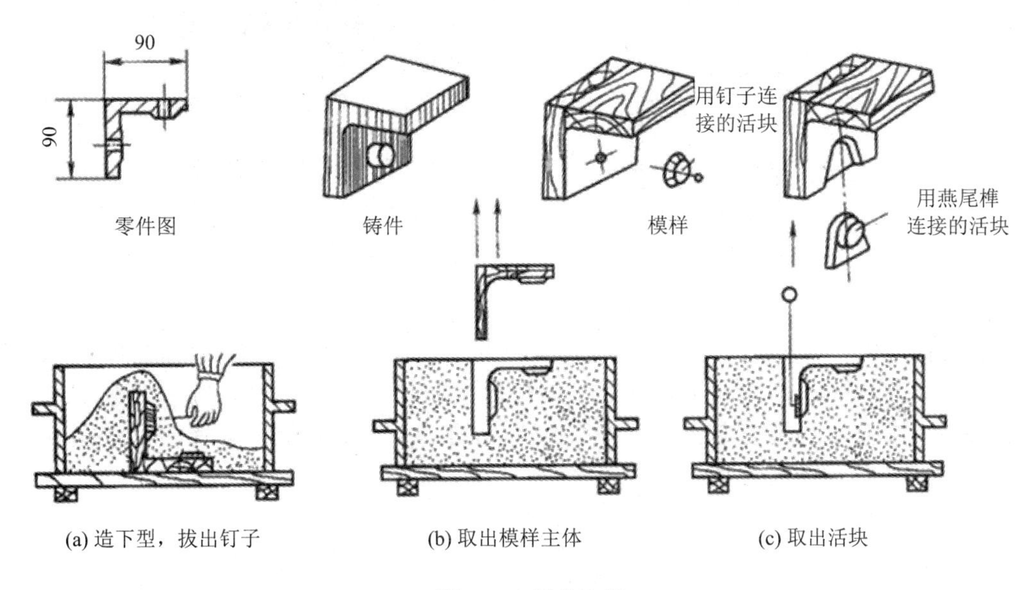

图 6-17 活块造型

(6) 三箱造型。用三个砂箱制造铸型的过程称为三箱造型。有些铸件，两端截面大于中间截面，这时其最大截面为两个，造型时，为了方便起模，必须有两个分型面。三箱造型的特点是中型的上、下两面都是分型面，且中箱高度与中型的模样高度相近。此方法较复杂，生产率较低，适用于两头大、中间小的和形状复杂且不能用两箱造型的铸件。三箱造型过程如图 6-18 所示。

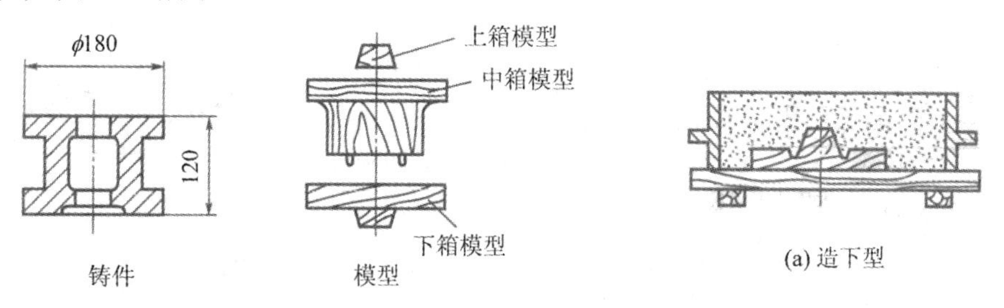

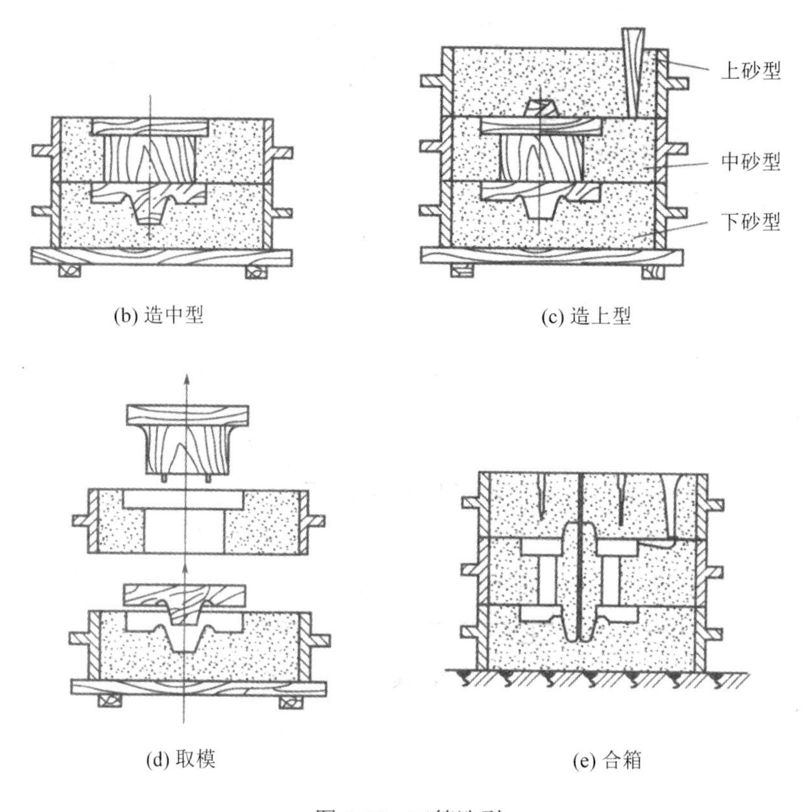

(b) 造中型　　(c) 造上型

(d) 取模　　(e) 合箱

图 6-18　三箱造型

(7) 刮板造型。当制造尺寸大于 500 mm 的回转体或等截面形状的铸件时(如弯管、带轮等)，若生产数量很少，为了节省制造实体模型所需材料和工时，可用与铸件截面形状相应的刮板来造型，这种造型方法称为刮板造型。刮板分为绕轴线旋转及沿导轨往复移动两类。带轮铸件刮板造型过程如图 6-19 所示。

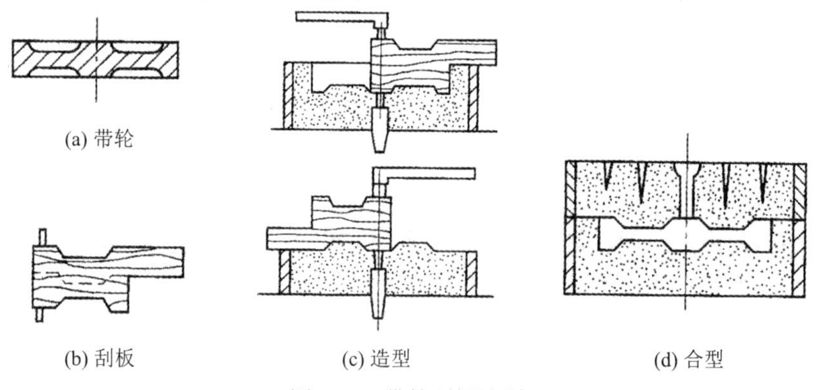

(a) 带轮

(b) 刮板　　(c) 造型　　(d) 合型

图 6-19　带轮刮板造型

刮板造型的模型简单，节省模样木料，但造型生产率低，要求操作人员技术水平较高，所以只适用于单件，生产尺寸较大的旋转体或等截面铸件。

3. 机器造型

在成批大量铸造生产中，应采用机器造型，将紧砂和起模过程机械化。与手工造型相比，机器造型生产效率高，铸件尺寸精度高，表面粗糙度低。但生产设备费用高，生产准备时间长。机器造型按紧实方式分震压式造型、高压造型和空气冲击造型等。水管接头机器造型过程如图6-20所示。

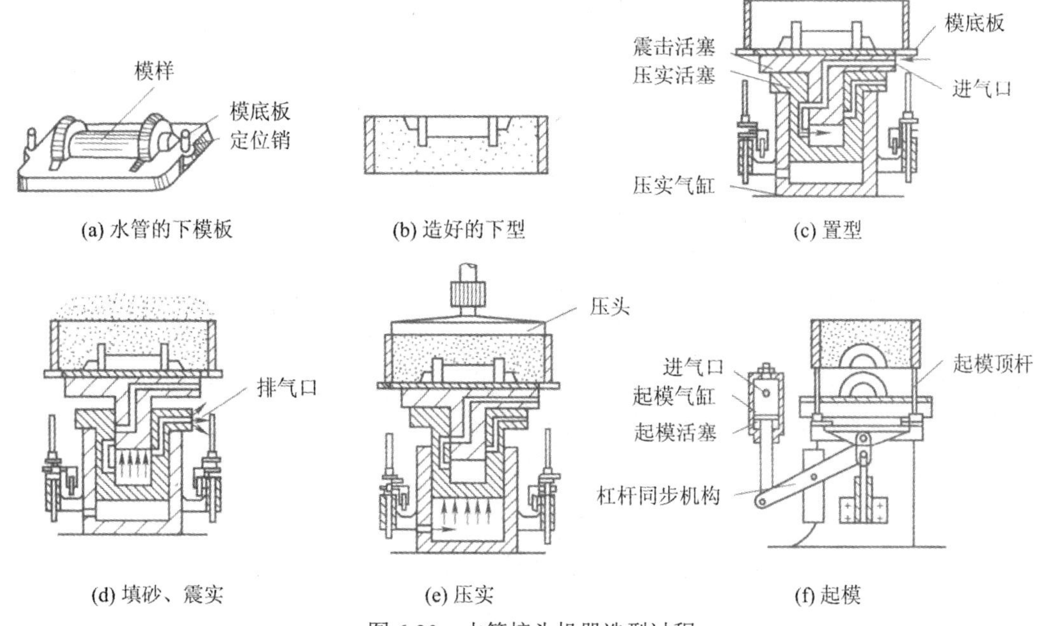

图6-20 水管接头机器造型过程

机器造型的特点是生产效率高，铸件质量稳定可靠，同时可以降低工人的劳动强度，便于实现机械化流水线生产，是目前铸造生产中的主要方法。但机器造型不能进行三箱造型或使用活块造型，所以机器造型主要用于两箱造型。

6.2.2 铸造工艺设计

铸造生产的第一步是根据零件结构的特点和技术要求等，确定零件的铸造工艺，并绘制铸造工艺图。铸造工艺图是指导模样和铸型的制造，进行生产准备和铸造验收的依据，是铸造生产的基本工艺文件。铸造工艺图中主要表示铸件的浇注位置、分型面、型芯的数量、形状、尺寸及固定的方法、机械加工余量、拔模斜度、收缩率、浇冒口、冷铁的尺寸及位置等。

1. 浇注位置的选择

浇注位置是指铸件在浇注时，铸件在铸型中所处的位置(不是浇冒口所处的位置)。浇注位置正确与否对铸件质量影响很大，注意以下原则。

(1) 铸件的重要表面应朝下或设置在侧面。在浇注过程中，因为液态金属密度大，使铸型中散落的砂和液态金属中的渣、气体往上浮，所以铸件朝上的表面易产生砂眼、气孔和夹渣等缺陷。为保证铸件上重要表面的质量，应将重要表面朝下安置，如有困难，也应安置在侧面。若铸件上有多个重要表面时，应将其中较大的面朝下。

图6-21所示为车床床身铸件的浇注位置。由于床身导轨面是关键表面，不容许导轨面有明显的表面缺陷而且要求组织致密，因此通常都将导轨面朝下浇注。

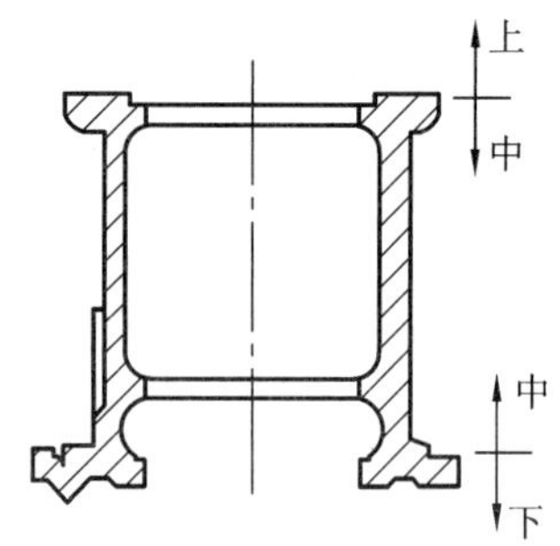

图 6-21　车床床身铸件的浇注位置

(2) 铸件的大平面应朝下。在铸件浇注时，铸型下部除缺陷较少外，下部也不易产生夹砂缺陷。夹砂的产生是由于在铸件浇注过程中，高温液态金属对型腔上表面有强烈的热辐射，有可能使型腔上表面的型砂因急剧热膨胀而拱起或开裂，使铸件产生“夹砂”缺陷。平板和圆盘类铸件应将大平面朝下。

(3) 铸件上壁薄而大的平面应朝下、垂直或倾斜安置，这有利于金属液充满型腔，以防止产生冷隔、浇不足缺陷。油盘铸件的合理浇注位置如图 6-22 所示。

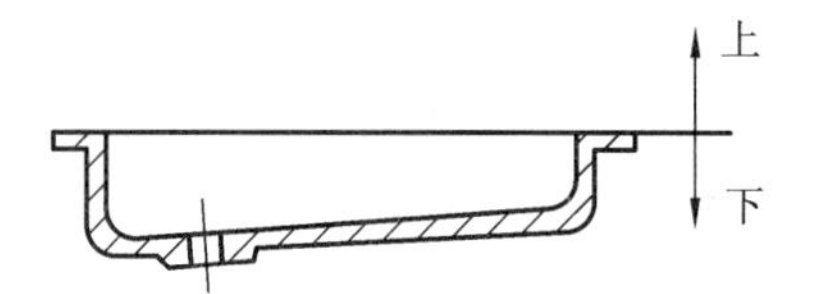

图 6-22　油盘铸件的浇注位置

(4) 容易产生缩孔的铸件或铸件的厚大部分应安置在上面，以保证铸件自下而上顺序凝固及液态金属的补缩。铸钢卷扬筒的浇注位置如图 6-23 所示，浇注时厚端放在上部是合理的；反之，若厚端放在下部，则难以确保液态钢的补缩。

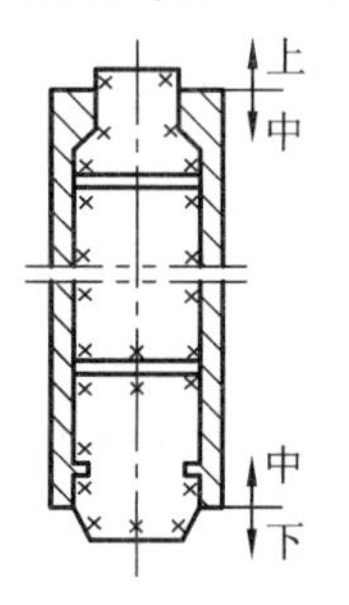

图 6-23　卷扬筒的浇注位置

2. 分型面的选择

分型面是指上、下铸型相互接触的表面(分界面)。在确定铸件分型面的同时，实际上也就确定了铸件在砂箱中的位置(即浇注位置)。所以，分型面的选择对铸件的浇注质量和整个生产过程影响很大，也是铸造工艺是否合理的关键问题之一。

分型面的选择原则如下：

(1) 为了防止错箱尽量使铸件全部或大部分放在同一砂箱中。为了便于下芯，检查型腔尺寸和合箱，最好将铸件放在下箱。

(2) 应使铸件的加工基准面处于同一砂箱中。图 6-24 所示为管子堵头分型面的选择，管子堵头加工是以上部四方头中心线为基准来加工外螺纹的，若四方头与带螺纹的外圆不同心，就会给加工带来困难，甚至无法加工。

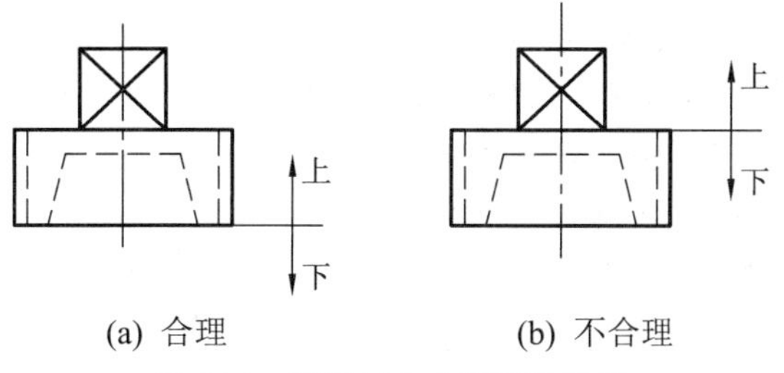

(a) 合理 (b) 不合理

图6-24 管子堵头分型面的选择

(3) 应尽量使分型面平整，数量少，避免不必要的活块和型芯等，以便于起模，使造型工艺简化。图6-25所示为绳轮铸件采用环状型芯可将两个分型面(小批量生产时用三箱造型)减为一个，进行机器造型。

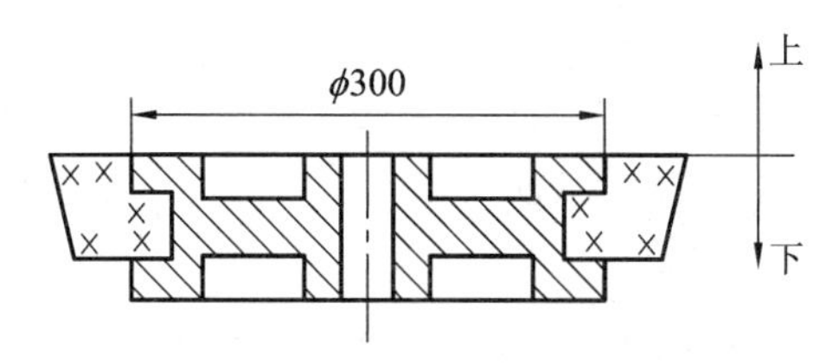

图6-25 用环状型芯减少分型面

(4) 尽量使型腔及主要型芯位于下型，以便造型、下芯、合型和检验铸件的壁厚。但下型型腔不宜过深，并应尽量避免使用吊芯和大的吊砂。图6-26为机床支柱的分型方案，方案Ⅰ和Ⅱ同样便于下芯时检查铸件的壁厚，防止产生偏芯缺陷，但方案Ⅱ的型腔及型芯大部分位于下型，这样便减少了上箱的高度，有利于起模和翻箱，所以方案Ⅱ较为合理。

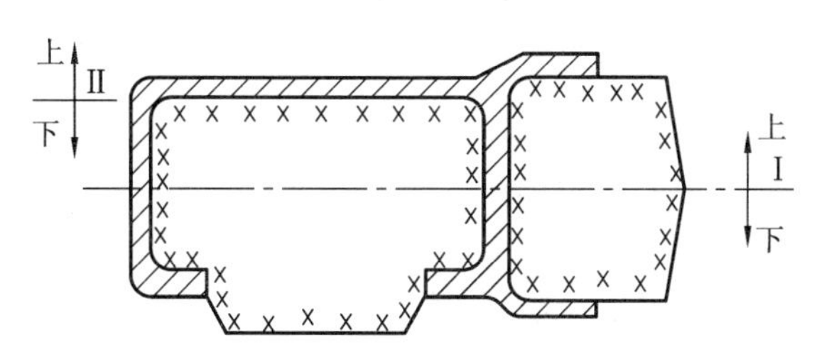

图6-26 机床支柱的分型方案

浇注位置和分型面的选择原则，对于某个具体铸件来说难以同时满足，有时甚至是相互矛盾的，因此必须抓住主要矛盾。对于质量要求很高的重要铸件，应以保证铸件质量的浇注位置为主，在此前提下，再考虑简化造型工艺。对于质量要求一般的铸件，则应以简化铸造工艺，提高经济效益为主，不必过多考虑铸件的浇注位置，仅对朝上的加工表面留较大的加工余量即可。

3. 工艺参数的确定

为了绘制铸造工艺图，在铸造工艺方案初步确定之后，还必须选定铸件的铸造收缩率、机械加工余量、起模斜度、型芯头等工艺参数。

1) 铸造收缩率

由于铸体在冷却和凝固时都要产生收缩，铸件冷却后各部分尺寸要缩小，因此为了保证冷至室温的铸件尺寸符合要求，模样的尺寸应比铸件放大一个收缩量(即相应增大型腔尺寸)。铸件收缩率的大小随合金种类和铸件结构、尺寸和形状而不同。

在铸件冷却过程中其线收缩不仅受到铸件和型芯的机械阻碍，同时还受到铸件各部分之间的相互制约。因此，铸件的实际线收缩率除随合金的种类而异外，还与铸件的形状、尺寸有关。一般灰铸铁的收缩率为0.7%～1.0%，铸钢为1.3%～2.0%，铝硅合金为0.8%～1.2%。

2) 机械加工余量

铸件为进行机械加工而余留的尺寸称为机械加工余量。加工余量必须认真选择，余量过大，切削加工费工，浪费材料，增加加工成本；加工余量过小，制品会因残留黑皮而报废，或者因铸件表层过硬而加速刀具磨损。

机械加工余量的具体数值取决于铸件的生产批量、合金的种类、铸件的大小、加工面与基准面的距离及加工面在浇注时的位置等。机器造型铸件精度高，余量小；手工造型误差大，余量应加大。灰铸铁表面平整，加工余量小；铸钢件表面粗糙，加工余量应加大。铸件的尺寸越大或加工面与基准面的距离越大，加工余量也应随之加大。表6-2列出了灰铸铁的机械加工余量。

表6-2 灰铸铁的机械加工余量

铸件的最大尺寸/mm	浇注时的位置	加工面与基准面的距离/mm					
		<50	50～120	120～260	260～500	500～800	800～1250
<120	顶面 底面、侧面	3.5～4.5 2.5～3.5	4.0～4.5 3.0～3.5				
120～260	顶面 底面、侧面	4.0～5.0 3.0～4.0	4.5～5.0 3.5～4.0	5.0～5.5 4.0～5.5			
260～500	顶面 底面、侧面	4.5～6.0 3.5～4.5	5.0～6.0 4.0～4.5	6.0～7.0 4.5～5.0	6.5～7.0 5.0～6.0		
500～800	顶面 底面、侧面	5.0～7.0 4.0～5.0	6.0～7.0 4.5～5.0	6.5～7.0 4.5～5.0	7.0～8.0 5.0～6.0	7.5～9.0 6.5～7.0	
800～1250	顶面 底面、侧面	6.0～7.0 4.0～5.5	6.5～7.5 5.0～5.5	7.0～8.0 5.0～6.0	7.5～8.0 5.5～6.0	8.0～9.0 5.5～7.0	8.5～10 6.5～7.5

注：加工余量数值中下限用于大批量生产，上限用于单件小批量生产。

3) 起模斜度

为了便于造型和造芯时的起模和取芯，在模样的起模方向上需留有一定的斜度，这在铸造工艺设计时所规定的斜度称为起模斜度。

起模斜度的大小取决于立壁的高度、造型方法、模样材料等因素，通常为15′～3°。模样的立壁越高，斜度越小；机器造型模样应比手工造型模样小，而木模应比金属模斜度大。

为使型砂便于从模样内腔中脱出、以形成自带型芯，内壁的起模斜度应比外壁大，通常为3°～10°，如图6-27所示。

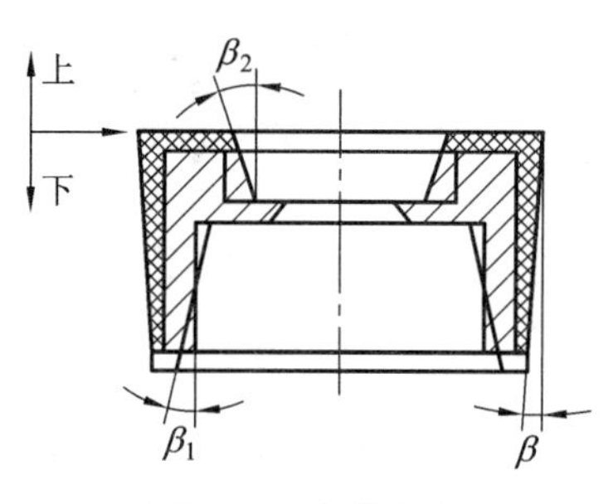

图6-27 起模斜度

4) 型芯头

型芯头位于型芯的端部，其作用是便于型芯定位和固定。型芯头按照其在铸型中的位置分为垂直型芯头和水平型芯头两种，如图6-28所示。

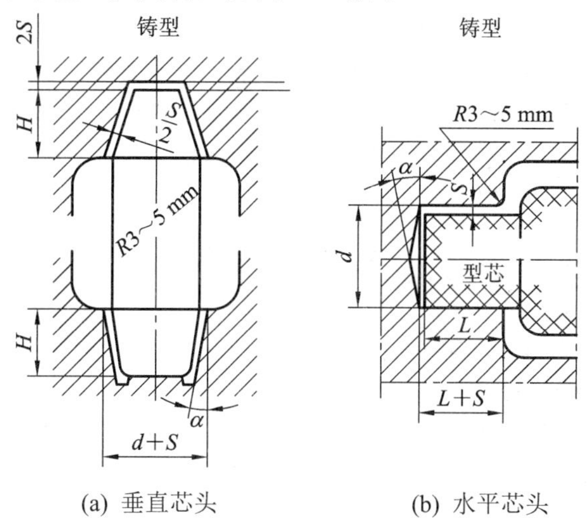

(a) 垂直芯头　　(b) 水平芯头

图6-28 型芯头的构造

型芯头的形状和尺寸，对型芯装配的工艺性和稳定性有很大影响。垂直型芯一般都有上、下芯头，但短而粗的型芯可省去上芯头。芯头必须留有一定的斜度 α。下芯头的斜度应小些(5°～10°)，上芯头的斜度为便于合箱应大些(6°～15°)。水平芯头的长度取决于型芯头直径及型芯的长度。悬臂型芯头必须加长，以防合箱时型芯下垂或被金属液抬起。

芯头与芯头座之间留有一定间隙 S(1～4 mm)，以便于铸型装配。

5) 最小铸出孔及槽

零件上的孔、槽和台阶等，究竟是铸出来好还是靠机器加工好？这应从铸件要求质量及节约材料方面考虑。一般来说，较大的孔和槽等，应铸出来，以便节约金属和加工工时，同时还可避免铸件的局部过厚所造成的热节，可提高铸件质量；较小孔和槽，或者铸件壁很厚时，则不宜铸孔，直接依靠加工反而方便；有些特殊要求的孔，如弯曲孔，无法实现机械加工的，则一定要铸出。可用钻头加工的受制孔(有中心线位置精度要求)最好不铸，铸出后很难保证铸孔中心位置准确的孔最好不铸，用钻头扩孔无法纠正中心位置。表 6-3 为不同生产批量下铸件的最小铸出孔的直径。

表 6-3　不同生产批量下铸件的最小铸出孔的直径

生产批量	最小铸出孔的直径/mm	
	灰铸铁件	铸钢件
大量生产	12～15	
成批生产	15～30	30～50
单件、小批量生产	30～50	50

6.3　铸件结构设计

进行铸件结构设计时，不仅要满足铸件的使用性能，还要考虑铸件工艺性和合金铸件性能对铸件结构的要求。良好的铸件结构是指在满足使用要求的前提下，能用高效率、低成本的方法制造。其中还应考虑到铸件的生产批量、铸造方法、铸件大小、加工及装配，以及铸件结构设计得是否合理，即铸件结构工艺性是否良好。当铸件是大批量生产时，则应使所设计的铸件结构便于采用机器造型；当产品是单件、小批生产时，则应使所设计的铸件尽可能在现有条件下生产出来。

6.3.1　砂型铸造工艺对铸件结构设计的要求

在设计一个铸件的外形和内腔时，应尽量使制模、造型、造芯、合箱和清理等过程简化，以节省工时，防止缺陷产生，应注意以下几个原则：

(1) 减少和简化分型面。尽可能采用一个分型面，两箱整模造型。减少分型面，不仅可以减少砂箱数量，降低造型工时消耗，而且可以减少错箱和偏芯等缺陷，提高铸件尺寸精度。分型面最好是一个简单的平面，使制模、造型工艺简化。图 6-29(a)所示为不合理结构，图 6-29(b)所示取消了上部法兰凸缘，使铸件仅有一个分型面，则结构合理，并可采用机器造型。

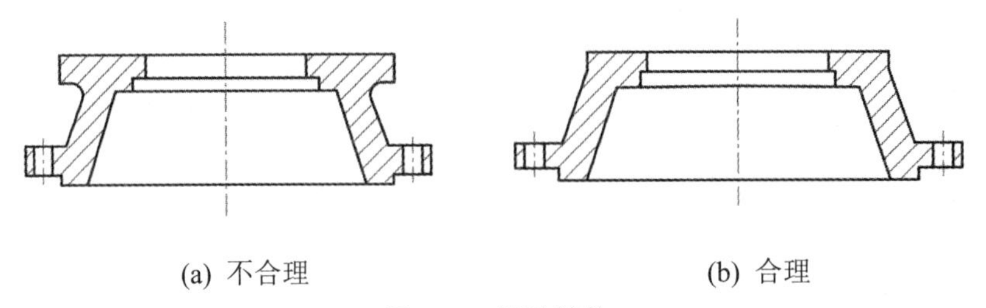

(a) 不合理　　(b) 合理

图 6-29　端盖铸件

(2) 铸件外形力求简单。铸造结构应尽量减少型芯数量，并尽可能避免使用活块，不仅使生产工艺过程简化，还可以避免多种铸造缺陷。如图 6-30(a)、(b)所示凸台均妨碍起模，应将相近的凸台连成一片，并延长分型面，如图(c)、(d)所示。图 6-31(a)为悬臂支架不合理设计，图(b)所示为优化后的结构设计。

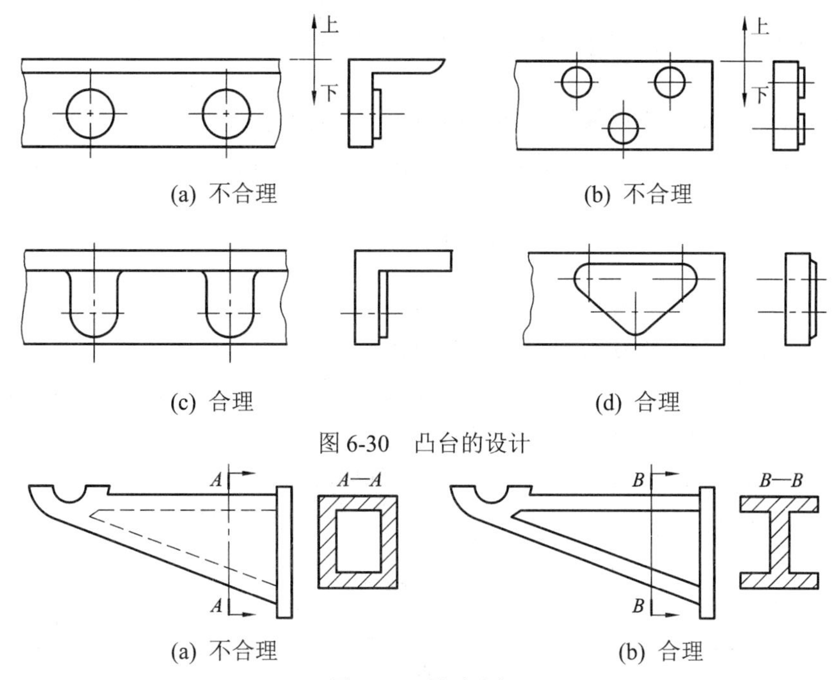

(a) 不合理　(b) 不合理

(c) 合理　(d) 合理

图 6-30　凸台的设计

(a) 不合理　(b) 合理

图 6-31　悬臂支架

(3) 铸件应有一定的结构斜度。一般铸件上垂直分型面的不加工表面，最好具有结构斜度，以便于起模，结构斜度的大小与铸件的垂直壁高度有关。

(4) 铸件结构必须考虑型芯装配的稳定性、排气的可能性和铸件的清理，以避免产生偏芯和气孔等缺陷。型芯通常靠芯头来固定，如果仅靠芯头支撑不能确保稳固时，需要采用辅助支撑。图 6-32 所示为轴承支架铸件，为获得图中的空腔则需要采用两个型芯(图 a)，若按图(b)优化设计，将两个空腔连通，则只需一个型芯，而且固定可靠，型芯装配简便也易于排气和清砂。图 6-33(a)所示的增设工艺孔的铸件结构使型芯的固定、排气和以后型芯砂的清除都不便，在不影响零件工作要求的前提下，应将结构改成开放式或增设适当数量的工艺孔，如图 6-33(b)所示。假如零件上不允许留有工艺孔，可在机械加工时用螺钉堵塞孔，对于铸钢件也可用钢板焊死。

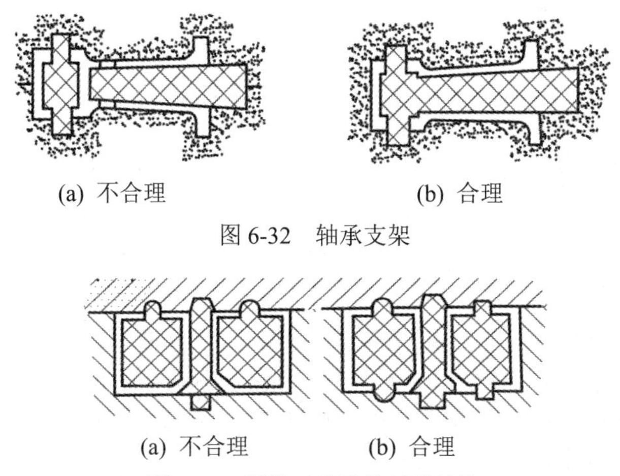

(a) 不合理　(b) 合理

图 6-32　轴承支架

(a) 不合理　(b) 合理

图 6-33　增设工艺孔的铸件结构

6.3.2 合金铸造性能对铸件结构设计的要求

合金的铸造所涉及的主要问题是铸件的质量。铸件结构设计时，必须充分考虑合金的铸造性能。否则铸件易产生缩孔、缩松、变形、裂纹、冷隔、浇不足和气孔等缺陷，以致造成合金铸件很高的废品率。

合金铸件结构设计时，应依据如下原则：

1. 铸件壁厚要合理

铸件的壁厚首先要根据使用要求设计，但从合金的铸造性能来分析，则铸件的壁既不能太薄，也不能过厚。合金铸件壁太薄，金属液注入铸型时冷却过快，易产生冷隔、浇不足、变形和裂纹；铸件壁太厚，易产生缩孔、缩松缺陷，且浪费材料。表 6-4 所示为一般砂型铸造条件下铸件的最小壁厚，表 6-5 所示为灰口铸铁件壁厚的参考值。

表 6-4 砂型铸造条件下铸件的最小壁厚

mm

铸件尺寸	铸钢	灰铸铁	球墨铸铁	可锻铸铁	铝合金	铜合金
＜200 × 200	8	4～6	6	5	3	3～5
200 × 200～500 × 500	10～12	6～10	12	8	4	6～8
＞500×500	15～20	15～20	—	—	6	—

表 6-5 灰口铸铁件壁厚的参考值

铸件质量/kg	铸件最大尺寸/mm	外壁厚度/mm	内壁厚度/mm	筋的厚度/mm	零件举例
＜5	300	7	6	5	盖、拨叉、轴套、端盖
6～10	500	8	7	5	挡板、支架、箱体、门、盖
11～60	750	10	8	6	箱体、电机支架、溜板箱、托架
61～100	1250	12	10	8	箱体、油缸体、溜板箱
101～500	1700	14	12	8	油盘、皮带轮、镗模架
501～800	2500	16	14	10	箱体、床身、盖、滑座
801～1200	3000	18	16	12	小立柱、床身、箱体、油盘

2. 铸件壁厚应均匀

铸件中各个壁厚若相差太大，则在厚壁处易形成金属积聚的热节，凝固收缩时在热节处易形成缩孔和缩松等缺陷。此外，因铸件冷却速度不同，各部分不能同时凝固，则易形成热应力，并有可能使厚壁与薄壁处产生裂纹。图 6-34(a)所示为铸件的壁厚设计不合理结构，图(b)所示为合理结构。

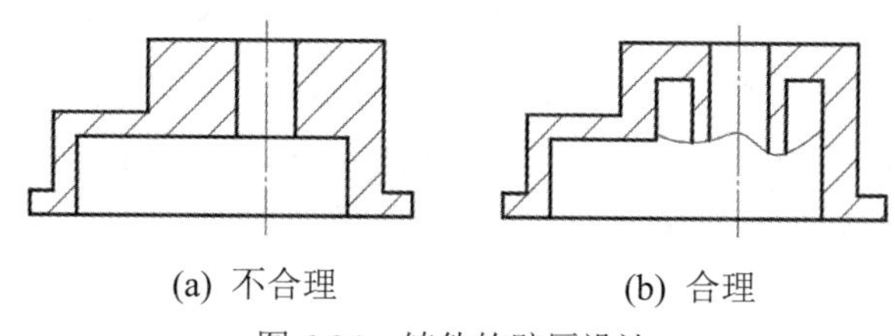

图 6-34　铸件的壁厚设计

3. 铸件壁的连接应合理

铸件壁的连接处和转角处是铸件的薄弱环节，在设计时要防止金属液的积聚和内应力的产生，应考虑如下问题：

(1) 铸件壁的连接处或转角处应有结构圆角。图 6-35 所示为铸件的转角结构，直角转弯处易形成缩孔、缩松、冲砂和砂眼等缺陷，同时也容易在尖锐的棱角部分形成结晶薄弱区，图(a)、图(b)为不合理结构，图(c)为合理结构。铸件圆角的大小必须与壁厚相适应。

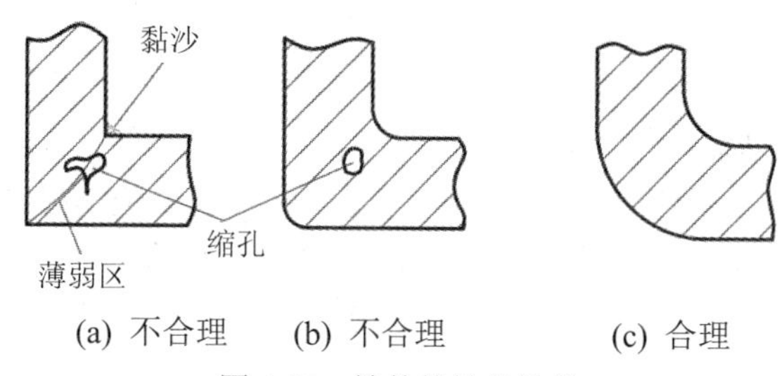

图 6-35　铸件的转角结构

(2) 避免交叉和锐角连接。为减少热节，避免铸件产生缩孔和缩松现象。铸件壁或肋的连接应尽量避免交叉，中小型铸件可考虑将交点错开，大件则以环形接头为宜。图 6-36 所示为铸件连接处避免集中交叉和锐角，图(a)、(b)为不合理结构，图(c)、(d)为合理结构。

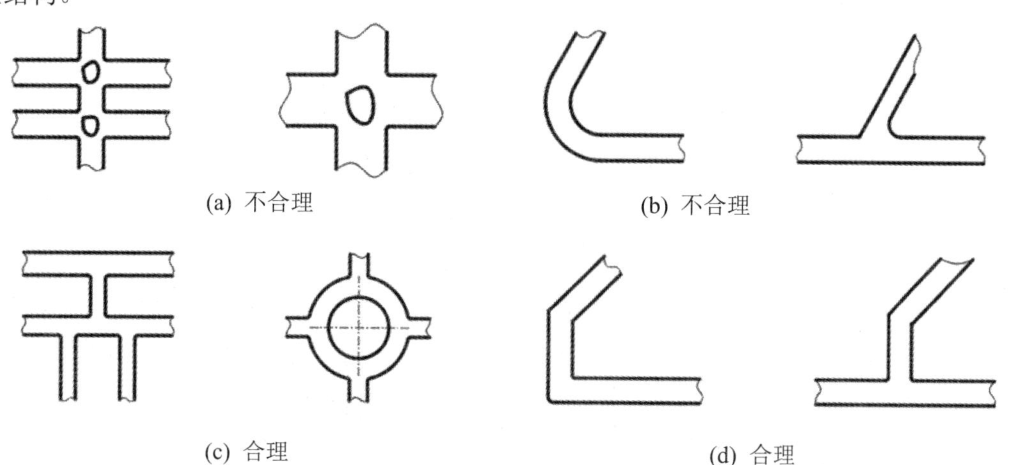

图 6-36　铸件连接处避免集中交叉和锐角

(3) 厚壁与薄壁的连接要逐步过渡。为了减少应力集中，防止铸件产生裂纹，在设计时应使用不同壁厚间逐步过渡，避免壁厚的突变。

(4) 避免收缩受阻。在铸件结构设计时，当铸件收缩较大而收缩又受阻时，则会产生较大的内应力，甚至产生裂纹。因此在铸件结构设计时，可考虑让结构微量变形来减少收缩阻力，从而缓解内应力。图 6-37(a)所示为直条形偶数对称轮辐，结构简单，制造简便，但若合金收缩较大时，则轮辐的收缩力会互相抗衡，很容易产生裂纹。图(b)、(c)所示为合理结构，主要是借助轮轴或轮缘的微量变形来自行减小内应力。

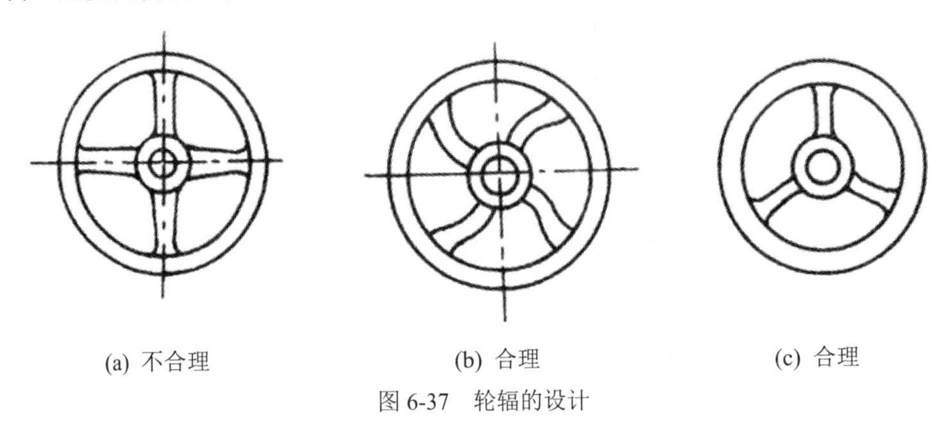

(a) 不合理　　(b) 合理　　(c) 合理

图 6-37　轮辐的设计

4. 铸件应尽量避免过大的平面

铸件有大的平面，会不利于液体金属的填充，气体和非金属夹杂物上浮后容易滞留，使铸件表面质量差。图 6-38(a)若改为图(b)浇注，则金属液沿斜壁上升，能顺利地将气体和非金属夹杂物带出，同时，金属液的上升流动使铸件不易产生浇不足等缺陷。

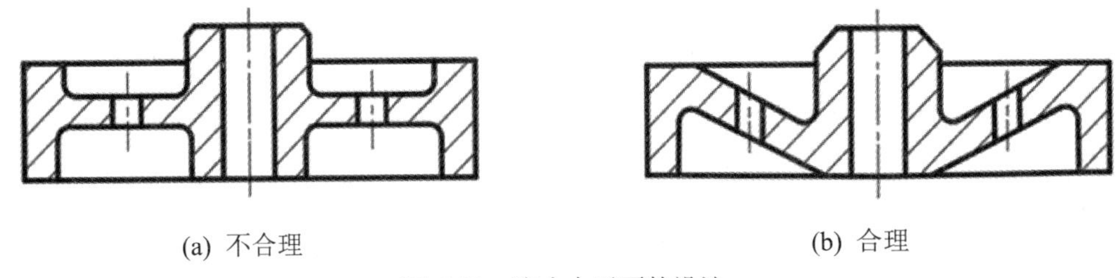

(a) 不合理　　(b) 合理

图 6-38　防止大平面的设计

6.4 特种铸造

除砂型铸造外，其他所有的铸造方法统称特种铸造。砂型铸造具有很多优点：能生产各种形状和尺寸的铸件，适应不同类型的铸造合金，具有较大的灵活性。但也存在不少缺点：铸件表面粗糙度大，尺寸精度不高，加工余量大，工艺过程复杂，一个砂型只能用一次，生产率低，劳动强度大，质量不易控制。为了克服以上缺点，适应各种铸件的生产需要，特种铸造的方法已经发展到几十种，本节将介绍常用特种铸造方法。

6.4.1 熔模铸造

熔模铸造是一种精密铸造方法。熔模铸造是用易熔材料(蜡料及塑料等)先制成模型，然后用造型材料将其包住，经过硬化成一个整体形壳，加热型壳将内部蜡模熔化，得到中空的型壳，从而获得无分型面的铸型，又称为失蜡铸造。

1. 熔模铸造的工艺过程

熔模铸造的工艺过程如图6-39所示。

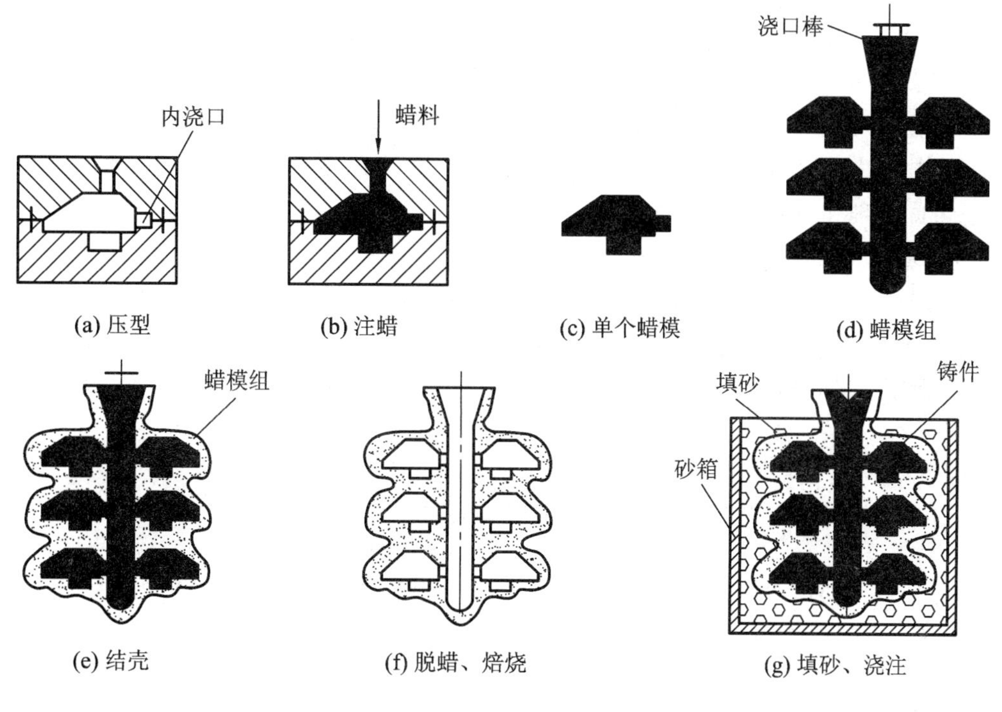

图6-39 熔模铸造工艺过程

1) 压型

用来制造蜡模的特殊铸型，铸型是根据铸件的母模制作的。母模是制作蜡模的模具，外壁即为铸件的外形，其尺寸精度、表面质量直接决定蜡模的质量，从而影响铸件的质量。压型内腔形状与铸件相对应，压型的材料有非金属(石膏、水泥、塑料)和金属(锡、铝、钢)两类，前者制作简单，寿命短，用于小批量生产，后者成本高，周期长，使用寿命长，用于大批量生产。

2) 蜡模的压制

蜡模材料是由石蜡、松蜡、蜂蜡和硬脂酸等配制而成，最常用的是50%石蜡和50%硬脂酸配成的模料，熔点为50～60℃，将熔化成糊状的蜡料挤入压型中，称为注蜡，待凝固后取出，修光毛边，获得单个蜡模，如图6-39(c)所示。为了方便后续工序，及一次可浇注多个铸件，常把若干个蜡模焊接到预先制成的蜡棒上，制成蜡模组。

3) 结壳

结壳就是在蜡模组上涂挂耐火材料层，制成具有一定厚度的耐火硬壳。首先用黏结剂(水玻璃)和石英粉配成涂料，将蜡模组浸挂涂料后再在其表面撒上一层硅砂，然后放入硬化剂(多为氯化铵溶液)中，利用化学反应生成的硅酸溶胶将砂粒粘牢并硬化。

4) 脱蜡和焙烧

将带有蜡模组的型壳浸泡至90～95℃的热水中，蜡模熔化并流出，就可以得到一个中空的型壳。为了防止型壳在浇注时变形或破裂，有时还需要造型，即将型壳置于铁箱内，周围用干砂紧固，这个过程称为造型。浇注前造型必须放入900～950℃的加热炉中进行焙烧，目的是将型壳中的残余蜡料和水分挥发掉，提高铸件质量。

5) 填沙和浇注

将型壳从焙烧炉中取出，周围堆放干砂，加固型壳，然后趁热浇注，这样可以减缓金属液体冷却速度，提高充型能力，并防止冷型壳因骤热而开裂。铸件冷凝后，可进行脱砂、脱壳、表面清理和热处理(去应力)。

2. 熔模铸造的特点及适用范围

(1) 铸件尺寸比较精确，表面光洁度高(精度为IT14～IT11，表面粗糙度 *Ra* 为12.5～1.6 μm)，减少了切削加工量，甚至直接制得零件，节省材料。

(2) 适用于各种铸造合金(最常用的是铸钢件)，适于铸造形状复杂的铸件，尤其是薄壁铸件。

(3) 熔模铸造设备简单，生产批量不受限制，主要用于大批量零件生产。不足之处就是工艺过程复杂，生产周期长，成本高，铸件尺寸不宜过大(蜡模不易做得太大，否则型壳强度不高)。

熔模铸造一般用于铸造汽轮机、涡轮发动机的叶片或叶轮，切削刀具和机床上的小型零件(从几十克到几千克，一般不超过25 kg)。

6.4.2 金属型铸造

用金属材料制成的铸型获得铸件的方法称金属型铸造。金属型铸造最大的优点在于“一型多铸”，也就是一个金属铸型可以反复使用，省去了重复的造型工序，提高了生产效率。

1. 金属型构造

金属型的结构主要取决于铸件的形状和尺寸，合金的种类及生产的批量等。

按照分型面的不同，金属型可分为整体式、垂直分型式、水平分型式和复合分型式。其中垂直分型式便于开设浇冒口和取出铸件，也易于实现机械化生产，所以垂直分型式应用最广。金属型的排气是依靠出气口及分布在分型面上的许多通气槽进行排气。为了能在开型过程中将灼热的铸件从型腔中推出，多数金属型设有推杆机构。

金属型一般用铸铁制成，也可采用铸钢。金属型的内腔可用金属型芯或砂芯来形成，其中金属型芯用于非铁金属件。为使金属型芯能在铸件凝固后迅速从内腔中抽出，金属型还常设有抽芯机构。对于有侧凹的内腔，为使型芯得以取出，金属型芯可由几块型芯组合而成。图6-40所示为铸造铝活塞简图，由图可见，金属型是垂直分型和水平分型相结合的复合结构，其左、右两半型用铰链相连接，用以开、合金属型。由于铝活塞内腔存有销孔内凸台，整体型芯无法抽出，故采用组合金属型芯。在浇注之后，先抽出楔片，然后取出分块金属型芯。

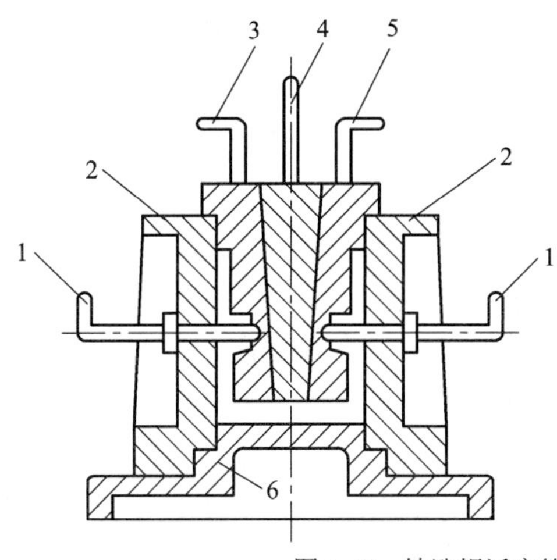

图 6-40 铸造铝活塞简图

2. 金属型铸造的工艺特点

金属型的物理性质与砂型不同，为了保证铸件质量，提高金属型的寿命，必须根据铸造工艺的特点，拟定正确的铸造工艺。

(1) 保持铸型合理的工作温度。在浇注前必须对金属型预热，预热温度对合金能不能充满型腔及其冷却速度有很大影响。预热温度过低，则铸件冷却太快，冷却不均匀，造成气孔、裂纹和浇不足等缺陷，使金属型寿命缩短；预热温度太高，不但降低金属型寿命，还使铸件的晶粒粗大，机械性能下降，产生缩孔、缩松和气孔等缺陷。一般有色金属铸件预热 100～250℃，铸件 250～350℃。

(2) 开型时间。金属型没有退让性，铸件宜早从金属型中取出。停留时间过久，铸件温度下降，收缩变大，易引起铸件开裂，且会卡住铸件；但停留时间过短，铸件强度较低，易变形。一般凭经验，根据铸件停留时间来开型，如中小型铅铸件，浇注后 40～60 s 即可开型。

(3) 喷刷涂料。金属型的型腔和金属型芯表面必须喷刷涂料。涂料可分衬料和表面涂料两种，前者以耐火材料为主，厚度为 0.2～1 mm；后者为可燃物质(如灯烟、油类)，每次浇注喷涂一次，以产生隔热气膜。

(4) 铸铁件壁厚不宜过薄。铸铁件的壁厚一般应大于 15 mm，并控制铁液中的碳、硅总质量分数不高于 6%。采用孕育处理的铁液来浇注，这对预防产生白口非常有效，对已产生的，应利用出型时的预热及时进行退火。

(5) 浇注温度。由于金属型冷却快，所以浇注温度比砂型高 20～30℃。

3. 金属型铸造的特点及应用范围

金属型铸造实现“一型多铸”，便于实现机械化和自动化生产，从而可大大提高生产率。同时，铸件的精度和表面质量比砂型铸造显著提高(尺寸精度为 IT12～IT16，表面粗糙度 Ra 为 25～12.5 μm)。由于金属型结晶组织致密，铸件的力学性能得到显著提高，如铸铝件的屈服点平均提高 20%。此外，金属型铸造还使铸造车间面貌大为改观，劳动条件得到显著改善。它的主要缺点是金属型的制造成本高、生产周期长。同时，铸造工艺要求严格，否则容易出现浇不足、冷隔和裂纹等铸造缺陷，而灰铸铁件又难以避免白口缺陷。此外，金属型铸件的形状和尺寸还有着一定的限制。

金属型铸造主要应用铜、铝合金铸铁的大批量生产，如铝活塞、汽缸盖、油泵壳体、衬套和轻工业品等。

6.4.3 压力铸造

压力铸造是在高压的作用下，将液态或半液态金属，快速压入金属铸型中，并在压力下凝固而获得铸件的方法。压力铸造时所用压力一般为几兆帕至几十兆帕，充填速度为5～100 m/s，充满型腔的时间极短，为0.03～0.2 s。高压和高温是压力铸造的两大特点，所以可以降低浇注温度，甚至可用糊状金属进行压力铸造。

1. 压力铸造的工艺过程

压铸是在压铸机上进行的，压铸所用的铸型称为压型。压型与垂直分型的金属型相似，其半个铸型是固定的，称为静型；另半个铸型可水平移动，称为动型。压铸机上装有抽芯机构和顶出铸件机构。

压铸机主要由压射机构和合型机构所组成。压射机构的作用是将金属液压入型腔，合型机构用于开合压型，并在压射金属时顶住动型，以防止金属液自分型面喷出。压铸机的规格通常以合型力的大小来表示。

图6-41所示为卧式压铸机的工作过程：

(1) 注入金属。先闭合压型，将勺内金属液通过压室上的注液孔向压室内注入。

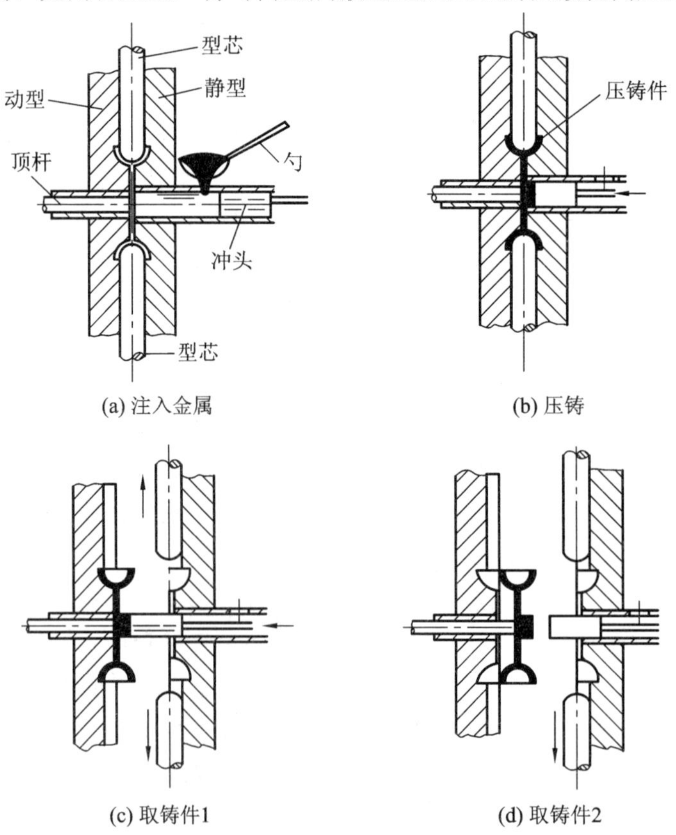

图6-41　卧式压铸机的工作过程

(2) 压铸。压射冲头向前推进，金属液被压入压型中。

(3) 取铸件。铸件凝固之后，抽芯机构将型腔两侧型芯同时抽出，动型左移开型，铸件则借冲头的前伸动作离开压室。在动型继续打开过程中，由于顶杆停止了左移，铸件在顶杆的作用下被顶出动型。

为了制作出高质量的铸件，压型的型腔精度必须高、表面粗糙度低。压型要采用专门的合金工具钢(如 3Cr2W8V)来制造，并且需进行严格的热处理。压铸时，压型应保持 120～280℃的工作温度，并喷刷涂料。

在压铸生产中有时采用镶嵌法。镶嵌法是将预先制好的嵌件放入压型中，通过压铸使嵌件与压铸合金结合成整体。镶嵌法可制出通常难以铸造出的复杂件，还可采用其他金属或非金属材料制成的嵌件，以改善铸件某些部位的性能，如强度、耐磨性、绝缘性和导电性等，并使其装配工艺大为简化。

2. 压力铸造的特点和应用范围

压力铸造有如下优越性：

(1) 尺寸精确，表面光洁，绝大多数压铸件不需进行机械加工即可进行装配。压力铸造是所有铸造方法中，精度最高的精密铸造。

(2) 可压铸各种结构复杂、轮廓清晰的薄壁、深孔件，如螺纹、齿轮和小孔。这是由于压型精度高，在高压下浇注，极大地提高了合金充型能力。

(3) 铸件强度高，表面硬度高。因为铸件的冷却速度快，而且在压力下结晶，其表层结晶细密，强度比砂型铸造提高 20%～30%。

(4) 压铸的生产效率比其他铸造方法高。如我国生产的压铸机生产能力为 50～150 次/h，最高可达 500 次/h。

压铸虽是实现少屑、无屑加工非常有效的途径，但也存在有许多不足之处：

(1) 设备投资大，压铸型制造费用高，周期长，适合定型产品，大批量生产。

(2) 压铸速度高，型腔内气体极难排除，所以铸件内常有气孔影响其内在质量，而且压铸件不宜进行热处理。

(3) 压铸合金材料品种受限制，主要压低熔点合金。

(4) 压铸件壁厚有限制，不宜压铸厚壁铸件，一般应小于 6 mm。

目前，压力铸造已在汽车、拖拉机、航空、兵器、仪表、电器、计算机、轻纺机械、日用品等制造业中得到了广泛应用，如气缸体、箱体、化油器、喇叭外壳等铝、镁、锌合金铸件生产。

6.4.4 低压铸造

低压铸造是介于重力铸造(如砂型铸造、金属型铸造)和压力铸造之间的一种铸造方法。它是使液态合金在压力作用下，自下而上地充填型腔，并在压力下结晶、以形成铸件的工艺过程。由于所施加的压力较低(20～70 kPa)，所以称为低压铸造。

1. 低压铸造的工艺过程

低压铸造的基本原理如图 6-42 所示，铸型被安置在密封的坩埚上，浇口和密封盖上的升液管相连通，当坩埚内通入低压且干燥的气体时，液体金属由升液管压入铸型内，铸件凝固后，放掉坩埚内气体，多余的液态金属又回流回坩埚内，最后开启铸型，取出铸件。

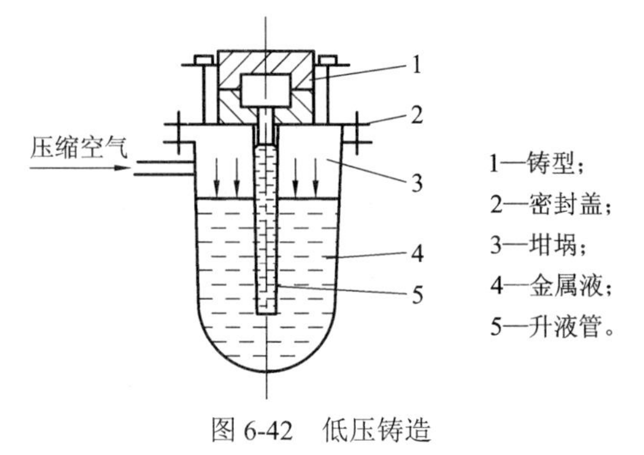

图 6-42　低压铸造

2. 低压铸造的特点和应用范围

低压铸造有如下特点：

(1) 液体金属是自下而上平稳地充填铸型，型腔中液流的方向与气体排出的方向一致，从而避免了液体金属对型壁和型芯的冲刷作用，也避免卷入气体和氧化夹杂物，从而防止了铸件产生气孔和非金属夹杂物等铸造缺陷。

(2) 由于省去了补缩冒口，因此金属的利用率提高到 90%～98%。

(3) 由于提高了充型能力，因此有利于形成轮廓清晰和表面光洁的铸件，这对于大型薄壁件的铸造尤为有利。

(4) 减轻了劳动强度，改善了劳动条件，且设备简易，易实现机械化和自动化。

目前，低压铸造主要用于生产铝、镁合金铸件，如气缸体、缸盖及活塞等形状复杂、要求高的铸件。

6.4.5　离心铸造

将液态金属浇入高速旋转的铸型中，使液态金属在离心力的作用下充满铸型并凝固成形的方法，称为离心铸造。铸型在离心铸造机上作高速旋转，根据转轴位置，离心铸造机有立式和卧式两种，如图 6-43 和图 6-44 所示。

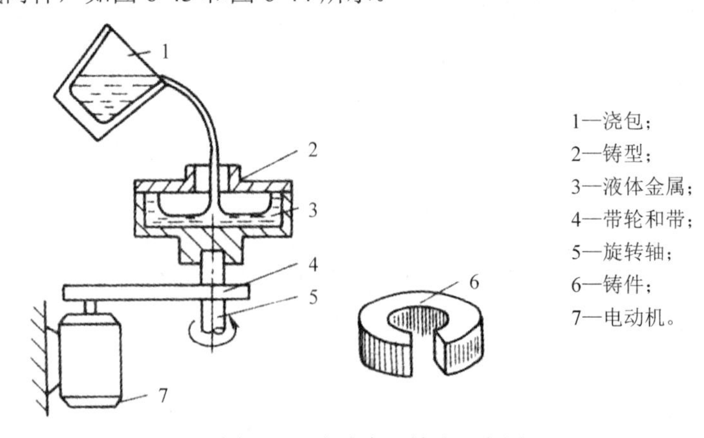

图 6-43　立式离心铸造示意图

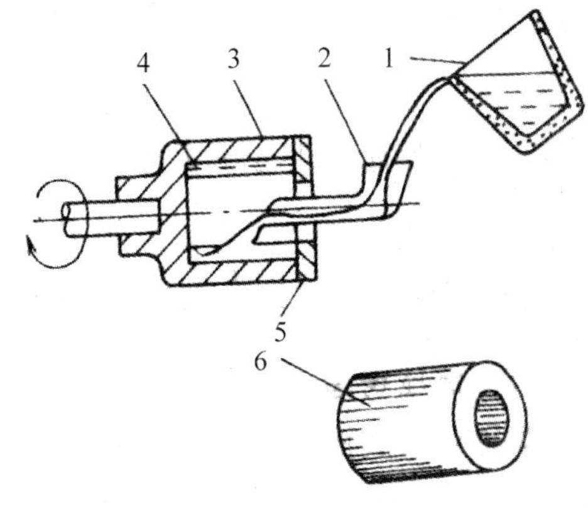

1—浇包；
2—浇注槽；
3—铸型；
4—液体金属；
5—端盖；
6—铸件。

图6-44 卧式离心铸造示意图

离心铸造的优点：

(1) 铸件组织致密，无缩孔、缩松、气孔和夹渣等缺陷，机械性能好。这是因为在离心力的作用下，金属中的气体、熔渣等夹杂物因密度小，均集中在铸件的内表面，铸件从外向内的顺序凝固，补缩条件好。

(2) 铸造中空铸件时，可不用型芯和浇注系统，大大简化了铸造过程，节约了金属。

(3) 在离心力作用下，液态金属的充型能力得到提高，可以浇注流动性较差的合金铸件和薄壁铸件，如涡轮、叶轮等。

(4) 便于铸造双金属铸件，如钢套镶铜轴承等，双金属铸件结合面牢固、耐磨，可节约贵重合金。

离心铸造的缺点是铸件易产生偏析，内孔不准确，内表面较粗糙。

6.5 铸造新技术与发展

铸造生产的机械化和自动化程度在不断提高的同时，将更多地向柔性生产方面发展，以扩大对不同批量和多品种生产的适应性。节约能源和节约原材料的新技术将会得到优先发展，少产生或不产生污染的新工艺和新设备将首先受到重视。质量控制技术在各道工序的检测、无损探伤和应力测定方面将有新的发展。

铸造产品发展的趋势是要求铸件有更好的综合性能、更高的精度、更少的加工余量和更光洁的表面。此外，节能的要求和社会对恢复自然环境的呼声也越来越高。为适应这些要求，新的铸造合金将得到研发，冶炼新工艺和新设备将相应出现。

6.5.1 铸造新技术

1. 半固态金属铸造

半固态金属加工技术属于21世纪前沿性金属加工技术。20世纪70年代麻省理工学院(MIT)弗莱明斯(Flemings)教授发现，金属在凝固过程中进行强烈搅拌或通过控制凝固条件，以抑制树枝晶的生成或破碎所生成的树枝晶，形成具有等轴、均匀、细小的初生相均匀分布于液相中的悬浮半固态浆料。这种浆料在外力作用下即使固相率达到60%仍具有较好的流动性。可利用压铸、挤压和模锻等常规工艺进行加工，这种方法称为半固态金属加工技术(简称为SSM)。

半固态金属铸造的优点：

(1) 充型平稳，加工温度较低，模具寿命大幅提高，凝固时间短，生产率高。

(2) 铸件表面平整光滑，内部组织致密，气孔和偏析少，晶粒细小，力学性能接近锻件。

(3) 凝固收缩小，尺寸精度高，可实现近净成形和净终成形加工。

(4) 流动应力小，成形速度高，可成形十分复杂的零件。

(5) 适宜铸造铝、镁、锌、镍、铜合金和铁碳合金，尤其适宜铝、镁合金。

目前，美国、意大利、瑞士、法国、英国、德国、日本等国的SSM技术处于领先地位。由于SSM成形件具有组织细小、内部缺陷少、尺寸精度高、表面质量好、力学性能接近锻件等特点，使SSM在汽车业中得到广泛重视。当前，用SSM技术生产的汽车零件包括制动筒、转向系统零件、摇臂、发动机活塞、轮毂、传动系统零件、燃油系统零件和汽车空调零件等。这些零件已应用于福特、克莱斯勒、沃尔沃、宝马、菲亚特和奥迪等轿车上。

2. 快速原型制造技术

铸造模型的快速原型制造技术(RPM)是以分层合成工艺为基础的计算机快速立体模型制造技术，包括分层合成工艺的计算机智能铸造生产是最近几年机器制造业的一个重要发展方向。快速原型制造技术集成了现代数控技术、CAD/CAM技术、激光技术以及新型材料的成果于一体，突破了传统的加工模式，可以自动、快速地将设计思想物化为具有一定结构和功能的原型或直接制造零件，从而对产品设计进行快速评价和修改，以适应市场的快速发展要求，提高企业的竞争力。

快速原型制造技术的工作原理是将零件的CAD三维几何模型输入计算机中，再以分解算法将模型分解成一层层的横向薄层，确定各层的平面轮廓，将这些模型数据信息按顺序一层接一层地传递到分层合成系统。在计算机的控制下，由激光器或紫外线发生器逐层扫描塑料、复合材料或液态树脂等成形材料，在激光束或紫外线束作用下，这些材料将会发生固化、烧结或黏结而制成立体模型。用这种模型作为模样进行熔模铸造、实型铸造等，可以大大缩短铸造生产周期。

目前，正在应用与开发的快速原型制造技术有以分层叠加合成工艺为原理的激光立体光刻技术(SLA)、激光粉末选区烧结成形技术(SLS)、熔丝沉积成形技术(FDM)和叠层轮廓制造技术(LOM)等多种工艺方法。每种工艺方法原理相同，只是技术有所差别。

(1) 采用SLA成形方法生产金属零件的最佳技术路线是：SLA原型(零件型)→熔模铸造(消失模铸造)→铸件，主要用于生产中等复杂程度的中小型铸件。

(2) 采用SLS成形方法生产金属零件的最佳技术路线是SLS原型(陶瓷型)→铸件，SLS型(零件型)→熔模铸造(消失模铸造)→铸件，主要用于生产中小型复杂铸件。

(3) 采用FDM成形方法生产金属零件的最佳技术路线是：FDM原型(零件型)→熔模铸造→铸件，主要用于生产中等复杂程度的中小型铸件。

6.5.2 铸造技术的发展趋势

随着科学技术的进步和国民经济的发展，铸造技术也开始朝着优质、低耗、高效和环保等方向发展。

1. 机械化、自动化技术的发展

随着汽车大批量制造的需求和各种新造型方法(高压造型、射压造型、气冲造型、消失模造型等)的进一步研发和推广，铸造工程 CNC 设备、FMC 和 FMS 正在逐步得到应用。

2. 特种铸造工艺的发展

随着现代工业对铸件的比强度和比模量要求的增加，以及近净成形和净终成形的发展和特种铸造工艺向大型铸件方向发展，使铸造柔性加工系统得以推广，逐步适应多品种少批量的产品升级换代需求。复合铸造技术(挤压铸造和真空吸铸)和一些全新的工艺方法(快速凝固成形技术、半固态铸造、悬浮铸造、定向凝固技术、压力下结晶技术、超级合金等离子滴铸技术等)逐步应用。

3. 特殊性能合金进入应用

球墨铸铁、合金钢、铝合金和钛合金等高比强度和高比模量的材料逐步应用。新型铸造功能材料如铸造复合材料、阻尼材料和具有特殊磁学、电学、热学性能和耐辐射材料进入铸造成形领域。

4. 计算机在铸造中的应用

随着计算机的发展和广泛应用，把计算机应用于铸造生产中已取得了越来越好的效果。铸造生产中计算机可应用的领域很广。例如，在铸造工艺设计方面，计算机可以模拟液态金属的流动性和收缩性，预测与铸件温度场直接相关的铸件的宏观缺陷，如缩孔、缩松、热裂和偏析等；可进行铸造工艺参数的计算；可绘制铸造工艺图、木模图、铸件图；可用于生产控制等。近年来，应用的铸造工艺计算机辅助设计系统是利用计算机协助生产工艺设计者分析铸造方法，优化铸造工艺，估算铸造成本，确定设计方案并绘制铸造图等，将计算机的快速性、准确性与设计者的思维和综合分析能力结合起来，从而极大地提高了产品的设计质量和速度，使产品更具有竞争力。

5. 新的造型材料的开发和应用

建立新的与高密度黏土型砂相适应的原辅材料体系；根据不同合金铸件特点和生产环境，开发不同品种的原砂、污染少或无污染的优质壳芯砂；紧抓我国原砂资源的调研与开发，开展取代特种砂的研究和开发人造铸造用砂；将湿型砂黏结剂发展重点放在新型煤粉及取代煤粉的附加物研发上。

研发酚醛-酯自硬法、CO_2-酚醛树脂法所需的新型树脂；提高聚丙烯酸钠-粉状固化剂-CO_2法树脂的强度，改善吸湿性，扩大应用范围；开展酯硬化碱性树脂自硬砂的原材料及工艺、再生及其设备的研究，以尽快推广该树脂自硬砂工艺；开发高反应活性树脂及与其配套的廉价新型温芯盒催化剂，使制芯工艺由热芯盒法向温芯盒、冷芯盒法转变，节约资源，提高砂芯质量。

技 能 训 练

一、支座铸造工艺的设计

1. 实训目的

(1) 掌握砂型铸造的工艺过程及工艺要点。

(2) 培训选择典型铸造方法的能力。

(3) 会画简单铸件的铸造工艺简图。

2. 实训设备及用品

支座。

3. 实训指导

图 6-45 所示支座为一支撑件，支座表面没有特殊质量要求，在制订工艺方案时，不必考虑浇注位置，主要着眼于工艺上的简化。支座虽属简单件，但底板上四个ϕ10 mm 孔的凸台及两个轴孔的内凸台可能妨碍起模。同时，轴孔如若铸出，还必须考虑下芯的可能性。

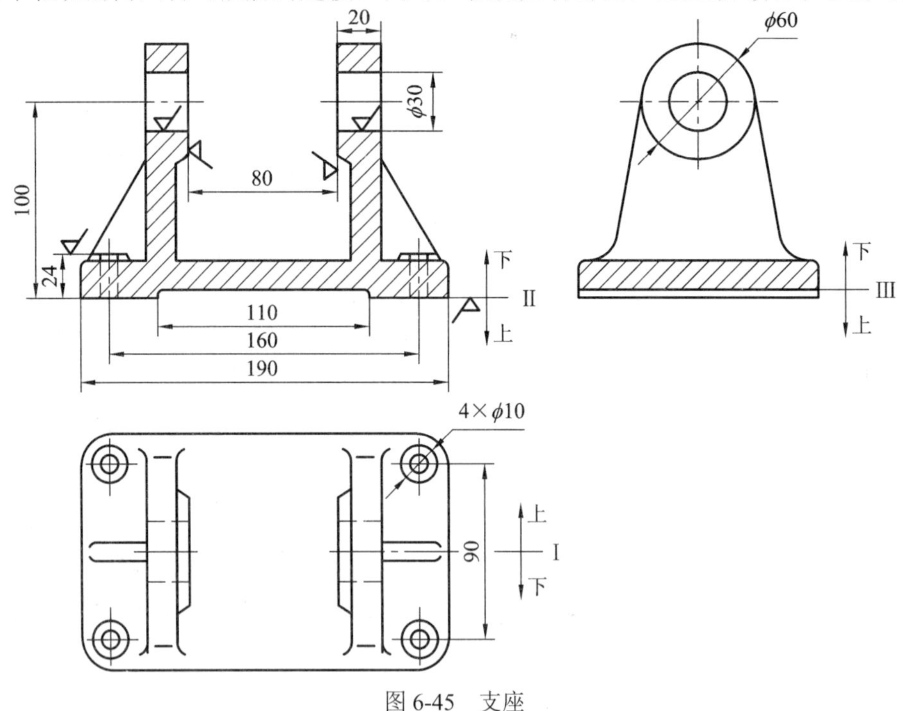

图 6-45　支座

零件支座可供选择的分型面主要有：

(1) 方案Ⅰ。沿底板中心线分型，即采用分模造型。此方案的优点是底面 110 mm 凹槽容易铸出，轴孔下芯方便，轴孔内凸台不妨碍起模；缺点是底板上四个凸台必须采用活块，同时，铸件易产生错型缺陷，飞翅清理的工作量大。此外，若采用木模，由于加强筋处过薄，木模易损坏。

(2) 方案Ⅱ。沿底面分型，铸件全部位于下箱，为铸出110 mm凹槽必须采用挖砂造型。方案Ⅱ克服了方案Ⅰ的缺点，但30 mm轴孔处凸台妨碍起模，必须采用两个活块或下型芯。当采用活块造型时，ϕ30 mm轴孔难以下芯。

(3) 方案Ⅲ。沿110 mm凹槽底面分型。其优缺点与方案Ⅱ类同，仅是将挖砂造型改用分模造型或假箱造型，以使用不同的生产条件。

可以看出，方案Ⅱ、Ⅲ的优点多于方案Ⅰ。但在不同生产批量下，具体方案可选择如下：

(1) 单件、小批量生产。由于轴孔直径较小，无须铸出，而手工造型便于进行挖砂和活块造型，此时依靠方案Ⅱ分型较为经济合理。

(2) 大批量生产。由于机器造型难以使用活块，故采用型芯制出轴孔内凸台。同时，应采用方案Ⅲ从110 mm凹槽底面分型，以降低模板制造费用。

图6-46所示为零件支座的铸造工艺图，方型芯的宽度大于底板，以便使上箱压住该型芯，防止在浇注时上浮。若轴孔需要铸出，采用组合型芯即可实现。

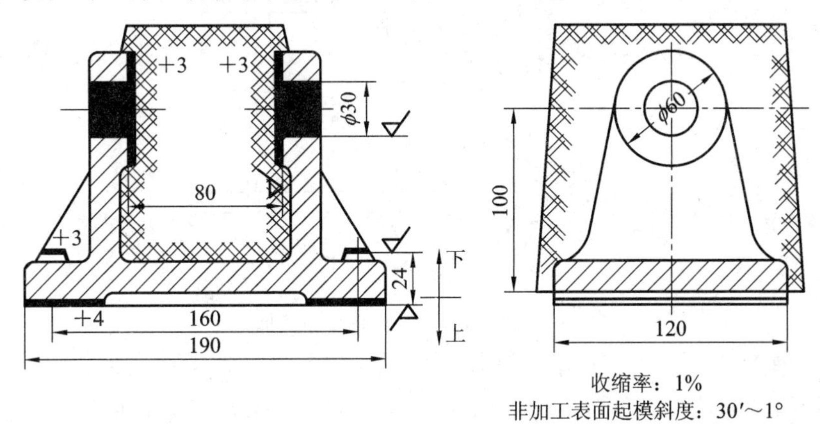

图6-46 支座的铸造工艺图

二、插齿机刀轴蜗轮铸造工艺的设计

1. 实训目的

(1) 掌握铸件分型面、浇注位置和工艺参数等的正确选择。

(2) 熟悉铸件的结构工艺性，培训选择典型铸件铸造方法的能力。

2. 实训设备及用品

插齿机刀轴蜗轮。

3. 实训指导

以插齿机刀轴蜗轮为例，进行工艺分析。

1) 生产批量

大批量生产。

2) 技术要求

(1) 材质。材质采用耐磨铸铁。

(2) 结构特点。图6-47为筒类铸件。最大直径ϕ215 mm，长260 mm，主要壁厚30 mm，铸件质量 48 kg。

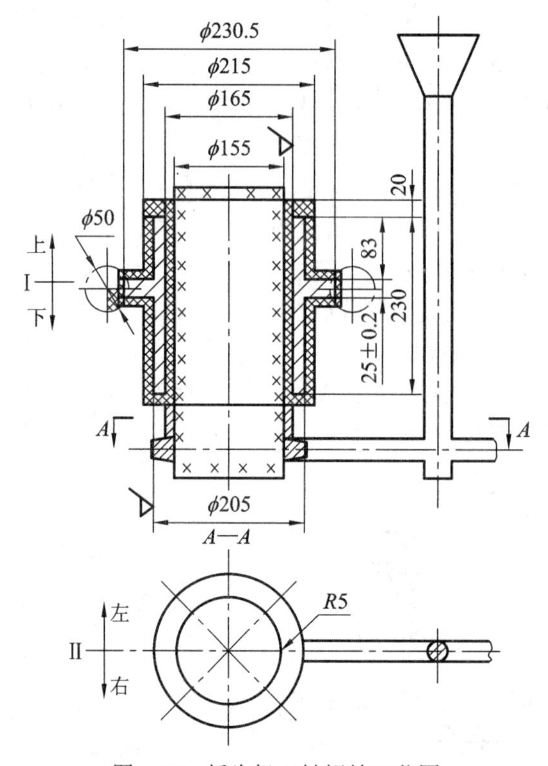

图 6-47　插齿机刀轴蜗轮工艺图

(3) 使用要求。

① 蜗轮的齿部是与材质为 20Cr 的蜗杆啮合，要求齿部精度保持性好，且耐磨。

② 蜗轮的内径ϕ165 mm 和外径ϕ205 mm 的圆柱面为滑动摩擦面，要求表面粗糙度低(Ra = 0.63～0.32 mm)，因此铸件必须组织致密，硬度均匀、耐磨，不允许有任何铸造缺陷。

3) 铸造工艺方案的选择

(1) 分型面的选择。

① 蜗轮分型面选在蜗轮齿部中间位置(见图 6-47 中的Ⅰ)，采用此方案时，造型、下芯均比较方便，但存在两个缺点：首先，其内浇道必然开在蜗轮的轮缘上；其次，蜗轮组织不致密，硬度不均匀，耐磨性不好，也容易产生错型缺陷。

② 沿蜗轮中心线水平分型(见图 6-47 中的Ⅱ)，此时造型、下芯更方便。浇注系统可另行设计，以确保铸件内部质量。

(2) 浇注位置的选择。

① 水平浇注。用此方案时铸件上部的质量较差，易产生砂眼、气孔、夹渣等缺陷，且组织不致密，耐磨性差。

② 垂直浇注。如图 6-47 所示，采用反雨淋式浇口，垂直浇注。由于浇注系统的撇渣效果好，气体易于排除，铁液上升平稳，因而铸件不易产生夹渣、气孔等铸造缺陷，铸件的组织致密、均匀、耐磨性良好。

因此，选用了平做立浇、一型两件的工艺。采用机器造型。

4) 主要工艺参数

(1) 线收缩率：1%。

(2) 加工余量：因零件的表面质量要求很高，加工工序多，所以加工余量比较大。具体加工余量为：顶面为 20 mm，其余为 5 mm。

项目小结

1. 不同合金的流动性不同。可以通过调整其影响因素，调节合金的流动性。合金的流动性越高，其充型能力越强，越有利于充型。否则，容易引起浇不足和冷隔等铸造缺陷。

2. 收缩是合金的固有属性，不能消除但可控制。收缩使铸件的体积和尺寸变小，如果控制不当，容易使铸件产生缩孔、缩松、应力、变形和裂纹等铸造缺陷。合金具有吸气性，如果控制和排气不当，将在铸件上产生气孔缺陷。

3. 手工造型可根据铸型寿命、模样形式和使用砂箱情况进行分类。

4. 有别于砂型铸造的铸造方法统称为特种铸造。各种特种铸造方法有其特定的铸造机械、造型方法和适用范围。

5. 从保证铸件质量、便于造型制芯和简化铸造工艺出发，确定浇注位置与分型面。

6. 根据造型方法、合金种类、铸件大小、浇注位置和分型面查表或根据经验确定机械加工余量、拔模斜度、铸造收缩率、最小铸出孔和槽等铸造工艺参数。

7. 从简化铸造工艺过程出发，设计的铸件结构以便于拔模、减少和简化型芯、便于型芯固定和排气。

8. 从避免铸造缺陷的角度出发，铸件结构要适合合金铸造性能的要求，铸件应有合适的壁厚、壁与壁的连接应有过渡且为圆角连接、肋的布置应对称、避免水平方向出现大的平面。

习　　题

1. 铸造生产的特点是什么？举出 1～2 个生产或生活用品的零件是铸造生产的，并进行分析。

2. 合金的铸造性能有哪些？其影响因素是什么？

3. 何谓铸造应力？铸造应力产生的主要原因是什么？

4. 为什么铸铁的收缩比铸钢小？铸铁与铸钢的收缩都分三个阶段吗？为什么？

5. 常用的手工造型有哪些？手工造型和机器造型各自的应用范围是什么？

6. 简述分型面的确定原则。

7. 铸造工艺参数主要包括哪些参数？

8. 简述铸件工艺对零件结构的要求。

9. 简述特种铸造的种类。

10. 简述铸造技术的发展趋势。

项目7 锻压加工

技能目标

(1) 能分析金属的锻造性能及影响因素，并能根据生产实际选择锻压方法，制订简单零件的自由锻工艺规程。

(2) 能分析冲压件的结构工艺性。

思政目标

(1) 以锻造国产大飞机为切入点，激发学生对中国制造的自信，积极投身专业发展。

(2) 以冲压成形助力中国打造靓丽的高铁名片为切入点，了解自主创新的中国智慧，激发学生的钻研探索精神。

知识链接

由于铸件的力学性能较低，难以达到一些重要零件的强度和韧性要求，所以力学性能要求较高的零件往往采用锻压成形。锻压是对金属材料施加外力，使其产生塑性变形或分离，以获得一定形状、尺寸、性能的工件和毛坯的成形加工方法。锻压是锻造和冲压的总称，都属于压力加工方法。相对于铸造成形来说，锻压成形在加工过程中可压合缺陷和细化晶粒，使零件的力学性能提高，是金属材料不可或缺的毛坯制造工艺之一。

7.1 锻压概述

1. 金属塑性变形的实质

金属在外力作用下，所发生的变形分为弹性变形阶段和塑性变形阶段。弹性变形阶段所受的外力较小，当外力停止作用后，金属的内应力随即消失，变形也消失，不能使零件或毛坯成形；当外力增大，金属的内应力超过该金属的屈服极限后，进入塑性变形阶段，即使外力停止作用，金属的变形也不消失，成为永久变形，可以用于成形加工。

理论上，在切应力的作用下，金属晶体的一部分与另一部分晶体沿着一定的晶面产生相对滑移，从而造成单晶体的塑性变形。实际上，晶体的内部存在大量的位错，当金属受到切应力时，晶体内部的位错更容易沿滑移面运动，运动的结果就实现了整个晶体的塑性变形，如图 7-1 所示。

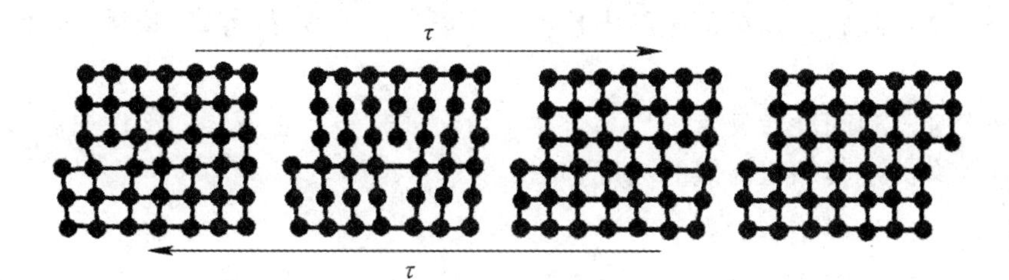

图 7-1　晶粒位错形态

工业中实际使用的金属材料大多是多晶体。多晶体由形状、大小不等的晶粒组成，相邻晶粒之间位向不同，多晶体内存在大量晶界。多晶体塑性变形可视为由各个晶粒内部滑移的总和构成整体塑性变形。晶粒越细，晶界越多，位错运动阻力越大，强度越高；晶粒越细，塑性变形的分散越均匀，变形程度越高。各个晶粒间也有变形，这是产生金属内应力和开裂的原因。因此在低温时多晶体的晶间变形不可过大，以免引起金属的破坏。

综上所述，金属塑性变形的实质是晶体内部位错滑移的结果。

2. 锻压方法

锻压加工是以塑性变形为基础的。大多数的金属材料在冷态或热态下都具有一定的塑性，因此可以对金属进行锻压加工，如钢和大部分有色金属。脆性材料则不能进行锻压加工，如铸铁、铸造铝合金、铸造铜合金等。

常见的锻压加工方法有锻造(自由锻、模锻、胎模锻)、冲压、挤压、轧制和拉拔等，如图 7-2 所示。

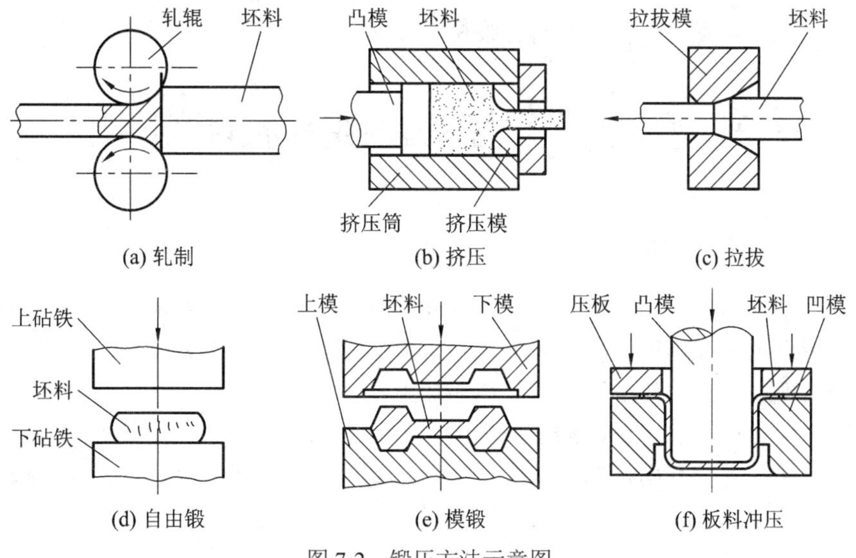

图 7-2　锻压方法示意图

锻造是将金属坯料置于锻床上下砧铁或锻模内，用冲击力或压力使金属成形为各种型材和锻件的加工方法。

冲压是利用冲模将金属板料切离或变形为各种冲压件的加工方法。

挤压是将金属坯料从挤压模孔挤出成形为各种型材、管材、零件的加工方法。

拉拔是将金属坯料从拉模的模孔中拉出而成形为各种线材、薄壁管材、特殊截面型材的加工方法。

轧制是金属材料在旋转轧辊的压力作用下，金属材料产生连续的塑性变形，获得所要求的截面形状并改变其加工性能的加工方法。

3. 锻压特点

锻压的优点有以下几个方面：

(1) 改善金属的内部组织，提高金属材料的力学性能。锻压加工可压合坯料中原有的气孔、疏松、微裂纹等铸态缺陷，提高金属的致密度，显著细化晶粒，并使坯料内部杂质呈流线型分布。因此，锻件的力学性能优于铸件。

(2) 材料的利用率和生产率高。金属材料经锻压加工后，力学性能提高；同时，其外形尺寸与零件相近，减少了加工余量，节约了金属材料。锻压成形特别是模锻比切削加工成形的生产率高。

锻压的缺点有以下几个方面：

(1) 锻件形状不能太复杂。锻件是在固态下锻压成形的，金属的流动性较差，因而难以获得形状复杂的锻件。

(2) 一般情况下，自由锻的精度不高，模锻的模具和设备费用较高。

4. 锻压加工的应用

锻压加工广泛应用于汽车、拖拉机、宇航、军工、电器、桥梁、建筑等领域。凡是承受重载荷、对强度和韧性要求较高的重要零件，如机器的主轴、曲轴、齿轮、连杆、炮筒、起重吊钩等都采用锻件做毛坯；冲压件主要应用于电器、仪表、汽车、日用品的生产；轧制、挤压和拉拔主要应用于各种型材、线材、板材的生产。

7.2 塑性变形对金属组织和性能的影响

7.2.1 冷变形强化

金属发生塑性变形时，滑移面上的碎晶块和晶格的扭曲使滑移阻力增大，使继续滑移难于进行，表现为金属强度硬度上升而塑性下降。这种随着变形程度增大，强度硬度上升而塑性下降的现象称为冷变形强化，又称为加工硬化。

冷变形强化可作为强化材料的手段之一，特别是对于一些不能用热处理进行强化的金属材料更为重要。另一方面，冷变形强化会给金属进一步变形带来困难，如冷拔钢丝冷变形过程中会越拉越硬。

7.2.2 回复及再结晶

冷变形的金属因金属内部变形不均匀，会引起残余内应力，使其具有恢复到原来稳定状态的趋势，因此加工硬化是一种不稳定现象。常温下恢复过程难以进行。对冷变形后的金属进行加热，金属会产生三个阶段的变化，即回复、再结晶、晶粒长大，如图 7-3 所示。

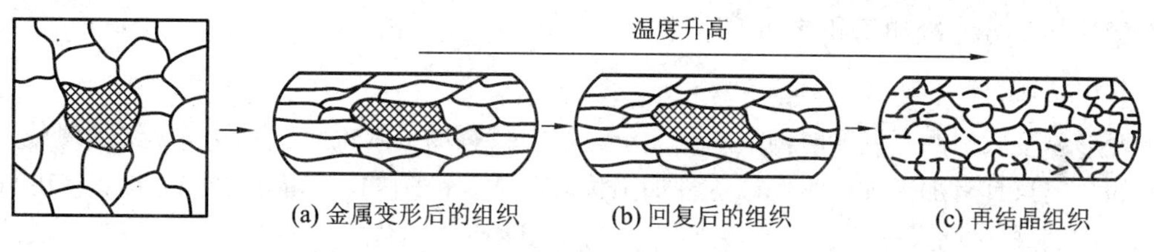

图 7-3 冷变形金属加热时的性能及组织变化

1. 回复

当加热温度不太高时，原子活动能力有所增加，晶格畸变程度大为减轻，内应力明显下降，这个过程称为回复。这个阶段的原子活动能力还不是很强，因此金属的纤维组织无明显变化，力学性能也无明显改变。回复所需的温度称为回复温度，回复温度 $T_{回}$与熔化温度 $T_{熔}$关系如下：

$$T_{回}=(0.25\sim0.3)T_{熔}$$

式中：$T_{回}$——以绝对温度表示的金属回复温度；

$T_{熔}$——以绝对温度表示的金属熔点温度。

生产中常利用回复现象对工件进行低温退火，以降低工件内应力。例如，冷拔钢丝弹簧成形后，再加热到 250～300℃，青铜丝弹簧成形后加热到 120～150℃就是进行回复处理(也称定型处理)，使弹簧保留强化效果，弹性增强，并消除加工时带来的内应力。

2. 再结晶

当温度继续升高到较高温度时，原子活动能力增加，原子可离开原来的位置以某些碎晶粒或杂质为核心，组成新的晶粒。这个过程称为再结晶。再结晶后，新晶粒完全取代旧晶粒，因而金属的强度、硬度下降而塑性显著上升，消除了全部冷变形强化现象，金属的组织和性能基本上恢复到冷变形前的状态。

再结晶过程是在一定的温度范围内进行的。能进行再结晶的最低温度称为再结晶温度。纯金属的再结晶温度 $T_{再}$与熔化温度 $T_{熔}$关系如下：

$$T_{再}\approx0.4T_{熔}$$

式中：$T_{再}$——以绝对温度表示的金属再结晶温度；

$T_{熔}$——以绝对温度表示的金属熔点温度。

经冷变形强化后的金属加热到再结晶温度以上，保持适当时间，使其发生再结晶转变的处理过程称为再结晶退火。实际生产中，为了消除因冷变形强化带来的进一步加工困难的问题，金属在进行冷轧、冷拉、冷冲压加工时，必须在各个工序之间安排再结晶退火，消除前一工序已形成的加工硬化，恢复材料的塑性，以便于在下一工序继续变形。再结晶退火的温度一般要比该金属的再结晶温度高 100～200℃。

3. 晶粒长大

再结晶后的金属一般都得到细小而均匀的等轴晶粒。如果温度继续升高或保温时间过长，晶粒会以相互吞并的方式长大，称为粗大晶粒，使金属力学性能变差，应注意避免。

7.2.3 冷加工和热加工

金属在不同温度下变形后的组织和性能不同，以金属的再结晶温度为界限，将金属的塑性变形加工分为冷加工和热加工两种。

1. 冷加工

变形温度低于回复温度时，金属在变形过程中只有加工硬化而无回复与再结晶现象，变形后的金属只具有加工硬化组织，这种加工称为冷加工。例如，钨的再结晶温度为1200℃，在1000℃左右对钨进行的加工是冷加工。冷加工能使金属获得较高的硬度、强度和低的粗糙度值，但变形程度不宜过大。冷加工的产品具有表面质量好，尺寸精度高，力学性能好的优点，一般不需再进行切削加工。生产中常用冷加工提高产品的性能，如冷挤压、冷冲压、冷轧、冷镦、冷拔等。

2. 热加工

变形温度在再结晶温度以上时，变形产生的加工硬化被随即发生的再结晶所抵消，变形后金属具有再结晶的等轴晶粒组织，而无任何加工硬化痕迹，这种加工称为热加工。例如，锡的再结晶温度为−7℃，室温下对锡进行加工就是热加工。热加工可以较小的功达到大的变形，同时使金属获得较高的综合力学性能。由于热变形是在高温下进行的，因而金属在加热过程中，表面容易形成氧化皮，产品尺寸精度和表面质量较低。金属的压力加工大多采用热加工，如热锻、热轧、热挤压等。

7.2.4 锻造流线与锻造比

1. 锻造流线

铸锭在压力加工中发生塑性变形后，基体金属的晶粒和沿晶界分布的杂质都沿着最大变形方向被拉长成纤维状，再结晶后呈现出细线，这种结构叫作锻造流线，也称为纤维组织。锻造流线使金属在性能上呈现各向异性。锻造流线越明显，金属在平行纤维方向(纵向)的韧性、塑性和抗拉强度增加，垂直于纤维方向(横向)的韧性、塑性降低，但抗剪切能力显著增强。

锻造流线稳定性很高，不能用热处理的方法消除。设计和制造机械零件时必须考虑锻造流线的合理分布。零件最大拉应力方向应与锻造流线平行；零件最大剪切应力方向应与锻造流线垂直；零件外形轮廓应与锻造纤维的分布相符合，尽量不被切断。如图7-4所示，当采用棒料直接经切削加工制造螺钉时，螺钉头部与杆部的纤维被切断，不能连贯起来，受力时产生的切应力顺着纤维方向，故螺钉的承载能力较弱。当采用同样棒料经局部镦粗方法制造螺钉时，纤维不被切断且连贯性好，故螺钉质量较好。

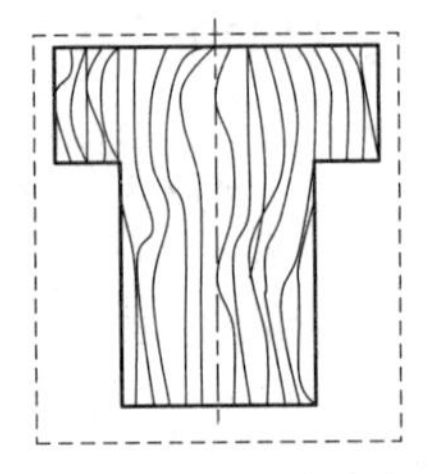

(a) 切削加工制造的螺钉

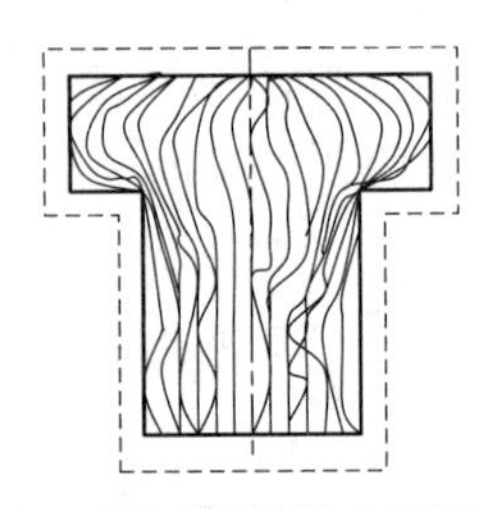

(b) 局部镦粗制造的螺钉

图7-4 不同方式制造的螺钉

2. 锻造比

锻造流线的明显程度与金属的变形程度有关。变形程度越大，锻造流线越明显。压力加工中，常以锻造比 Y 来表示变形程度。

镦粗时锻造比为

$$Y_{镦}=\frac{H_0}{H}$$

拔长时锻造比为

$$Y_{拔}=\frac{S_0}{S}$$

式中：H_0、S_0——坯料变形前的高度和横截面积；

H、S——坯料变形后的高度和横截面积。

当锻造比 $Y<2$ 时，金属铸态组织中的缩松、气孔和微裂纹被压合，金属组织细化，力学性能提高；当 $Y=2$～5 时，金属锻件流线明显，沿流线方向力学性能提高，而垂直流线方向力学性能开始下降；当 $Y>5$ 时，沿流线方向力学性能不再提高，垂直流线方向力学性能急剧下降。在锻造零件毛坯或钢锭时锻造比的选择，如表 7-1 所示。

表 7-1 典型锻件的锻造比

锻件名称	计算部位	锻造比	锻件名称	计算部位	锻造比
碳素钢轴类锻件	最大截面	2.0～2.5	锤 头	最大截面	≥2.5
合金钢轴类锻件	最大截面	2.5～3.0	水轮机主轴	轴 身	≥2.5
热轧辊	辊 身	2.5～3.0	水轮机立柱	最大截面	≥3.0
冷轧辊	辊 身	3.5～5.0	模 块	最大截面	≥3.0
齿轮轴	最大截面	2.5～3.0	航空用大型锻件	最大截面	6.0～8.0

7.3 金属的可锻性

金属的可锻性是用来衡量金属材料利用锻压加工方法成形的难易程度，是金属的工艺性能指标之一。常用金属的塑性和变形抗力两个因素来综合衡量。金属的塑性越好，变形抗力越小，则锻造性能越好。影响金属锻造性能的因素主要有金属的内在因素和变形条件。

7.3.1 金属的内在因素

1. 金属的化学成分

金属的化学成分不同，塑性不同，锻造性能不同。钢含碳量越高，锻造性能越差。低碳钢具有比较好的可锻性。

2. 金属的组织

金属的内部组织不同，其锻造性能有很大差别。单一固熔体组成的合金，塑性好，锻造性能好；铸态柱状组织和粗晶结构不如细小均匀的晶粒结构；金属内部有缺陷也影响金属的锻造性能。

7.3.2 金属的变形条件

1. 变形温度

一般而言，温度升高，金属的塑性提升，变形抗力降低，可锻性变好。

锻造温度范围指金属的始锻温度与终锻温度间的温度范围，以合金状态图为依据。对于始锻温度的选择，原则是在不出现过热和过烧的前提下，尽量提高始锻温度。如图 7-5 所示，碳钢的始锻温度为 *AE* 线下 200℃，此时金属为单一奥氏体组织，可锻性良好。终锻温度即停止锻造的温度，对于锻件质量有很大影响，终锻温度太高，停锻后晶粒会重新长大，降低锻件力学性能；温度太低，金属再结晶困难，冷变形强化现象严重，变形抗力太大，甚至会产生锻造裂纹，也易损坏设备和工具。常见材料的始锻温度和终锻温度如表 7-2 所示。含碳量越高的碳素钢，始锻温度越低。有色金属合金的锻造温度范围均比碳素钢的锻造温度范围窄。

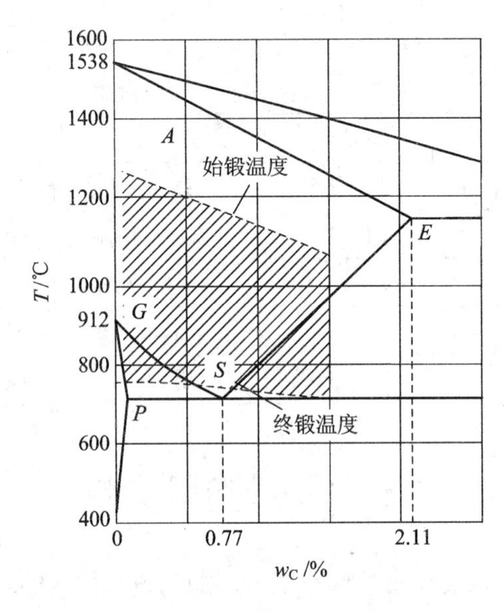

图 7-5 碳钢的始锻温度和终锻温度

表 7-2 常用金属材料的锻造温度范围

材料种类	始锻温度/℃	终锻温度/℃
低碳钢	1200～1250	700～800
中碳钢	1150～1200	800～850
合金结构钢	1100～1180	800～850
铝合金	450～500	350～380
铜合金	800～900	650～700

2. 变形速度

变形速度是指金属在锻压加工过程中，单位时间内金属的相对变形量。变形速度的影响较复杂，一方面变形速度增大，冷变形强化现象严重，变形抗力增大，则锻造性能变差；另一方面变形速度很大时，产生的热能使金属温度升高，提高塑性，降低变形抗力，则锻造性能变好。如图 7-6 所示，变形速度达到一定值后，变形速度越大，热效应越明显，金属的塑性提高、变形抗力降低，则可锻性变好。

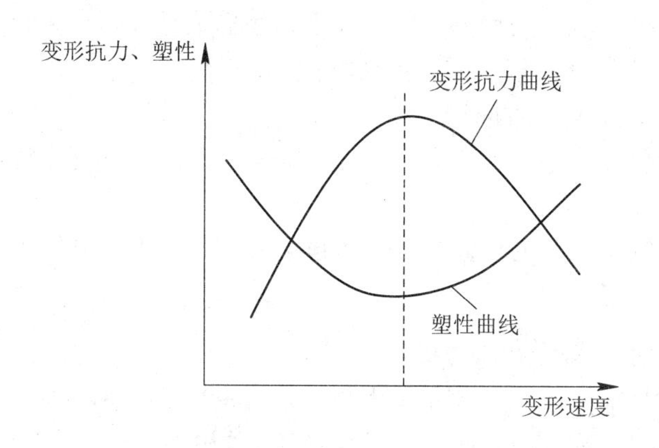

图 7-6 变形速度对塑性、变形抗力的影响

3. 应力状态

不同的压力加工方法，使金属内部的应力状态不同。压应力使滑移面紧密结合，应防止产生裂纹；拉应力则使缺陷扩大，易于断裂，降低塑性。在金属塑性变形时，压应力数目越多，其塑性变形越好。但在压应力时金属的变形抗力增大，故必须综合考虑金属的塑性和变形抗力。如图 7-7 所示，挤压是三向压应力状态；拉拔是两向受压，一向受拉。

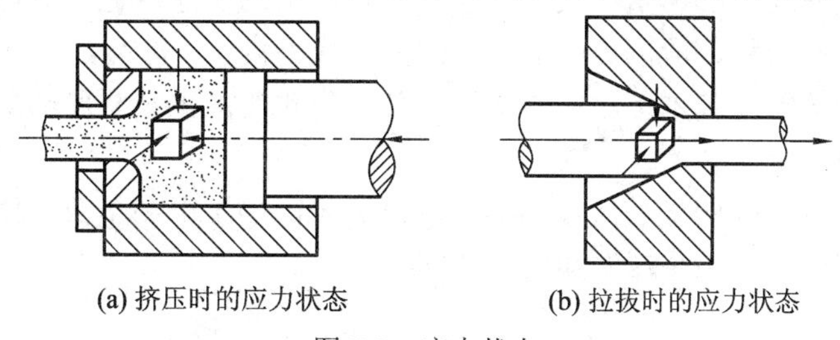

(a) 挤压时的应力状态　　(b) 拉拔时的应力状态

图 7-7 应力状态

7.4 锻　　造

在冲击力或静压力的作用下，使热锭或热坯产生局部或全部的塑性变形，以获得所需形状、尺寸和性能的锻件的加工方法称为锻造。锻造方法包括自由锻、模锻和胎模锻。

7.4.1 自由锻

1. 自由锻及其特点

自由锻是指将金属坯料放在锻造设备的上下砧铁之间，施加冲击力或压力，使金属坯料产生自由变形而获得所需形状和内部质量的锻件的成形方法。

自由锻的优点有以下几个方面：

(1) 自由锻灵活性大，工具简单且通用性强，生产周期短，成本低。

(2) 可锻造各种重量的锻件，对大型锻件自由锻是唯一的锻造方法。

(3) 由于自由锻的每次锻击坯料只产生局部变形，金属坯料除与上下砧铁或其他辅助工具接触的部分表面外，其余表面都是自由表面，变形不受限制，变形金属的流动阻力小，故同重量的锻件，自由锻比模锻所需的设备吨位小。

自由锻的缺点有以下几个方面：

(1) 锻件的形状和尺寸完全靠锻工的操作技术来保证，锻件尺寸精度低、加工余量大、材料消耗多。

(2) 锻件形状比较简单，生产率低，劳动强度大，只适用于单件或小批量生产。

2. 自由锻设备

自由锻常用的设备有锻锤和压力机。

自由锻锤一般包括空气锤(锻件重量范围是 50～1000 kg)和蒸汽-空气自由锻锤(锻件重量范围是 20～1500 kg)，是靠冲击力使工件变形。空气锤由电动机直接驱动，打击速度快，锤击能量小，适用于小型锻件；蒸汽-空气锤利用蒸汽或压缩空气作为动力，适用于中小型锻件。

压力机以静压力代替锤锻的冲击力，适用于锻造大型锻件。其工作过程包括空程、工作行程、回程和悬空。

3. 自由锻工序

根据作用与变形要求的不同，自由锻可分为基本工序、辅助工序和精整工序。

基本工序是改变坯料的形状和尺寸使锻件基本成形的工序，包括镦粗、拔长、冲孔、弯曲、切割、扭转、错移、锻接等，最常用的是镦粗、拔长、冲孔。

辅助工序是为了方便基本工序的操作，而使坯料预先产生某些局部变形的工序，如压钳口、倒棱和切肩。

精整工序是修整锻件的最后尺寸和形状，消除表面的不平和歪扭，使锻件达到图纸要求的工序，如修整鼓形、平整端面和校直弯曲。

1) 镦粗

镦粗是使毛坯的高度减少，截面增大的锻造方法。镦粗主要用于锻制齿轮、法兰等饼类锻件，或作为拔长工序增大锻造比，以及环、套筒等空心锻件冲孔前的预备工序。

镦粗时，为防止坯料产生轴向弯曲，坯料镦粗部分的高度应不大于坯料直径的 2.5 倍。

镦粗有完全镦粗和局部镦粗两种形式，如图 7-8 所示。

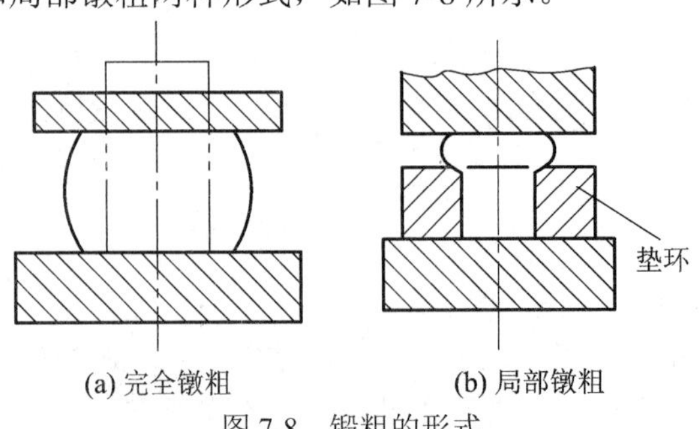

(a) 完全镦粗　(b) 局部镦粗

图 7-8　锻粗的形式

2) 拔长

拔长是使毛坯横断面积减小、长度增加的锻造方法。拔长用于制造轴杆类零件毛坯，如光轴、台阶轴和连杆等较长的零件。

拔长时需用夹钳将坯料钳牢，在锤击时将坯料绕其轴线不断翻转。如图 7-9 所示，翻转方法有反复 90° 翻转和沿螺旋线翻转两种，反复 90° 翻转操作方便但变形不均匀，沿螺旋线翻转操作不方便但变形均匀。

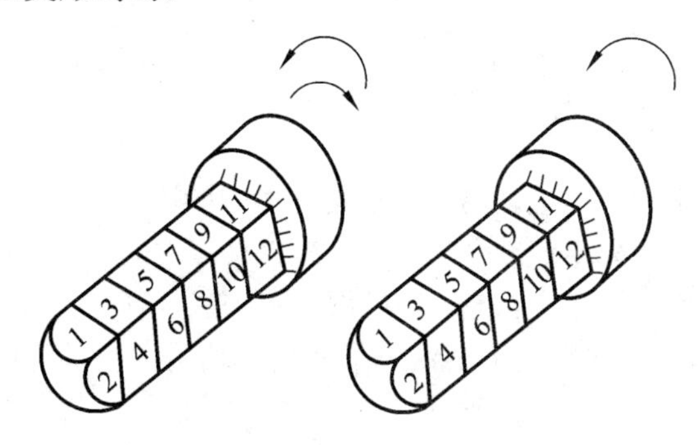

图 7-9　拔长翻转方法

拔长主要有平砧拔长和芯棒拔长两种方法，如图 7-10 所示。

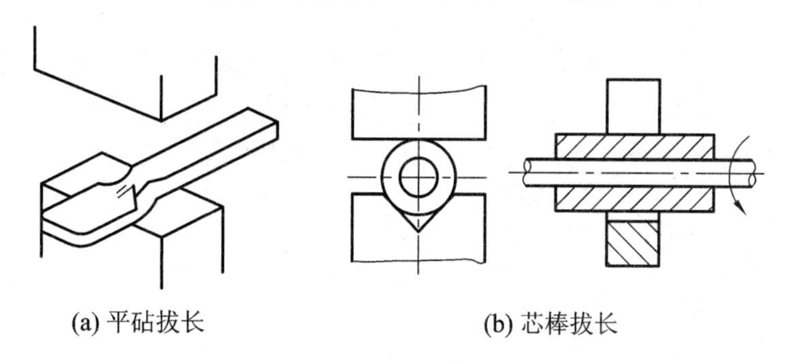

(a) 平砧拔长　　(b) 芯棒拔长

图 7-10　拔长方法

平砧拔长是将坯料直接放置在锻锤的上下砧铁之间进行拔长。圆形坯料先锻打成方形后再拔长，也可在 V 形砧铁上拔长。

芯棒拔长是将芯棒插入空心的毛坯中心，再当作实心坯料进行拔长。当芯棒拔长时，坯料的长度增加，外径(壁厚)减少，常用于锻造套筒等空心长锻件。为便于取出芯棒，芯棒一般有 1∶100 的斜度。

3) 冲孔

冲孔是利用冲头在坯料上冲出透孔或盲孔的锻造方法。常用于锻造齿轮、套筒和圆环等空心锻件。直径小于 25 mm 的孔一般不在锻件上冲出，而是在机械加工时用钻削的方法加工。冲孔分为单面冲孔和双面冲孔。

单面冲孔是将坯料置于垫环上，冲子大端向下直接将孔冲穿，如图 7-11 所示。单面冲孔主要用于较薄坯料的冲孔。

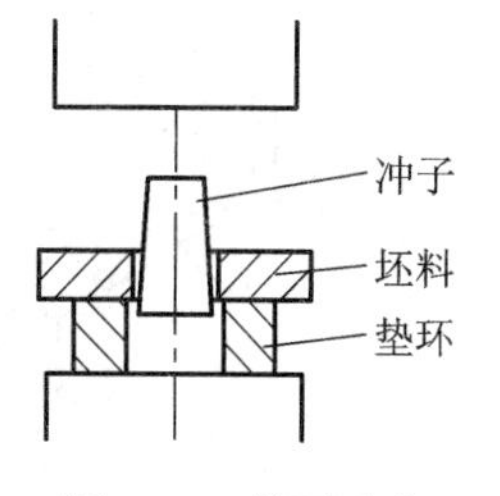

图 7-11　单面冲孔

双面冲孔是用冲头先在坯料上冲至坯料厚度的 2/3～3/4 后，

取出冲头，再翻转坯料将孔冲穿，如图 7-12 所示。

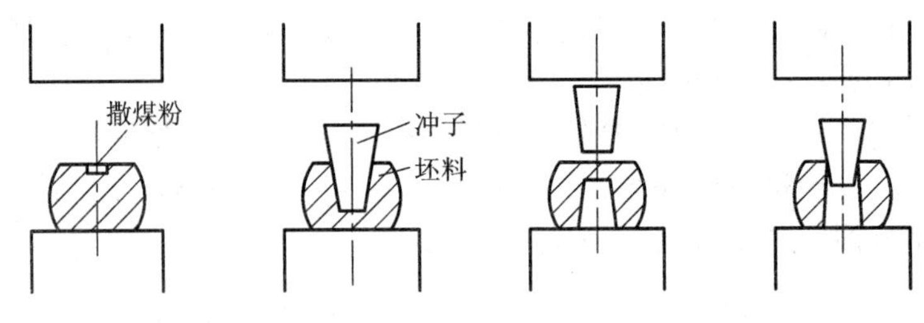

图 7-12　双面冲孔

4) 弯曲

弯曲是采用一定的工模具将毛坯弯成所规定外形的锻造方法。在毛坯弯曲变形时，金属的纤维组织未被切断，并沿外形连续分布，可有效保证零件的力学性能。质量要求较高的具有弯曲轴线的锻件都采用弯曲工序锻造，如吊钩、角尺等。弯曲有自由弯曲和成形弯曲两种。

自由弯曲是将坯料的一端用上下砧铁压紧，另一端用大锤打弯成形或吊车拉弯成形，如图 7-13(a)所示。

成形弯曲是在垫模中弯曲成形，能得到形状和尺寸较准确的锻件，角尺和直尺均采用成形弯曲制造，如图 7-13(b)所示。

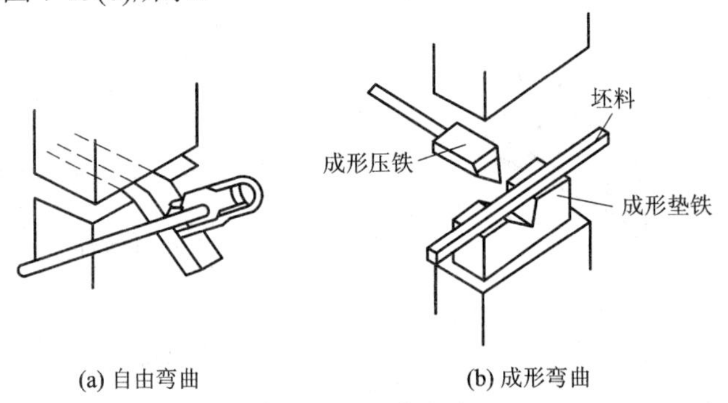

(a) 自由弯曲　(b) 成形弯曲

图 7-13　弯曲方法

5) 切割

切割是把板材或型材等切成所需形状和尺寸的坯料或工件的锻造方法。切割有单面切割、双面切割、四面切割和圆料切割，如图 7-14 所示。

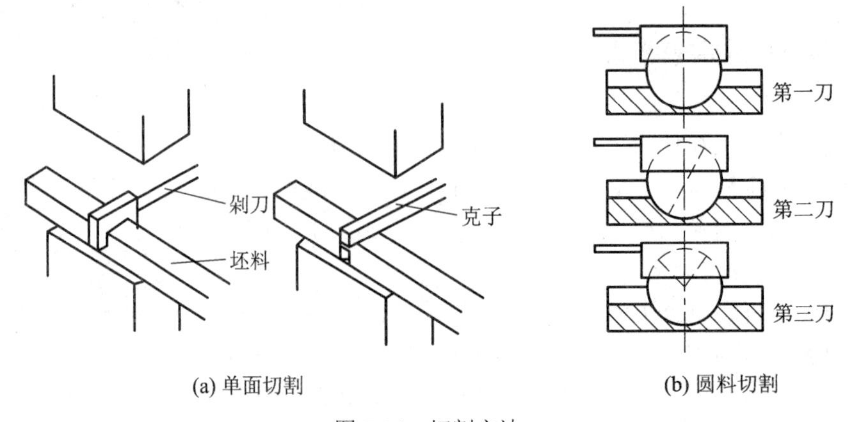

(a) 单面切割　(b) 圆料切割

图 7-14　切割方法

6) 扭转

扭转是将坯料的一部分相对于另一部分绕其轴线旋转一定角度的锻造方法。扭转多用于锻造多拐曲轴和校正某些锻件。

7) 错移

错移是指将坯料的一部分平行错开一段距离，但这两部分仍保持轴线平行的锻造方法。错移常用于锻造曲轴类零件。如图7-15所示，在进行错移时，先对坯料进行局部切割，然后在切口两侧分别施加大小相等、方向相反且垂直于轴线的冲击力或压力，使坯料实现错移。

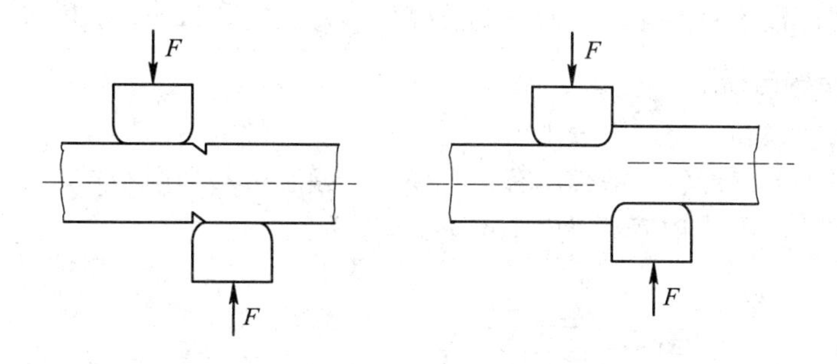

图7-15 错移

8) 锻接

锻接是将两块毛坯料在高温加热后用锤快击，实现两块毛坯料在固态状态下结合的锻造方法。锻接的方法有咬接、搭接和对接等，如图7-16所示。

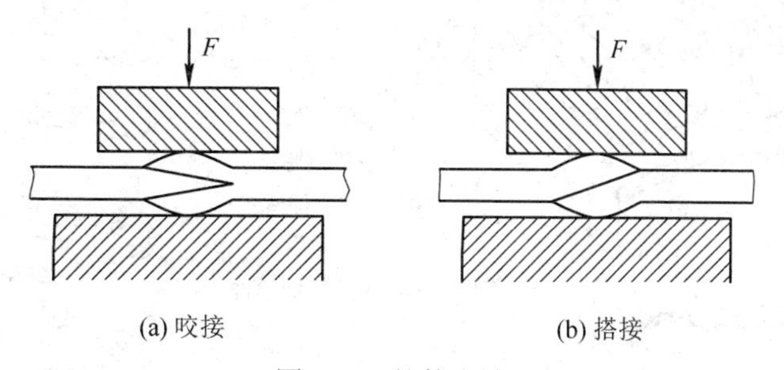

(a) 咬接　　(b) 搭接

图7-16 锻接方法

7.4.2 模锻

模型锻造(简称模锻)是将加热到锻造温度的金属坯料放到固定在模锻设备上的锻模模膛内，使坯料受压变形，从而获得锻件的方法。模锻实质是金属在锻模模膛内受到压力产生的塑性变形，由于模膛对金属坯料流动的限制，而在锻造终了时获得与模膛形状相符的模锻件。

1. 模锻的特点及分类

1) 模锻的特点

模锻与自由锻比较有如下特点：

(1) 优点：模锻生产率较高；表面粗糙度小，精度高；锻造流线分布符合外形结构，力学性能高；模锻件尺寸精确，加工余量小，可降低成本；可以锻造形状比较复杂的锻件；

操作简单。

(2) 缺点：受模锻设备吨位的限制，模锻不能生产大中型锻件；模锻的设备投资大，锻模成本高，生产周期长。

2) 模锻的应用

模锻适用于大批量生产形状复杂和精度要求较高的中小型锻件(一般低于 150 kg)，不适于单件小批量生产和大型锻件生产。

3) 模锻的分类

模锻按其锻造设备的不同，分为锤上模锻、压力机模锻和平锻机模锻等。

2. 锻模的结构与模膛

锻模一般由上模和下模两部分组成，上、下模合拢形成内部模膛。锻件从坯料需要经几次变形才能得到最终形状，锻模就有几个模膛。模膛按其功用不同，分为制坯模膛、预锻模膛和终锻模膛。图 7-17 所示为连杆弯形的模锻与锻模。

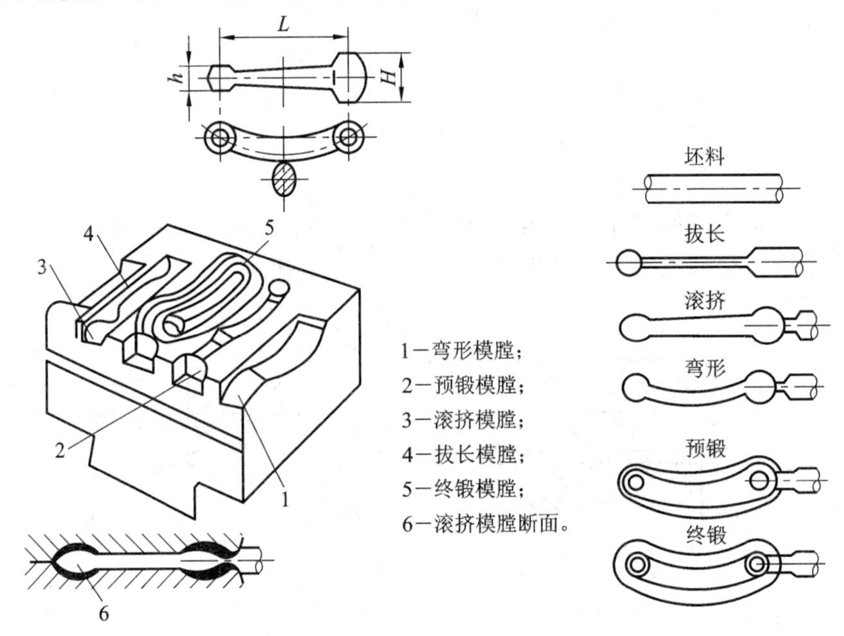

图 7-17　连杆弯形模锻与锻模

制坯模膛：用来拔长、镦粗、滚圆、弯曲以及切断坯料。

预锻模膛：使坯料接近锻件的形状和尺寸，有利于坯料最终成形，并减少终锻模膛的磨损。

终锻模膛：用来完成锻件的最终成形。

7.4.3 胎模锻

胎模锻是指在自由锻的设备上，使用可移动的胎模具生产锻件的锻造方法。

在锻造时，胎模放在砧座上，将加热后的坯料放入胎模，并锻制成形；也可先将坯料经过自由锻，预锻成近似锻件的形状，然后用胎模终锻成形。

1. 胎模锻的特点

优点：与自由锻相比，胎模锻锻件的形状较为复杂，尺寸精确，生产效率高，扩大了生产的范围。相比于模锻，胎模锻不需昂贵的模锻设备，可利用自由锻设备组织生产；胎模结构较简单，制造成本低于模锻。

缺点：胎模易损坏，较其他模锻方法生产的锻件精度低、劳动强度大。

2. 胎模锻的应用

胎模锻介于自由锻与模锻之间，胎模随用随放，不需固定在设备上，广泛应用于没有模锻设备的中小型工厂，可进行中小批量锻件的生产。

3. 胎模的种类

胎模的种类有摔模、扣模、开式套模、闭式套模、合模等。图7-18所示为扣模和套模。

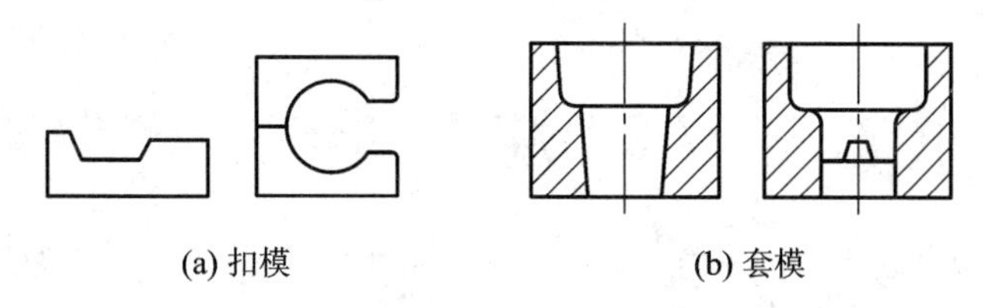

图7-18 部分胎模种类

7.4.4 锻件的结构工艺性

设计锻件时应充分考虑金属的可锻性和锻造工艺，尽量使锻造过程简单。

1. 自由锻件的结构工艺性要求

(1) 尽量避免锻件有圆锥面、斜面过渡，而改用圆柱面、平面过渡。

(2) 避免锻件有两曲面截交，至少保证有一平面。如图7-19所示，图(a)为不合理锻件结构，图(b)为合理锻件结构。

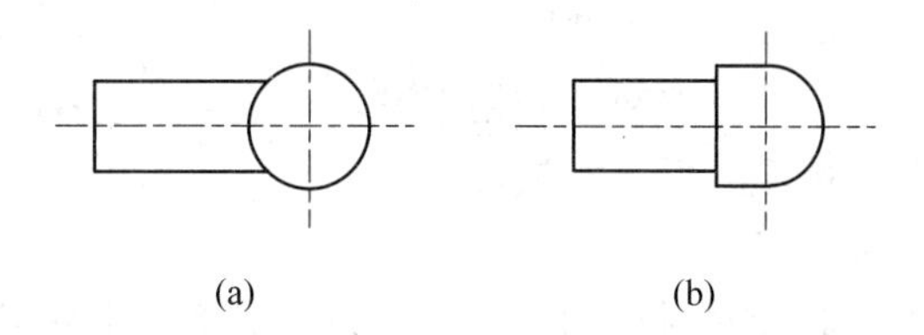

图7-19 避免两曲面截交

(3) 尽量避免锻件内侧出现凸凹面，应改为整体实心。如图7-20所示，图(a)为不合理锻件结构，图(b)为合理锻件结构。

(4) 避免锻件出现加强筋，采用其他加固方法。

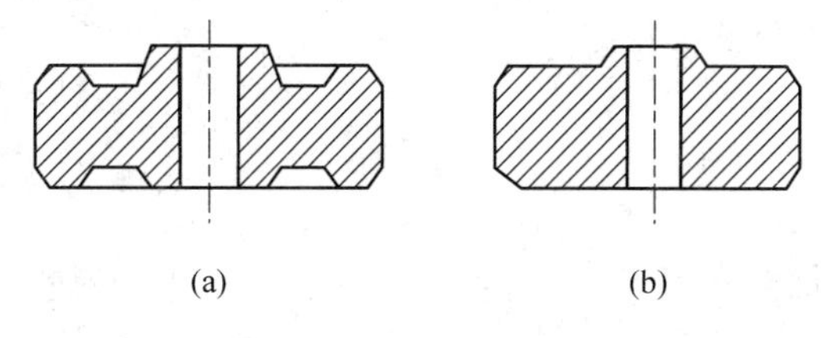

图7-20 避免内侧凹台

2. 模锻件的结构工艺性

(1) 模锻件的结构应力求简单对称，尽量使锻件容易地充满模膛并从模膛中顺利取出。

(2) 模锻零件必须具有一个合理的分模面，以保证锻件易于锻造，并且辅料最少，如图 7-21 所示。

(3) 尽量避免模锻件有高的突起、薄壁以及深的凹陷。这些结构不易充型，难以锻造。

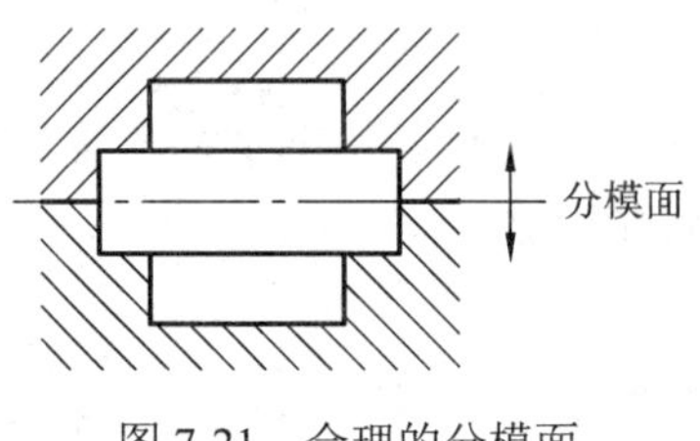

图 7-21　合理的分模面

7.5 冲　　压

冲压是利用冲模使板料产生变形或分离，从而获得具有一定形状和尺寸的零件的锻造方法。冲压通常在常温下进行，故又叫冷冲压。

板料冲压的原材料要求有足够的塑性，常用材料有低碳钢、铜合金、铝合金、镁合金及塑性较高的合金钢等。原材料一般为厚度小于 4 mm 的板料、条料、带料。当板料厚度超过 8～10 mm 时，须采用热冲压。

冲压所用的设备为剪床和冲床。剪床也称剪板机，用来把板料剪切成一定宽度的条状料，以供下一步的冲压工序使用，也可用于剪切。冲床用来实现两大类基本冲压工序，即分离工序和变形工序，冲床是冲压的基本设备。

7.5.1　冲压的特点

(1) 可生产形状复杂的零件，材料的利用率高，一般可达 70%～80%。

(2) 零件精度高，表面粗糙度低，互换性好。

(3) 零件的强度高，刚度好。

(4) 适应性强，金属及非金属材料均可用冲压方法加工，零件可大可小。

(5) 操作简单，生产率高，便于机械化和自动化。

(6) 模具结构复杂，制造成本高，不适于单件小批量生产，只有大批量生产时才能充分体现其优越性。

冲压广泛地应用于汽车、拖拉机、航空航天、电器仪表、家电及国防制造业中，特别在大批量生产中占有极其重要的地位。

7.5.2　分离

分离是使坯料的一部分与另一部分相互分离的方法，如冲裁(落料和冲孔)、剪切和修整等。

1. 冲裁

冲裁是利用冲模使板料沿封闭轮廓曲线分离的方法，分为落料与冲孔。

1) 落料和冲孔

落料时被分离的部分为成品，周边是废料，如图7-22所示；冲孔时，被分离的部分为废料，周边是成品，如图7-23所示。

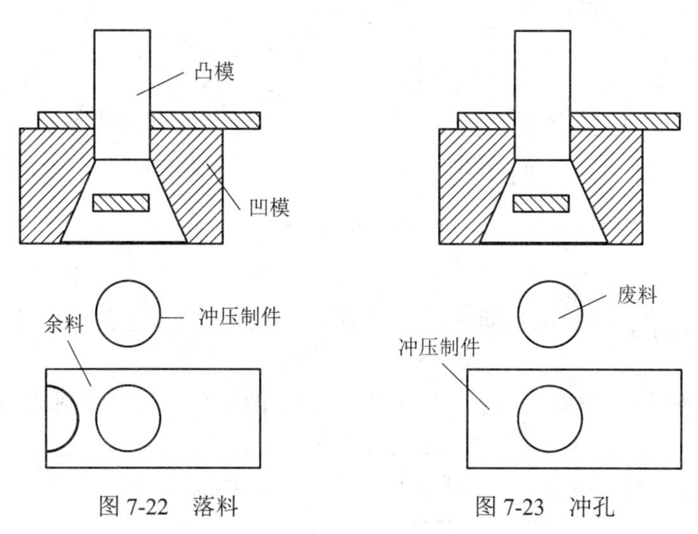

图7-22 落料　　图7-23 冲孔

2) 冲裁变形

冲裁变形过程包括三个阶段，即弹性变形阶段、塑性变形阶段和断裂分离阶段，如图7-24所示。在落料时凸模压住板料做向下运动时，首先使凸模处的板料弯曲，凹模上的板料略往上翘；然后在凸凹模刃口的作用下，板料与刃口接触处产生裂纹；凸模继续向下运动，使板料上下两处裂纹连接起来而被切断，冲裁完成。

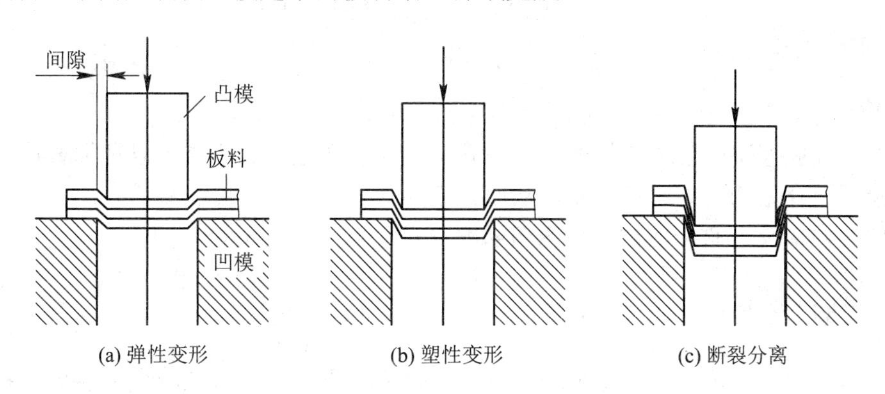

(a) 弹性变形　(b) 塑性变形　(c) 断裂分离

图7-24 金属板料的冲裁过程

为了顺利地完成冲裁，要求凸凹模刃口必须锋利。凸凹模间隙等于板料厚度的5%～10%，否则裂纹不重合，切口处产生毛刺，影响冲裁件的质量。

3) 落料排样

排样是指落料件在条料、带料或板料上进行合理布置的方法，落料的排样是重要的工艺问题。当采用有搭边排样法时，可以获得较光滑的冲压件切口以及切口少毛刺，如图

7-25(a)所示；当冲压件切口精度要求不高时，可采用无搭边排样法，以最大限度地节约材料，如图 7-25(b)所示。

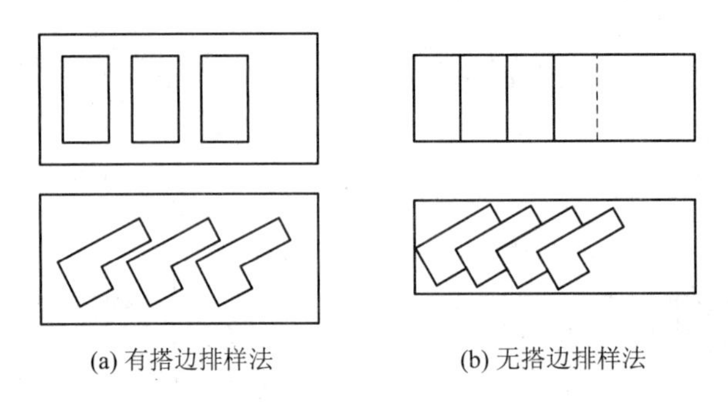

图 7-25 落料排样法

2. 剪切

剪切是使板料沿直线或不封闭轮廓曲线相互分离的方法，通常作为备料工序。剪切所用设备主要为剪床。

两部分板料沿不封闭曲线完全分离的称为切断。两部分板料沿不封闭曲线部分地分离，且分离部分发生弯曲的称为切口，如图 7-26 所示。

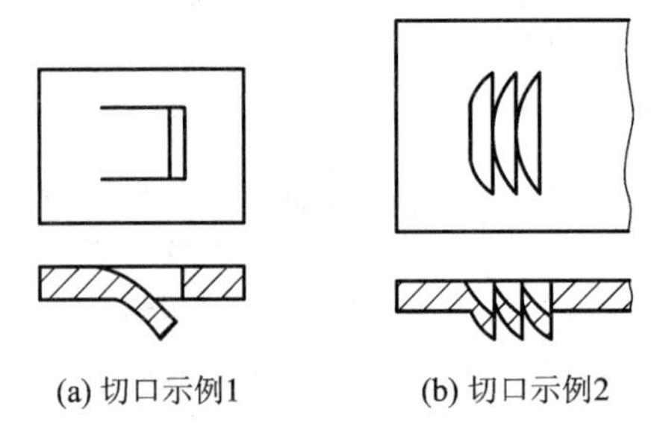

图 7-26 切口

3. 修整

修整是利用修整模沿冲裁件外缘或内孔刮削一层薄金属的方法，以切掉普通冲裁时在冲裁件断面上存留的剪裂带和毛刺，从而提高冲裁件的尺寸精度和降低表面粗糙度。修整后冲裁件公差等级为 IT6～IT7，表面粗糙度 *Ra* 为 0.8～1.6 μm。

7.5.3 变形

变形是坯料的一部分相对于另一部分产生位移而不破裂的方法。变形主要有拉深、弯曲、胀形和翻边等。

1. 拉深

拉深也称拉延，是利用模具使冲裁后得到的平面毛坯，变成为开口空心零件的方法。如图 7-27 所示，即利用凸模把比凹模直径(或面积)大的坯料压入凹模，使坯料直径缩小，得到中空成品。

拉深件的底部一般不变形，厚度也基本不变，直壁厚度有所减小。在拉深时，为了防止坯料被拉裂，凸模和凹模的边缘处需加工成圆角，其间隙一般稍大于板料厚度。在拉伸前，应在板料上或凹模的工作部分刷涂润滑剂。在拉深过程中，由于坯料边缘在切线方向受到压缩，因而可能产生波浪形，最后形成折皱。拉深的坯料厚度越小，则拉深的深度越深，越易产生折皱。为了防止坯料边缘折皱的产生，必须用压板把坯料压紧后再进行拉深。如果是深杯状，则不能一次拉深成形，可进行多次拉深。在多次拉深时，需要进行中间退火(再结晶退火)，以消除前几次拉深变形所产生的加工硬化，便于后续拉深的顺利进行。

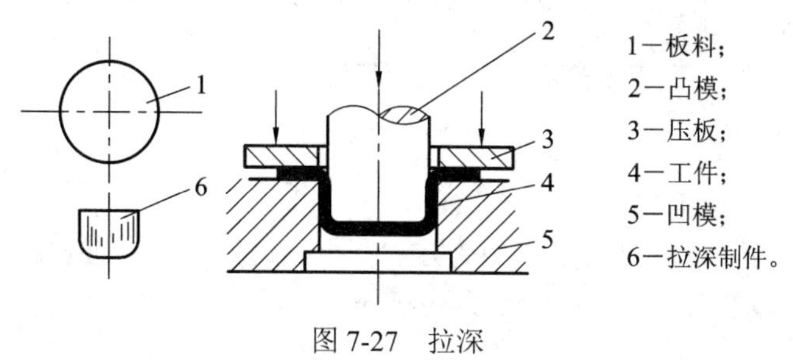

图 7-27 拉深

2. 弯曲

弯曲是将坯料在弯矩的作用下弯成具有一定曲率和角度零件的方法，如图 7-28 所示。

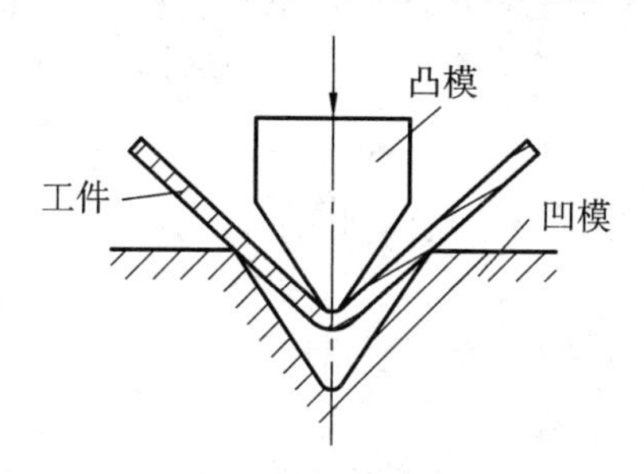

图 7-28 弯曲

由于弹性变形的恢复作用，弯曲结束后工件会略微回弹，使被弯曲的角度比模具的角度增大，一般回弹角为 0°～10°。为抵消回弹对工件的影响，弯曲模的角度比零件要求的角度要小一个回弹角。

在弯曲时坯料内侧受压缩，外侧受拉伸。当外侧拉应力超过坯料的抗拉强度极限时，即会造成坯料破裂。为防止坯料破裂，凸模的端部和凹模的边缘必须做成圆角，以防止工件弯裂。

在设计弯曲零件时，弯曲的最小半径应为板厚的 0.25～1 倍。材料塑性好，则弯曲半径可取小些。在坯料弯曲时应尽可能使弯曲轴线与坯料纤维方向保持一致。若弯曲轴线垂直于纤维方向，则容易发生破裂，可加大坯料弯曲半径来避免破裂的产生。

3. 胀形

胀形是将拉伸件轴线方向上局部坯料厚度变薄、直径扩大形成零件的成形方法。胀形是冲压成形的一种基本形式，也常和其他成形方式结合出现于复杂形状零件的冲压过程中。胀形有软模胀形和硬模胀形两种。图 7-29 所示为软模胀形，凸模下行，使圆柱形的橡胶软模变成鼓形，从而将工件的局部直径胀大。

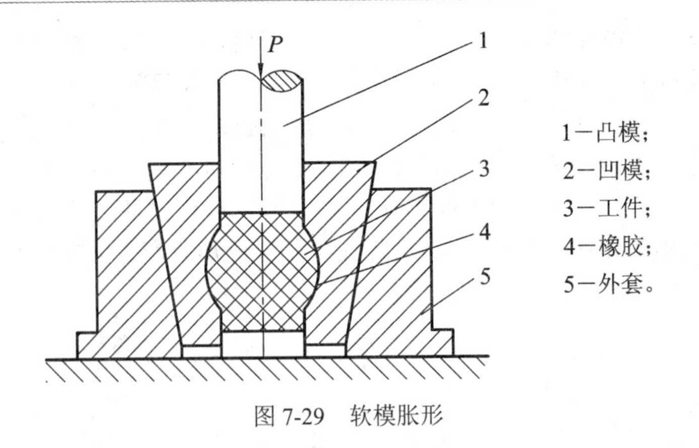

图 7-29 软模胀形

4. 翻边

翻边是在带孔的平板坯料上用扩孔的方法获得孔边的凸缘。进行翻边时，翻边孔的直径不能超过容许值，否则会使孔的边缘发生破裂。

7.5.4 冲压件的结构工艺性

好的冲压件结构应与冲压工艺相适应，以减少材料的消耗，延长模具的寿命，提高生产率，降低生产成本和保证冲压件的质量。

1. 对冲裁件的要求

(1) 冲裁件的形状应力求简单和对称，以便于排样和减少废料。应避免长槽与细长悬臂结构，否则制造模具困难。

(2) 在冲裁件的内、外转角处，应以圆弧连接，以避免尖角处应力集中被冲模冲裂。

(3) 冲裁件的尺寸要考虑平板坯料的厚度。在冲孔时，孔径不得小于板厚，孔与孔、孔与边界间的距离不能太小，冲裁距离要求如图 7-30 所示。

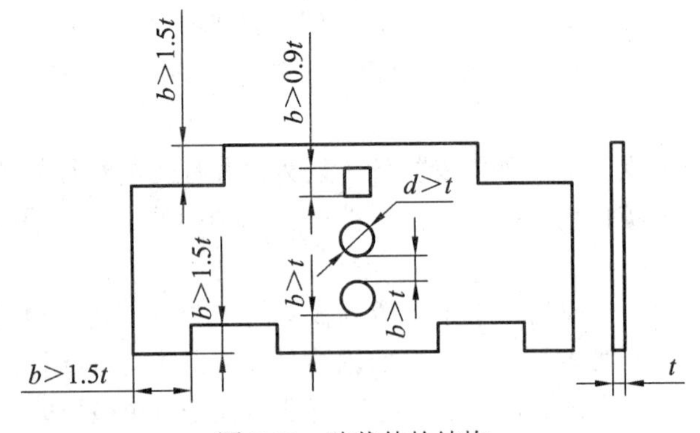

图 7-30 冲裁件的结构

2. 对拉深件的要求

(1) 拉深件外形应简单、对称、容易成形；不宜直径小而深度大，以便尽量减少拉深次数，减少所需模具数量，拉深件的最小允许半径如图 7-31 所示。

(2) 拉深件的底部与侧壁，凸缘与侧壁应有足够的圆角，否则易拉裂。

(3) 拉深件的壁厚变薄量一般要求不应超出拉伸工艺壁厚变化的规律(最大变薄率为10%～18%)。

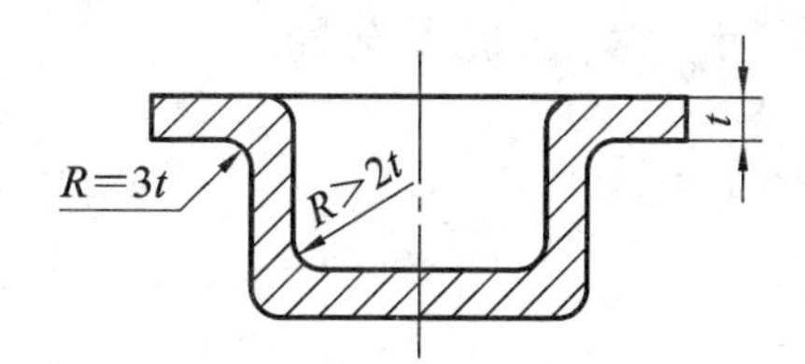

图7-31　拉深件的最小允许半径

3. 对弯曲件的要求

(1) 弯曲件的形状应尽量对称，弯曲半径不能小于材料允许的最小弯曲半径，并应考虑材料纤维方向，以免在成形过程中弯裂。

(2) 弯曲边过短则不易弯成形，故应使弯曲直边高度 H 大于 2 倍板厚 t，如图 7-32 所示。若 H 小于此值，则必须压槽，或增加弯曲边高度，弯好后再去掉多余部分。

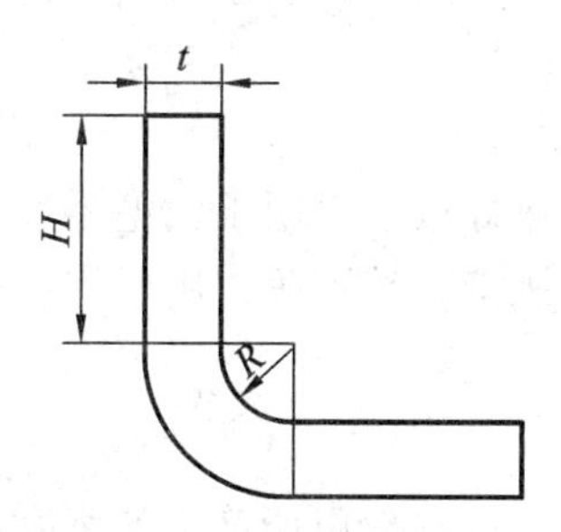

图7-32　弯曲件的直边高度

(3) 在弯曲带孔工件时，为避免孔的变形，孔的边缘距弯曲中心的距离 L 应大于 1.5～2 倍的板厚，如图 7-33 所示。当 L 过小时，可在弯曲线上冲工艺孔，如对零件孔的精度要求较高，则应在边弯曲后再冲孔。

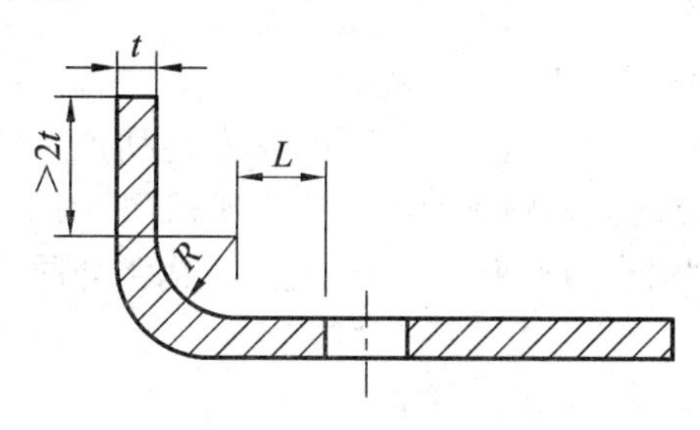

图7-33　弯曲件孔的位置

7.6　现代塑性加工与发展趋势

随着工业生产的发展和科学技术的进步，传统的锻压加工方法也有了突破性的进展，涌现了许多新工艺和新技术，如高速高能成形、少无切削成形、超塑性成形和微成形等。这些新工艺、新技术一方面极大地提高了制件的精度和复杂度，突破了传统锻压只能成形毛坯的局限，采用直接锻压成形使各种复杂形状的精密零件实现了近净成形和净终成形；另一方面，又使过去难以锻压或不能锻压的材料，以及新型复合材料的塑性成形加工成为现实，从而为塑性成形提供了更为宽广的应用前景。

7.6.1 现代塑性加工方法

1. 高速高能成形

高速高能成形是一种在极短时间内释放高能量而使金属变形的成形方法。高速高能成形的历史可追溯到一百多年前，但由于成本太高及当时工业发展的局限，该工艺并未得到应用。随着航空及导弹技术的发展，高速高能成形方法才应用到实际中。

与常规成形方法相比，高速高能成形具有模具简单、零件精度高、表面质量好、可提高材料的塑性变形能力以及利于采用复合工艺等特点。

1) 爆炸成形

爆炸成形是利用爆炸物质在爆炸瞬间释放出巨大的化学能，对金属毛坯进行加工的高速高能成形方法。

除高速高能成形共有的特点外，爆炸成形还具有无须使用冲压设备、模具及工装制造简单、周期短、成本低的特点。爆炸成形可用于大型零件的成形，尤其是小批量和试制特大型冲压件；用于板材的拉深、胀形、校形等；用于爆炸焊接、表面强化、管件结构的装配、粉末压制等。

2) 电液成形

电液成形是利用液体中强电流脉冲放电所产生的强大冲击波，对金属进行加工的一种高速高能成形方法。

与爆炸成形相比，电液成形时能量易于控制，成形过程稳定，操作方便，生产率高，便于组织生产。受设备容量限制，电液成形只限于中小型零件的加工，主要用于板材的拉深、胀形、翻边和冲裁等。

3) 电磁成形

电磁成形是一种由电容器通过工作线圈瞬间放电所产生的脉冲磁场力，导致金属坯料变形的成形方法。脉冲磁场力是磁场间相互排斥或相互吸引的作用力，除放电元件不同外，其他都与电液成形装置相同。电液成形的放电元件为水介质中的电极，而电磁成形的放电元件为空气中的线圈。

电液成形可以完成焊接、翻边、成形、胀形、压缩成形、缩锻、粉末压实等多种工序，既可加工管材又可加工板材，对管材加工的优越性更为突出。

2. 少无切削成形

1) 精密模锻

在模锻设备上锻造出形状复杂、锻件精度高的模锻工艺。如精密模锻锥齿轮，齿轮的齿形部分可直接锻出而不必再经过切削加工。模锻件尺寸精度可达 IT12～IT15，表面粗糙度 Ra 为 3.2～1.6 μm。精密模锻一般都在刚度大、精度高的模锻设备上进行，如曲柄压力机、摩擦压力机或高速锤等。

2) 粉末锻造

粉末锻造是粉末冶金成形和锻造相结合的一种加工方法。普通的粉末冶金件尺寸精度高，而塑性和韧度较差。锻件的力学性能虽好，但精度低。将二者取长补短，便产生了粉末锻造方法。与模锻相比，粉末锻造具有材料利用率高、力学性能高、锻件精度高、生产率高、锻造压力小、可以加工热塑性差的材料等优点。采用粉末锻造出的零件有差速器齿轮、柴油机连杆、链轮和衬套等。

3) 液态模锻

液态模锻实质是把液态金属直接浇入金属模具，以一定压力作用于液态(或半液态)金属并保压，金属在压力作用下结晶并产生局部塑性变形。液态模锻实际上是铸造加锻造的组合工艺。它兼有铸造工艺简单、成本低、锻造产品性能好、质量可靠等优点。对于形状较复杂的工件，当在性能又有一定要求时，液态模锻更能发挥其优越性。

3. 超塑性成形

超塑性成形指金属或合金在特定的条件下，即低的变形速率(10^{-2}～10^{-4}/s)、一定的变形温度(约为熔点的一半)和均匀的细晶粒度(平均直径为 0.2～5 μm)，其相对伸长率 A 超过 100%的特性。例如，钢可超过 500%、纯钛可超过 300%、锌铝合金可超过 1000%。超塑性状态下的金属在拉伸变形过程中不产生缩颈现象，金属的变形应力可比常态下降低几倍至几十倍。因此，超塑性金属可采用多种工艺方法制出复杂零件。

4. 微成形

微成形指以塑性加工的方式生产至少在二维方向上尺寸处于亚毫米量级的零件或结构的工艺方法。主要源于电子工业的兴起，随着大规模集成电路制造技术和以计算机为代表的微电子工艺的发展，例如，医疗器械、传感器及电子器械的发展。越来越多的电子元件、电器组件及计算机配件等相关零件开始采用这一工艺方法进行生产。随着制造领域中微型化趋势的不断发展，微型零件的需求量越来越大，特别是在微型机械和微型机电系统中。微成形具有极高的生产效率、最小或零材料损失、最终产品优秀的力学性能和紧公差等特点，所以适合于近净成形或净成形产品的大批量生产。

5. 内高压成形

内高压成形是结构轻量化的一种成形方法，利用液体压力使工件成形的一种塑性加工工艺。内高压成形作为生产支叉管等管路配件的一种方法，可追溯到 30 年前，但成形压力一般小于 30 MPa。近年来，由于超高压液压技术的成熟，德国和美国已将该成形技术用于机器零件的制造，其成形压力一般大于 400 MPa，有时可超过 1000 MPa。目前，内高压成形已用于汽车等机器制造领域的实际生产。

7.6.2 塑性加工的发展趋势

金属塑性成形工艺的发展有着悠久的历史，近年来随着计算机技术的应用、先进技术和设备的开发及应用均已取得显著进展，正向着高科技、自动化和精密成形的方向发展。

1. 先进成形技术的开发和应用

(1) 发展省力成形工艺。塑性加工工艺相对于铸造、焊接工艺，产品内部组织致密，力学性能好且稳定。但是传统的塑性加工工艺往往需要大吨位的压力机，相应的设备重量及初期投资非常大，因此可以采用超塑成形、液态模锻等方法降低变形力。

(2) 提高成形精度。“少无切削成形”可以减少材料消耗，节约后续加工，成本低。提高产品的精度，一方面要使金属能充填模膛中很精细的部位；另一方面模具又要有很小的变形。等温锻造由于模具与工件的温度一致，工件流动性好，变形力小，模具弹性变形小，是实现精密锻造的好方法。粉末锻造容易得到精确的预制坯，所以既节省材料又节省能源。

(3) 复合工艺和组合工艺。粉末锻造(粉末冶金 + 锻造)和液态模锻(铸造 + 模锻)等复合工艺有利于简化模具结构，提高坯料的塑性成形性能，所以复合工艺和组合工艺应用越来越广泛。采用热锻-温整形、温锻-冷整形和热锻-冷整形等组合工艺，有利于大批量生产高强度和形状较复杂的锻件。

2. 计算机技术的应用

(1) 塑性成形过程的数值模拟。计算机技术已应用于模拟和计算工件塑性变形应力场、应变场和温度场；预测金属充填模膛情况、锻造流线的分布和缺陷产生情况；可分析工件变形过程的热效应及其对组织结构和晶粒度的影响。

(2) CAD/CAE/CAM 的应用。在锻造生产中，利用 CAD/CAM 技术进行锻件和锻模设计、材料选择、坯料计算、制坯工序、模锻工序及辅助工序设计，确定锻造设备及锻模加工等一系列工作。在板料冲压成形中，随着数控冲压设备的出现，CAD/CAE/CAM 技术也得到了充分的应用，尤其是冲裁件 CAD/CAE/CAM 系统应用已经比较成熟。

(3) 增强成形柔度。柔性加工是指应变能力很强的加工方法，它适于产品多变的场合。在市场经济条件下，柔度高的加工方法显然更有较强的竞争力。计算机控制和检测技术已广泛应用于自动生产线，塑性成形柔性加工系统(FMS)在发达国家已应用于生产。

3. 配套技术的发展

(1) 模具生产技术。发展高精度、高寿命和简易模具(软模、低熔点合金模等)的制造技术，开发通用组合模具、成组模具和快速换模装置等。

(2) 坯料加热方法。火焰加热方式比较经济，工艺适应性强，仍是国内外主要的坯料加热方法。生产率高、加热质量好和劳动条件好的电加热方式的应用正在逐年扩大。各类少、无氧化加热方法和相应设备将得到进一步的开发和扩大应用。

技 能 训 练

一、自由锻工艺方案的制订

1. 实训目的

制订简单零件的自由锻工艺方案。

2. 实训设备及用品

压盖。

3. 实训指导

制订自由锻工艺规程和填写工艺卡片是进行自由锻生产必不可少的技术准备工作，是组织生产、规范操作、控制和检查产品质量的依据。自由锻工艺规程一般包括以下几个步骤。

1) 绘制锻件图

应考虑的因素：余块(敷料)、机械加工余量、锻造公差。

锻件图是指在零件图的基础上，考虑余块、加工余量、锻造公差等因素后绘制的工艺图。

余块(也称敷料)是指为便于锻造而在工件上增加的那一部分金属。

加工余量是指在锻件表面留有供机械加工的金属层，一般为5～20 mm。

锻造公差是指锻件尺寸相对于公称尺寸所允许的变动量。

2) 确定变形工艺方案

根据锻件形状制订所需的基本工序、辅助工序和修整工序。

3) 计算坯料的质量及尺寸

(1) 坯料质量的确定。坯料的质量计算：

$$m_{坯}=m_{锻}+m_{烧}+m_{切}$$

式中：$m_{坯}$——坯料质量。

$m_{锻}$——锻件质量，可按锻件图的尺寸计算。

$m_{烧}$——加热时坯料因为表面氧化而烧损的质量。火焰炉加热第一次烧损量取锻件质量的2%～3%，以后每次取锻件质量的1.5%～2%。

$m_{切}$——在锻造过程中冲掉或被切掉的那部分金属的质量，如冲孔时坯料中部的料芯、修切端部产生的料头等。钢材坯料的切料损失一般取锻件质量的2%～4%，大型锻件采用钢锭作坯料时，还要考虑钢锭头部和尾部被切掉的质量。

(2) 坯料尺寸的确定。

① 计算体积：

$$V_{坯}=\frac{m_{坯}}{\rho}$$

② 计算圆截面坯料的直径$D_{坯}$或方截面坯料边长$A_{坯}$。

A. 若镦粗，则

$$1.25\leqslant\frac{H_{坯}}{D_{坯}(A_{坯})}\leqslant 2.5$$

圆坯料：

$$D_{坯}=(0.8\sim1.0)\sqrt[3]{V_{坯}}$$

方坯料：

$$A_{坯}=(0.7\sim0.9)\sqrt[3]{V_{坯}}$$

B. 若拔长，则坯料截面积$S_{坯}$应根据坯料重量和锻造比来确定：

$$S_{坯}=Y_{拔}S_{锻}$$

式中：$Y_{拔}$——拔长锻造比；

$S_{锻}$——锻件的最大横截面积。

圆坯料：

$$D_{坯}=\sqrt{1.27S_{坯}}$$

方坯料：

$$A_{坯}=\sqrt{S_{坯}}$$

计算出坯料的直径或边长后，应按照有关钢材的标准尺寸加以修正，再计算出坯料的横截面积，最后确定坯料的高度。

4) 选定锻造设备

一般情况下，空气锤适用于锻造 100 kg 以下的小型锻件，蒸汽-空气锤可用来锻造 1500 kg 以下的锻件，锻件质量大于 1500 kg 的锻件应选择水压机进行锻造。

5) 确定锻造温度范围、冷却方式和热处理方法

锻件的锻造温度范围见表 7-1 所示，也可参照锻工工艺手册。

锻件的冷却方式一般有三种，即空冷、坑冷和炉冷。空冷用于含碳量小于 0.5%的碳钢和含碳量较低的低合金钢的小型锻件；坑冷常用于碳素工具钢和合金钢锻件的冷却；炉冷用于大型锻件或重要锻件。钢的含碳量和合金含量越高，形状越复杂，截面越大，锻件的冷却速度就应越慢。

锻件的热处理一般采用退火和正火。

6) 填写工艺卡片

压盖的自由锻工艺卡如表 7-3 所示。

表 7-3　压盖的自由锻工艺卡

锻件名称		压盖		工艺类别	自由锻
材料	35 钢	重量	32 kg	设备	空气锤
加热火次	1	冷却	空冷	锻造温度范围	1200～800℃
锻　件　图				坯　料　图	
$\phi160$　$\phi140$　20　49　149　$\phi45$　$\phi130$				坯料尺寸 $\phi160$ mm × 205 mm	

续表一

序 号	工 序	简 图
1	印槽	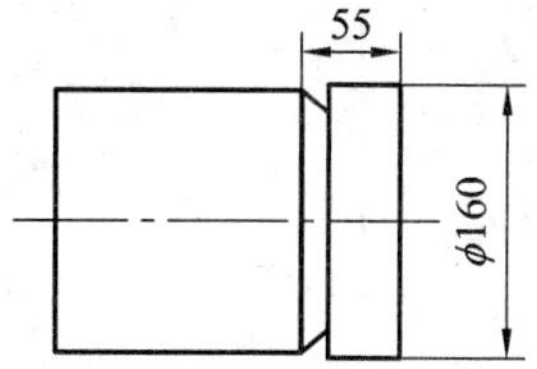 55 $\phi160$
2	一端拔小	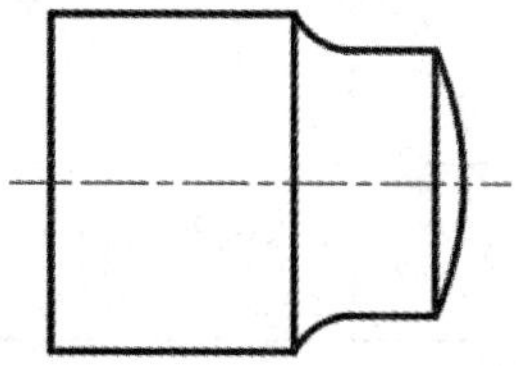
3	端部镦粗	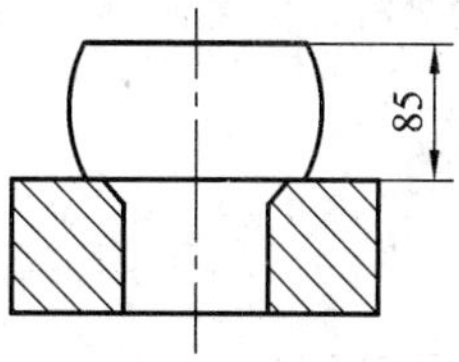 85
4	滚圆	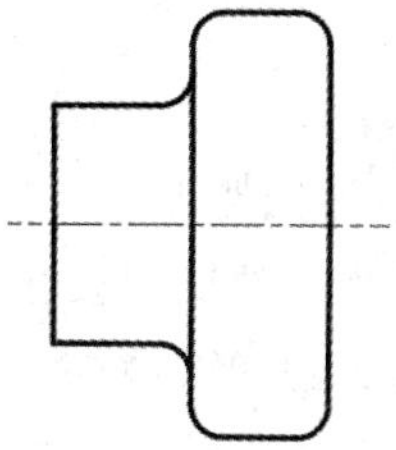
5	冲孔	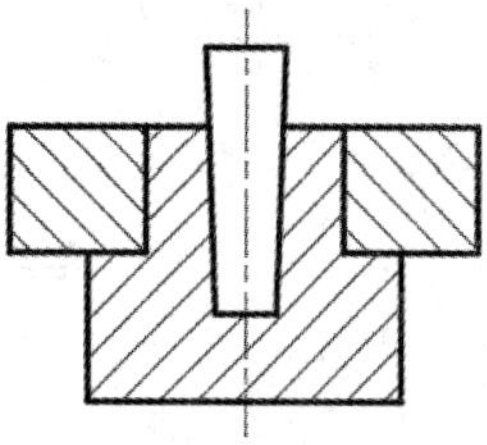
6	锻出凸台	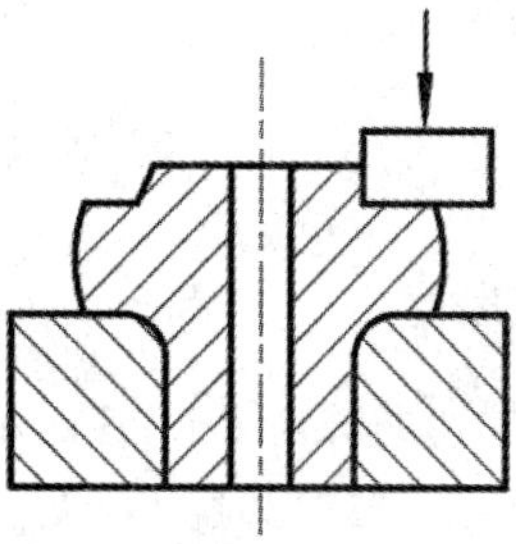

续表二

序　号	工　序	简　　图
7	两垫环中修正	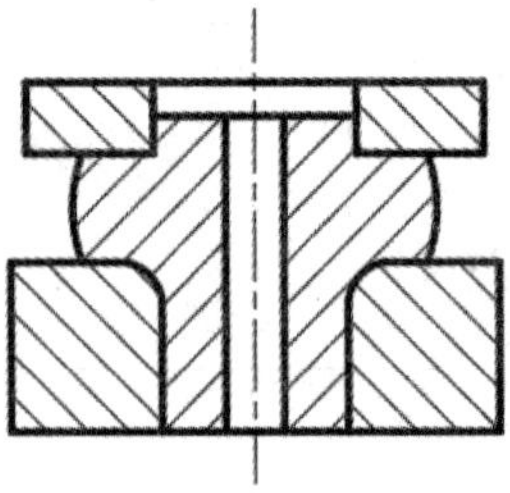
8	外圆修正	

二、弯曲工艺方案的制订

1. 实训目的

制订简单零件的弯曲工艺方案。

2. 实训设备及用品

托架。

3. 实训指导

图 7-34 所示为托架工件，要求工件表面无明显划痕、孔边缘无变形。弯曲件的弯曲半径不宜过大和过小，弯曲高度也不宜过小。若工件的形状对称，弯曲半径左右一致，则弯曲时坯料受力应平衡而无滑动；若弯曲件形状不对称，由于摩擦阻力不均匀，坯料在弯曲过程中会产生滑动，则造成偏移。

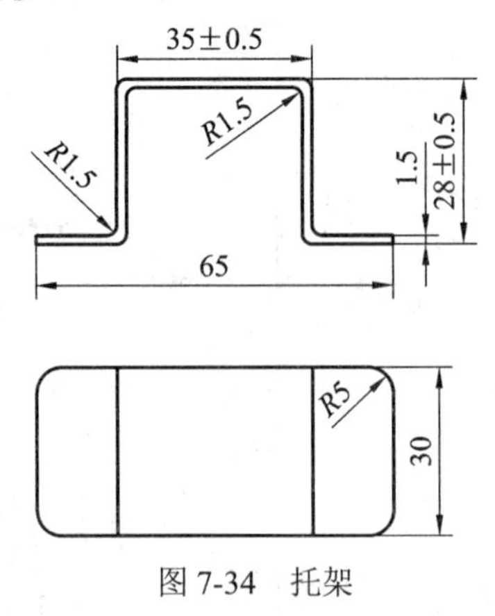

图 7-34　托架

1) 托架工艺性分析

(1) 工件的弯曲圆角 $R = 1.5$ mm，厚度 $t = 1.5$ mm，查表得 $R_{\min} = 0.4t$，因此，$R_{\min} = 0.4 \times 1.5\ \text{mm} = 0.6\ \text{mm}$，弯曲圆角 $R > R_{\min}$，满足工艺要求。

(2) 弯曲件的形状对称，左右弯曲半径一致，工艺性能好。

(3) 尺寸(28 ± 0.5)mm、(35 ± 0.5)mm 的公差等级为 IT15，其他尺寸未注公差，弯曲工艺可以满足加工精度要求。

2) 弯曲工艺方案

托架弯曲工艺方案有三种，如图 7-35 所示。

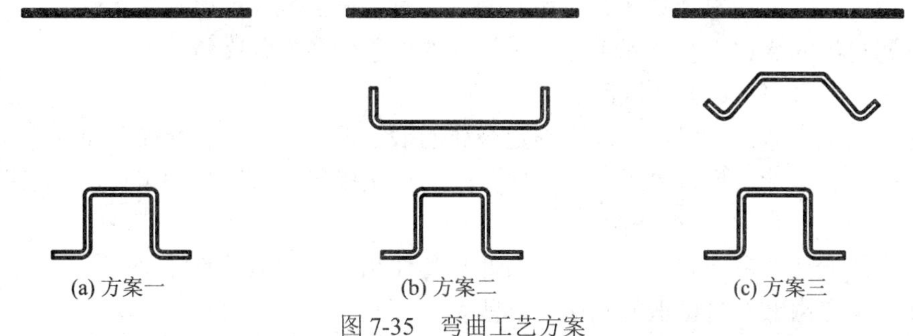

(a) 方案一 (b) 方案二 (c) 方案三

图 7-35 弯曲工艺方案

方案一：四角一次弯曲成形。由于不满足 $h \leqslant (8 \sim 10)t$，制件成形时坯料容易移动，工件表面不平整，回弹大。

方案二：先弯外侧两个角，再弯内侧两个角。满足 $h \geqslant (12 \sim 15)t$，所以凹模强度足够，可以使用两套模具，也可以使用一套模具(两次弯曲复合)。

方案三：先弯外侧两个角和内侧两个角(成 135°)，再弯内侧两个角(成 90°)。要求材料成形好，回弹小。

由以上分析可知，方案二和方案三均可。

项目小结

1. 锻压是依靠金属塑性变形实现坯料成形的，塑性变形的实质是晶体内部位错滑移的结果。

2. 锻压方法有锻造、冲压、挤压、轧制和拉拔等。

3. 冷塑性变形会使金属发生冷变形强化，可通过再结晶退火消除。

4. 变形温度低于再结晶温度的加工称为冷加工，变形温度高于再结晶温度的加工称为热加工。冷加工工件有较高的强度、硬度、尺寸精度以及较低的表面粗糙度，但是变形程度小；热加工有良好的综合力学性能，工件变形程度大，但是尺寸精度和表面质量差。

5. 锻造流线能引起金属性能的各向异性，力学性能要求高的零件必须考虑锻造流线的合理分布。

6. 金属的可锻性取决于金属的化学成分、组织状态、变形温度、变形速度和应力状态。

7. 锻造方法有自由锻、模锻和胎模锻。常用的自由锻工序有镦粗、拔长、冲孔和弯曲等；模锻能锻造形状复杂的锻件；胎模锻介于自由锻和模锻之间。

8. 冲压有分离和变形两大类工序。落料和冲孔统称冲裁，属于分离工序。变形工序主要有拉深和弯曲等。

9. 冲压件必须注意结构工艺性，才能保证冲压件的质量。

习　题

1. 什么是锻压？锻压包括哪些加工方法？

2. 金属塑性变形的本质是什么？塑性变形会对金属的性能产生什么影响？

3. 金属材料的冷加工和热加工是怎么划分的？它们各有什么特点？

4. 写出影响金属可锻性的因素。

5. 什么是金属的锻造温度范围？确定金属的锻造温度范围有什么实际意义？

6. 一些普通锻造成形效果不好的金属，改用挤压成形后可达到加工目的，解释其中的原因。

7. 什么是锻造？锻造有哪些方法？锻件与铸件相比有哪些特点？

8. 什么是自由锻？自由锻的工序有哪些？

9. 镦粗和拔长分别用于哪些锻件的锻造？

10. 分析自由锻、模锻、胎模锻各自的特点。

11. 什么是冲压？冲压有哪几种工序？

12. 落料和冲孔有什么不同？

13. 搭边排样和无搭边排样各有什么优缺点？

14. 如何防止坯料在拉伸时被拉裂？

15. 为下列制品选择锻造方法：

家用炉钩(单件)，自行车大梁(大批量)，活动扳手(大批量)，万吨轮船传动轴(单件)，起重机吊钩(成批)。

16. 现代塑性加工有哪些新技术？

项目8 焊接成形

技能目标

(1) 通过练习，初步获得焊接的基本工艺知识。

(2) 通过对简单工件进行焊接，培养学生的焊接工艺分析能力和动手操作能力，为今后从事生产技术工作打下坚实的基础。

(3) 掌握手工电弧焊的特点、设备和工具，焊条的组成和分类，电焊机的接线方法，电弧的引燃、运条以及运条方法。

思政目标

(1) 以鸟巢的焊接为切入点，培养学生发扬精益求精和把细节做到极致的工匠精神。

(2) 通过学习焊接技术的发展，鼓励学生勇于探索，积极投身行业的技术创新和未来发展中去。

知识链接

焊接就是通过适当的物理过程和化学过程(加热或者加压，或者两者同时进行，用或不用填充材料)使两个分离的固态物体产生原子(分子)间结合力而连接成一体的连接方法。

焊接的方法种类很多，按照焊接过程的特点可分为三大类：

(1) 熔焊。熔焊是利用局部加热的方法，将焊件的焊接处加热到熔化态形成熔池，然后在空气中冷却结晶并形成焊缝。熔焊是应用最广泛的焊接方法，如气焊(气体火焰为热源)、电弧焊(电弧为热源)、电渣焊(熔渣电阻热为热源)、激光焊(激光束为热源)和电子束焊(电子束为热源)等。

(2) 压焊(固态焊)。在焊接过程中需要对焊件施加压力(加热或不加热)的一类焊接方法，如电阻焊、摩擦焊、扩散焊和高频焊等。

(3) 钎焊。利用熔点比母材低的填充金属材料熔化后，填充接头间隙并与固态的母材相互扩散，实现连接的焊接方法，如软钎焊和硬钎焊。

焊接在现代工业生产中具有十分重要的地位，如航船的船体、高炉的炉壳、建筑构架、锅炉与压力容器、车厢及家用电器、汽车车身等工业产品的制造，都离不开焊接。焊接方法在制造大型结构件或复杂机器零部件时，更显其优越性。焊接可以用化大为小、化复杂为简单的方法来准备坯料，然后用逐次装配焊接的方法拼小成大、拼简单成复杂。在制造大型机器设备时，还可以采用铸—焊或锻—焊复合工艺。这样，仅有小型锻造设备的工厂也可以生产出大型零部件。用焊接方法还可以制成双金属构件，如制造复合层容器。此外，还可以对不同材料进行焊接。总之，焊接的这些优越性，使其在现代工业中的应用日趋广泛。

8.1 电 弧 焊

电弧焊属于不加压的熔焊焊接方法，它是利用电弧加热和熔化金属进行焊接的方法。电弧焊按焊接自动化程度分为手工焊、半自动焊和自动焊。手工电弧焊目前均采用带有涂药的金属电极(即电焊条)；自动焊和半自动焊的电极是连续送进的裸焊丝。

电弧焊的应用极广，它可以焊接结构钢、铸铁、铜、铝及其合金、镍和铅等。

8.1.1 焊接电弧

焊接电弧是在焊条末端和工件两极之间的气体介质中，产生强烈而持久的放电现象。焊接电弧示意图如图 8-1 所示，在引燃电弧后，弧柱中充满高温电离气体，并放出大量的热能和强烈的光。

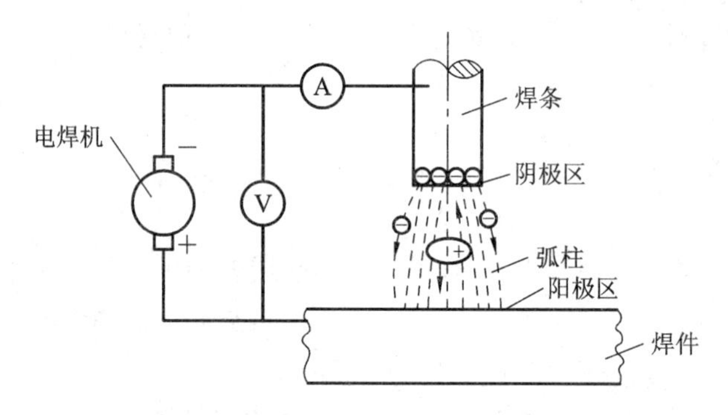

图 8-1 焊接电弧示意图

在实际焊接时，可使用直流电源或交流电源。在直流电弧焊中，焊接电弧的基本构造包括阴极区、弧柱区和阳极区三个部分。阴极部分的温度在 2400～3200℃的范围内，阴极部分释放出整个电弧 36%～38%的热量；弧柱部分的最高温度为 6000～8000℃，它释放出整个电弧 20%～21%的热量；阳极部分的温度比阴极部分高，可达 4000℃，它释放出整个电弧 42%～43%的热量。不过，手工电弧焊只有 65%～80%的热量被用于加热和熔化金属，其余的热量散失在电弧周围或飞溅的金属滴中。

如图 8-1 所示，把阳极接在焊件上，阴极接在焊条上，使电弧中的热量大部分集中在焊件上的连接形式叫作正接法。正接法可加快焊件的熔化速度，大多用于焊接厚的焊件。相反，如果焊件接阴极，焊条接阳极，则连接方法叫反接法。反接法常用于焊接较薄的焊件或焊接不需要高热的焊件，如焊接合金钢等。

使用交流电源焊接时，电弧中阳极与阴极时刻在变化，所以焊件与焊条的热量是相等的，这时就没有正反接法的差别。

还需指出，电弧热量的多少是与焊接电流和电压的乘积成正比的。焊接电流愈大，则电弧产生的总热量就愈大。同时，当电弧稳定燃烧时，焊件与焊条之间所保持的电压(电弧电压)主要与电弧长度(焊条和焊件间的距离)有关。当电弧长度愈大，电弧电压也愈高(电弧愈长，需要稳定燃烧的电压愈高)。一般情况下，电弧电压在 16～35 V 范围内。

8.1.2　焊接接头的组织与性能

1. 焊接接头的组织

如图 8-2 所示，在焊接时焊件横截面上不同点的温度变化是不一样的，各点离焊缝中心的距离不同，所以各点的最高温度也不同。

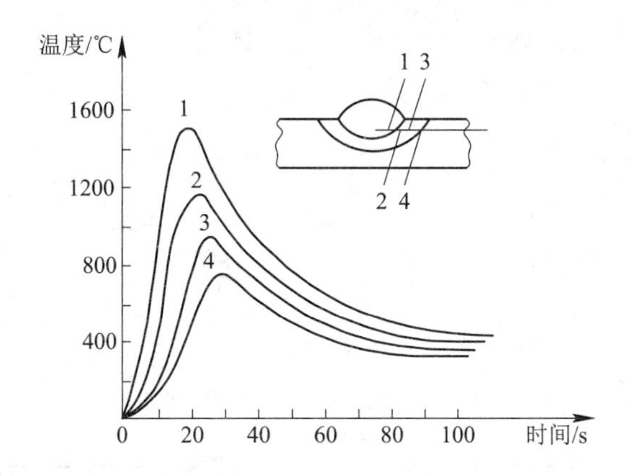

图 8-2　焊件横截面上不同点的温度变化

在熔化焊中，焊件接头都经历了加热、又迅速冷却的过程，相当于焊缝及临近焊缝的区域，金属材料都受到一次不同温度的热处理，其组织和性能也发生相应的变化。以低碳钢为例，来说明在焊接过程中焊件金属组织和性能的变化，受焊接热循环的影响，焊缝附近的母材组织或性能发生变化的区域叫焊接热影响区；熔焊焊缝和母材的交界线叫熔合线，熔合线两侧有一个很窄的焊缝与热影响区的过渡区叫熔合区；因此焊接接头由焊缝区、熔合区和热影响区组成，如图 8-3 所示。

1) 焊缝区

焊缝是指焊件经焊接后所形成的结合部分。在加热时，焊缝区的温度在液相线以上，这部分的金属温度最高，在冷却时，结晶从熔池壁底部开始并垂直于池壁方向生长，最后形成柱状晶粒，并在最后结晶部位产生成分偏析，如图 8-4 所示。焊缝组织是液体金属结晶的铸态组织，其晶粒粗大，成分偏析，组织不致密。但由于焊缝的熔池小，冷却快，可通过化学成分的严格控制，使碳、硫、磷含量都较低并含有一定合金元素，故可使焊缝金属的力学性能不低于母材。

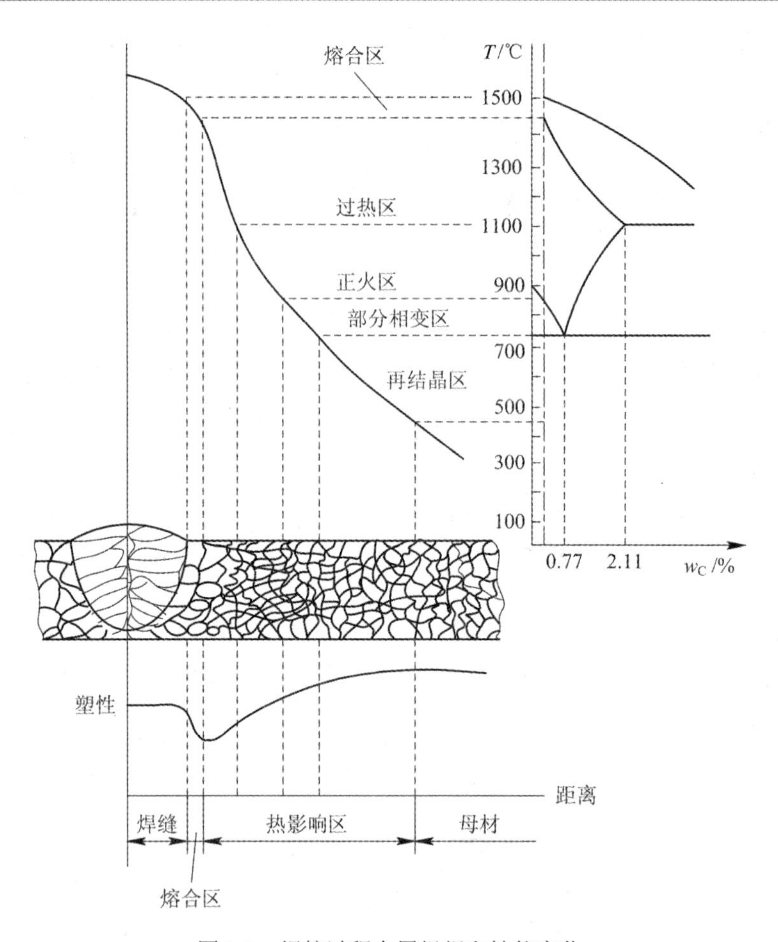

图 8-3　焊接过程金属组织和性能变化

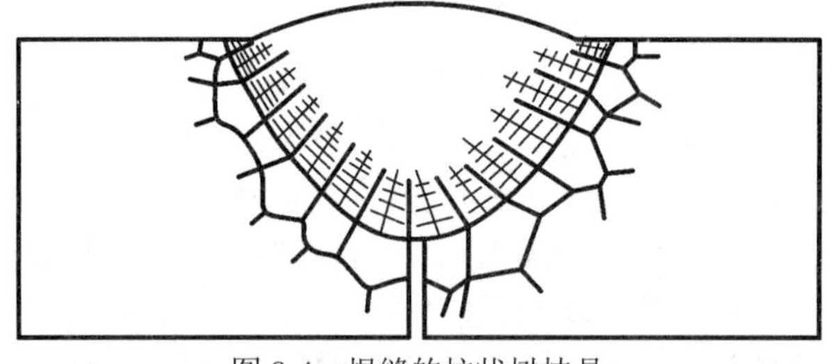

图 8-4　焊缝的柱状树枝晶

在熔池中心最后冷却的部分中有可能聚集了各种杂质，这对于窄焊缝强度的影响尤为显著。

2) 熔合区

熔合区是焊接接头中焊缝向热影响区过渡的区域。在焊接时，熔合区温度范围在液相线与固相线之间，虽然熔合区很窄，但化学成分不均匀、组织粗大，熔合区往往是由粗大的过热组织或粗大的淬硬组织组成，使其强度下降，塑性、韧性变差，产生裂纹和脆性破坏。熔合区性能往往是焊接接头中最差的，使焊接接头的强度、塑性和韧性都下降。

大量实践证明，熔合区是整个焊接接头中的一个薄弱地带。熔合区存在着严重的化学不均匀性和物理不均匀性。熔合区在组织上和性能上也是不均匀的，接近母材一侧的金属组织是过热组织，塑性差，晶粒十分粗大。在许多情况下，熔合区是产生裂纹、局部脆性破坏的发源地。

3) 热影响区

因焊接热作用的不同，热影响区各处的组织性能是不相同的，热影响区可分为过热区、正火区、部分相变区和再结晶区，如图 8-3 所示。

(1) 过热区。过热区具有过热组织特征，最高加热温度在 1100℃以上的区域接近固相线，冷却后晶粒粗大，甚至产生过热组织。过热区塑性和冲击韧性明显下降，是热影响区中力学性能最差的部位。

(2) 正火区。正火区在热影响区中具有正火组织的区域，温度在 Ac_3 至 1100℃之间，在加热时母材发生重结晶，转变为细小的奥氏体晶粒；在冷却后晶粒细化得到均匀而细小的铁素体和珠光体组织，力学性能得到改善，其性能优于母材。

(3) 部分相变区。部分相变区的最高加热温度在 Ac_1 至 Ac_3 之间，只有部分母材的组织发生相变。珠光体和部分铁素体发生重结晶，转变成细小的奥氏体晶粒。部分铁素体不发生相变，但其晶粒有长大趋势。在冷却后晶粒大小不均，因而力学性能比正火区稍差。

(4) 再结晶区。再结晶区的加热温度在 450～750℃之间。如果母材在焊前经过压力加工，即经过塑性变形，晶粒发生破碎现象，那么在此温度区间，母材的晶粒会再次变成完整的晶粒，形成一个具有较细晶粒的再结晶区。在再结晶区中，由于经过塑性变形的母材组织发生了再结晶，原先塑性变形过程中的加工硬化效应完全消失，因此母材的强度降低，塑性稍有改善。如果母材焊前未经过塑性变形，则在焊后热影响区中无再结晶区。

2. 焊接接头的性能

由于焊接条件的特点是加热温度高、加热速度快和高温停留时间短，在自然条件下冷却及局部加热，从而就决定了焊接接头的组织与性能的不均匀性。焊接接头不仅与结构特征、母材的钢种、接头形式、焊接方法、焊接材料、焊接工艺参数和热处理等有关外，还存在应力集中，残余应力及焊接缺陷，这些无不对焊接接头的性能有着重要的影响。

对焊接接头性能影响较大的是最靠近焊缝的母材金属，其加热温度处于液相线和固相线之间的温度，在焊接过程中，这里只有部分金属被熔化，并会发生液体金属与基本金属之间的化学成分的互相扩散，因而此处金属的成分既不同于母材金属，也不同于焊缝金属，具有晶粒粗大，塑性差的特点；受高温影响较大的过热处，此处金属的加热温度高，晶粒剧烈长大，冷却后形成了晶粒粗大的过热组织，因而其冲击韧性比基本金属低，也是容易产生裂纹的区域。为提高焊件的焊接质量，应尽量减小焊接接头的热影响区。

焊接热影响区在电弧焊焊接接头中是不可避免的。用焊条电弧焊或埋弧焊方法焊接一般低碳钢结构时，因热影响区较窄，危害性较小，焊接后不进行处理即可使用。但对重要的碳钢结构件、低合金钢结构件，则必须注意热影响区带来的不利影响。为消除这些不利影响，一般采用焊接后正火处理，使焊缝和焊接热影响区的组织转变成为均匀的细晶结构，以改善焊接接头的性能。

对焊后不能进行热处理的金属材料或构件，则只能通过正确地选择焊接材料、焊接方法与焊接工艺来减少焊接热影响区的范围。

8.1.3 焊接应力与变形

焊接应力与焊接变形是直接影响焊接结构性能、安全可靠性和制造工艺性的重要因素。焊接应力与焊接变形会导致在焊接接头中产生冷、热裂纹等缺陷，在一定的条件下还会对结构的断裂特性、疲劳强度和形状尺寸精度有不利的影响。在构件制造过程中，焊接变形往往引起正常工艺流程中断。因此掌握焊接应力与变形的规律，并了解其作用与影响，采取相应措施控制或消除，对于焊接结构的完整性设计和制造工艺方法的选择以及运行中的安全评定都有重要意义。

1. 焊接应力与变形的概念

在焊接生产中，焊接应力与焊接变形的产生是不可避免的。焊接过程结束，在焊件冷却后，残留在焊件中的内应力叫作焊接应力，也叫焊接残余应力。在焊接过程中，焊件产生了不同程度的变形；焊接过程结束，在焊件冷却后，残留在焊件上的变形叫作焊接变形，也叫焊接残余变形。焊接残余应力往往是造成裂纹的直接原因，同时该应力也会降低结构件的承载能力和使用寿命。焊接残余变形则造成了焊件尺寸和形状的变化，这给正常的焊接生产带来了一定的困难。因此在焊接生产中的一项重要任务就是如何控制焊接残余应力和焊接残余变形。

2. 焊接应力与变形产生的原因

焊接过程中对焊件进行了局部的不均匀加热，是产生焊接应力与变形的根本原因。焊接热输入引起材料不均匀局部加热，使焊缝区熔化；而与熔池比邻的高温区材料的热膨胀则受到周围材料的限制，产生不均匀的压缩塑性变形；在冷却过程中，已发生压缩塑性变形的这部分材料(如长焊缝的两侧)又受到周围条件的制约，而不能自由收缩，在不同程度上又被拉伸而卸载；与此同时，熔池凝固，金属冷却收缩时也产生相应的收缩拉应力与变形。这样，在焊接接头区产生了缩短的不协调应变。

3. 焊接残余应力与残余变形

1) 焊接残余应力的分类

(1) 热应力。热应力也叫温度应力，是由于构件受热不均匀而引起的应力。不是任何物体有温度就有应力的，只有当物体的温度分布不均匀时，有了温度梯度时才会有温度应力。

(2) 组织应力。在金属冷却时，在刚性恢复温度之下产生相变导致体积变化而引起的应力叫组织应力。我们知道金属在加热或冷却时，材料内部组织会发生相变，而在相变时体积也会发生变化，在冷却时的相变往往是体积增大，如果这个增大是发生在金属的刚性恢复温度之下，那么周围恢复了刚性的部分金属将阻碍内部体积增大，这就将产生新的应力，组织应力，也叫相变应力。

(3) 拘束应力。焊接结构件往往是在拘束条件下焊接的，造成拘束状态的因素有结构件的刚度、自重和焊缝的位置以及夹持卡具的松紧程度等。这种在拘束状态下的焊接，由于受到外界或自身刚度的限制，结构件不能自由变形就产生了拘束应力。

(4) 氢致应力。在焊接过程中，焊缝局部产生显微缺陷，如气孔、夹渣等，扩散氢向显微缺陷处聚集，使局部氢的压力增大，则产生氢致应力。氢致应力是导致焊接冷裂纹的重要因素之一。

2) 焊接残余变形的分类

(1) 收缩变形。焊件沿焊缝的纵向和横向尺寸减小，是由于焊缝区的纵向和横向收缩引起的，如图 8-5(a)所示。

(2) 角变形。相连接的构件间的角度发生改变，一般是由于焊缝区的横向收缩在焊件厚度上分布不均匀而引起的，如图 8-5(b)所示。

(3) 弯曲变形。焊件产生的弯曲。通常是由焊缝区的纵向或横向收缩引起的，如图 8-5(c)所示。

(4) 扭曲变形。焊件沿轴线方向发生的扭转，与角焊缝引起的角变形沿焊接方向逐渐增大有关，如图 8-5(d)所示。

(5) 失稳变形(波浪变形)。一般是由沿板面方向的压应力作用引起的，如图 8-5(e)所示。

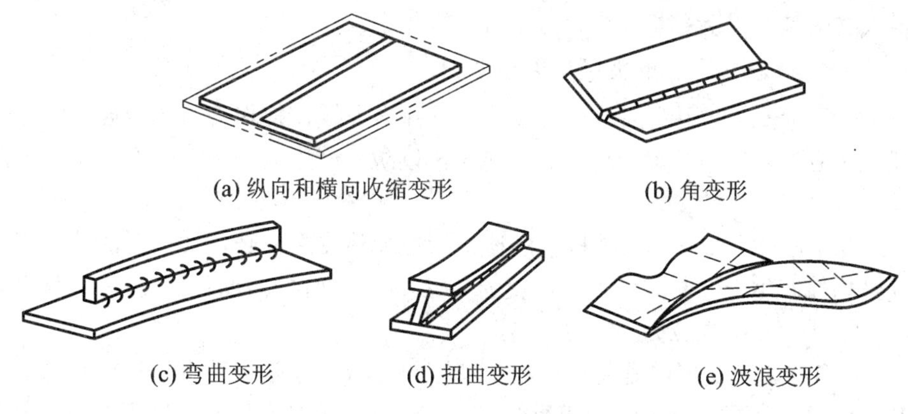

图 8-5 焊接变形的基本形式

4. 减少焊接应力和焊接变形的措施

1) 合理的装配顺序和焊接顺序

同样的焊接结构件如果采用不同的装配和焊接顺序，焊接后产生的变形也会不同。正确地选择装配顺序和焊接顺序，一般应依照下述原则：① 收缩量大的焊缝先焊，因为先焊的焊缝收缩时受阻较小，故应力较小；② 采取对称焊，这样大大减少了焊后出现的再变形。对于对称焊缝，可以同时对称施焊，少则 2 人，大的结构件可以多人同时施焊，可使所焊的焊缝相互制约，使结构件不产生整体变形；③ 在长焊缝焊接时，应采取对称焊、逐步退焊、分中逐步退焊、跳焊等焊接顺序，因为对接焊缝的收缩量较大。对于大型机件，先制作好大框架，这样大大提高了结构的刚性，从而更减小了焊接应力及形变。采用小坡口角度、控制装配间隙和大电流熔焊的方法并利用反变形来减小焊接变形。

2) 合理的焊接方向

对一般对接焊缝来说，不管焊缝有多长，其横向受力的分布总是在末端产生较大的拉应力，中段受到大的压应力，当焊缝越长，而且采用直通焊的方法时，这种焊接应力就越大，焊件的变形也就越大。这不仅是因为在焊接过程中沿焊缝方向上的热量分布不均匀，主要是由于焊缝的冷却有先后，在膨胀收缩过程中受到的约束程度不同而引起的。在焊接时，要保证焊缝的纵向和横向收缩都比较自由。例如，在对接焊时，应从中间依次向两自由端进行焊接，使焊缝能较好地自由收缩。收缩量最大的焊缝应先焊在一个结构上。在对接平面上带有交叉焊缝的接头时，必须采用保证交叉点部位不易产生缺陷的焊接顺序，应尽量避免 2 条或 3 条焊缝垂直交叉。

3) 尽可能缩短焊缝的长度和减少焊缝的数量

应在结构件满足承载能力和保证焊接质量的前提下，根据板材的厚度来选取满足工艺要求的最短焊缝尺寸。

适当选择板材的厚度和减少肋板的数量，从而可减少焊缝和焊接后变形的校正量，如薄板结构件，可用压型结构代替肋板结构，以减少焊缝数量，防止或减小焊接后的变形。

4) 避免焊缝过分集中

焊缝与焊缝之间应保持足够的距离，尽量避免三轴交叉的焊缝，不应把焊缝布置在工作应力最大的区域。焊缝数量宜少，且不宜过分集中。

5) 其他降低焊接应力和解决焊接变形方法

(1) 锤击焊缝法。可用头部带小圆弧的工具锤击焊缝，使焊缝得到延展，降低焊接内应力。锤击时应保持均匀适度，避免锤击过分，以防止产生裂纹。一般不锤击第 1 层和表面层。

(2) 加热减应力法。在焊接结构件的适当部位加热使之伸长，加热区的伸长带动焊接部位，使结构件产生一个与焊缝方向相反的变形。在加热区冷却收缩时，焊缝就可能比较自由地收缩，从而减小内应力。

(3) 反变形法。反变形法是生产中经常使用的方法，它是按照事先估计好的焊接变形的大小和方向，在装配时预加一个相反的变形，使其与焊接产生的变形相抵消，也可以在构件上预制出一定量的反变形，使之与焊接变形相抵消来防止焊接变形。

(4) 刚性固定法。刚性固定法是在没有反变形的情况下，将构件加以固定来限制焊接变形。此种方法对角变形和波浪变形比较有效。

8.1.4 焊条电弧焊

1. 焊条电弧焊的概念

焊条电弧焊是利用焊条与被焊金属工件间产生的电弧热量加热并熔化金属工件，随后凝固成焊缝，并获得牢固接头的手工焊接的方法。

焊条电弧焊的特点是利用电弧热熔化焊条及焊件，焊条药皮在电弧热的作用下燃烧、分解、熔化并形成保护气氛，保护熔池和电弧不受空气中氧和氮的影响。焊条电弧焊的缺点是生产率低、劳动强度大、焊接质量对焊工的依赖性强等。焊条电弧焊可在室内、室外、高空和各种方位进行焊接的优点。焊条电弧焊的设备简单、维护容易、焊钳小和使用方便，适于焊接高强度钢、铸钢、铸铁和非铁金属，其焊接接头与焊件(母材)的强度相近，是焊接生产中应用最广泛的方法。

2. 焊条电弧焊的焊接过程

焊条电弧焊的焊接过程可分为四个步骤：电弧引燃、焊条运动、焊缝的连接以及收尾。如图 8-6 所示，在焊接过程中随着电弧沿焊接方向前移，焊条药皮不断地分解、熔化而生成气体及熔渣，气体保护焊条端部、电弧、熔池及其附近区域，防止大气对熔化金属的有害污染。焊件和焊芯不断熔化而形成新的熔池，原有熔池则因电弧远离而冷却和凝固后形成焊缝，从而将两个分开的焊件连接成一体。覆盖在焊缝表面的熔渣也逐渐凝固成为固态渣壳，这层熔渣和渣壳对焊缝成形的好坏和减缓金属的冷却速度有着重要的作用。

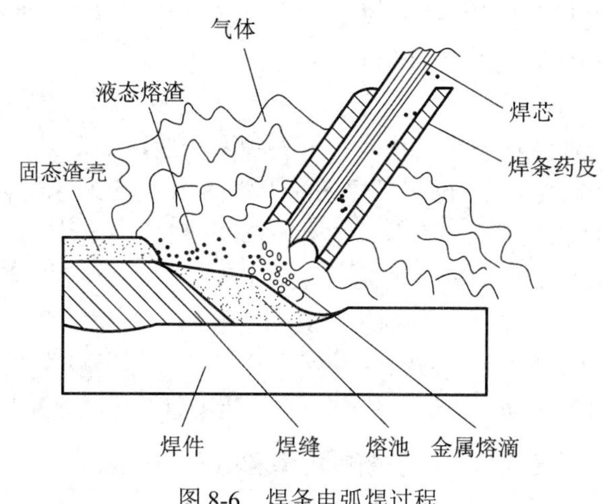

图 8-6 焊条电弧焊过程

3. 焊条

手工电弧焊的焊条由焊条芯和药皮两部分组成。焊条芯起到导电和填充焊缝金属的作用，药皮则用于保证焊接顺利进行，并使焊缝得到一定的化学成分和机械性能，它对焊接质量有很大的影响。

1) 焊条芯

焊条芯是组成焊缝金属的主要材料。为了保证焊缝的质量，对焊条芯的要求是很高的。对焊芯金属的各合金元素的含量分别有一定的要求，以保证焊缝的性能不低于焊件金属。因此，焊条芯的钢材都是经过特殊冶炼的，并达到国家标准。

焊条种类很多，作焊条芯的金属有低碳钢、不锈钢和各种有色金属等。焊条的直径是用焊条芯的直径来表示的，最小的为 1.6 mm，最大的为 8 mm，但以直径为 3～5 mm，长度为 350～450 mm 的焊条应用最广。

2) 焊条药皮

没有药皮的焊条在焊接时飞溅很大，电弧稳定性差，焊缝成形很不好，焊接缺陷严重，以致焊缝质量很低。为此必须采用带药皮的焊条，焊条药皮的主要作用是提高焊接电弧的稳定性，防止空气对熔化金属的有害作用，保证焊缝金属的脱氧和加入合金元素以便提高焊缝金属的机械性能。

焊条药皮的种类多，药皮组成成分也比较复杂，焊条药皮原料的种类名称、作用及药皮配方等可查有关资料。

3) 焊条的种类及型号

焊条按化学成分划分为七大类：碳钢焊条、低合金钢焊条、不锈钢焊条、堆焊焊条、铸铁焊条及焊丝、铜及铜合金焊条和铝及铝合金焊条。其中应用最多的是碳钢焊条和低合金钢焊条。

根据国标 GB/T 5117—2012 和 GB/T 5118—2012 规定，碳钢焊条和低合金钢焊条两种焊条型号用大写字母“E”和数字表示，如 E4303、E5015 等。“E”表示焊条，型号中四位数字的前两位表示熔敷金属抗拉强度的最小值，第三位数字表示焊条适用的焊接位置(“0”及“1”表示适用于各种焊接位置，“2”表示适用于平焊及平角焊，“4”表示适合于向下立焊)，第三位与第四位数字组合表示药皮类型和电流种类。低合金钢焊条型号中在四位数字之后，还标出附加合金元素的化学成分，如 E5515-B2-V 属低氢钠型，适用直流反接进行各种焊接位置的焊条。

焊条牌号是焊条行业统一的焊条代号。焊条牌号一般用一个大写拼音字母和三个数字表示，如 J422、J507 等。拼音字母表示焊条的大类，如“J”表示结构钢焊条(碳钢焊条和普通低合金钢焊条)，“A”表示奥氏体不锈钢焊条，“Z”表示铸铁焊条等；前两位数字表示各大类中若干小类，如结构钢焊条前两位数字表示焊缝金属抗拉强度等级，其等级有 42、50、55、60、70、75、85 等，分别表示其焊缝金属的抗拉强度大于或等于 420、500、550、600、700、750、850(单位为 MPa)；最后一个数字表示药皮类型和电流种类，焊条药皮类型和电源种类编号如表 8-1 所示，其中 1 至 5 为酸性焊条，6 和 7 为碱性焊条。

表 8-1 焊条药皮类型和电源种类编号

编号	1	2	3	4	5	6	7	8
药皮类型	钛型	钛钙型	钛铁矿型	氧化铁型	纤维素型	低氢钾型	低氢钠型	石墨型
电源各类	交、直流	交、直流	交、直流	交、直流	交、直流	交、直流	直流	交、直流

若根据焊条药皮熔化后的熔渣特性，焊条又可分为酸性焊条和碱性焊条。药皮熔渣中酸性氧化物比碱性氧化物多的焊条为酸性焊条。酸性焊条因药皮成分主要是氧化铁、氧化硅、氧化钛等，具有较强的氧化性，在焊接时药皮中合金元素烧损较大，焊缝金属的机械性能，特别是冲击韧性与塑性较低。但酸性焊条由于碳的氧化造成熔池沸腾，有利于已熔入熔池中的气体逸出，所以对铁锈、油脂、水分的敏感性不大，适用于一般低碳钢和强度较低的普通低合金钢的焊接。碱性焊条因药皮中含有较多的大理石和萤石，并含有较多的铁合金作为脱氧剂和合金剂，在焊接时大理石分解成氧化钙和大量的二氧化碳作为保护气体。与酸性焊条相比较，其保护气体中氢很少，因此又称为低氢焊条，能使焊缝金属具有良好的机械性能，特别是冲击韧性较高，抗裂缝性能较强。碱性焊条主要用于重要结构件(如锅炉、压力容器和合金结构钢等)的焊接。但稳弧性差，焊缝成形不美观，脱渣困难，要求直流反接，并应注意排除有毒气体(氟化氢)。

4) 焊条选用原则

选用焊条通常是根据焊件的化学成分、力学性能、抗裂性、耐腐蚀性以及耐高温性能等要求选用相应的焊条。

(1) 低碳钢、普通低合金钢构件。焊缝与母材等强度。注意：钢材按屈服强度定等级，结构钢焊条的等级是指焊缝金属抗拉强度最低保证值。

(2) 同一强度等级酸碱性焊条的选用。碱性焊条：要求塑性好，冲击韧性高，抗裂性好，低温性好。酸性焊条：受力不复杂，母材质量较好，尽量选用较便宜的酸性焊条。

(3) 低碳钢与低合金钢焊接，按接头中强度较低者选焊条。

(4) 铸钢易裂一般应选碱性焊条，且采用适当工艺，如预热。

(5) 特殊性能要求钢，选相应焊条，以保证焊缝主要化学成分、性能与母材相同。

8.1.5　埋弧焊

埋弧焊是电弧在焊剂下燃烧以进行焊接的熔焊方法。

按照机械化程度，埋弧焊可以分为自动焊和半自动焊。两者的区别是自动焊焊丝送进和电弧相对移动都是自动的，而半自动焊仅焊丝送进是自动的，电弧移动是手动的。由于自动焊的应用远比半自动焊广泛，因此，通常所说的埋弧焊一般指的是自动埋弧焊。

随着焊接技术和焊接材料的发展，焊接已经发展到低合金结构钢、不锈钢、耐热钢以及一些有色金属材料，如镍基合金、铜合金的焊接等。此外，埋弧焊用于抗磨损耐腐蚀材料的堆焊，也是十分理想的焊接方法。

1. 埋弧焊的焊接过程

埋弧焊过程如图 8-7 所示，焊接电源的两极分别接至导电嘴和焊件。在焊接时，颗粒状焊剂由焊剂漏斗经软管均匀地堆敷到焊件的待焊处，焊丝由焊丝盘经送丝机构和导电嘴送入焊接区，电弧在焊剂下面的焊丝与母材之间燃烧。

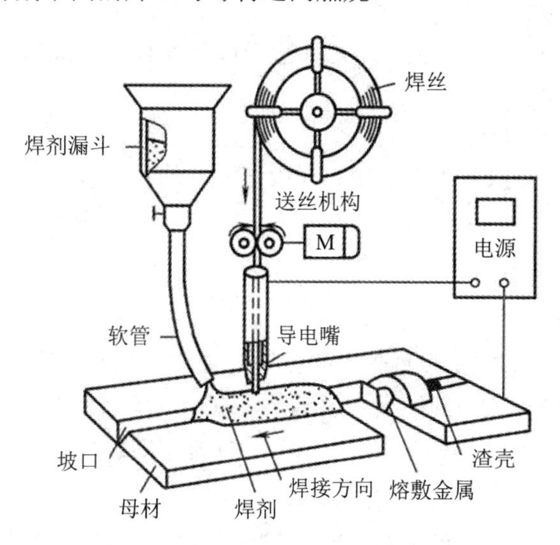

图 8-7　埋弧焊过程示意图

埋弧焊电弧和焊缝的形成如图 8-8 所示，电弧热使焊丝、焊剂及母材局部熔化和部分蒸发。金属蒸汽、焊剂蒸气和冶金过程中析出的气体在电弧的周围形成一个空腔，熔化的焊剂在空腔上部形成一层熔渣膜。这层熔渣膜如同一个屏障，使电弧、液体金属与空气隔离，而且能将弧光遮蔽在空腔中。在空腔的下部，母材局部熔化形成熔池。空腔的上部，焊丝熔化形成熔滴，并以渣壁过渡的形式向熔池中过渡，只有少数熔滴采取自由过渡。

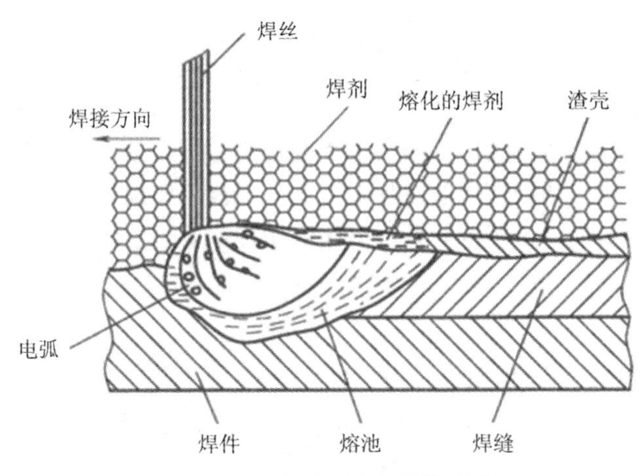

图 8-8　埋弧焊电弧和焊缝的形成

2. 埋弧焊的特点

(1) 生产效率高。埋弧焊所用的焊接电流可达到 1000 A，因而电弧的熔深能力和焊丝熔敷效率都比较高。

(2) 焊接质量好。一方面由于埋弧焊的焊接参数能通过电弧自动调节系统保持稳定，对焊工操作技术要求不高，因而焊缝成形好，成分稳定；另一方面也与在埋弧焊过程中采用熔渣进行保护，隔离空气的效果好有关。

(3) 劳动条件好。在埋弧自动焊时，没有刺眼的弧光，也不需要焊工手工操作。这既能改善作业环境，也能减轻劳动强度。

(4) 埋弧焊适应性较差。埋弧焊通常只适于焊接长直的平焊缝或较大直径的环焊缝，不能焊空间位置及不规则焊缝。

(5) 设备费用一次性投资大。

因此，埋弧焊适用于成批生产的中、厚板结构件的长直或环焊缝的平焊。

8.1.6　气体保护焊

1. CO_2 气体保护焊

CO_2 气体保护焊(CO_2 焊)是一种先进的焊接方法，它具有焊接质量好、效率高、成本低，易于实现过程自动化等一系列的优点。近年来，CO_2 气体保护焊在国内外焊接领域中发展得很快，实际生产中的应用日趋广泛，已成为一种重要的弧焊方法。

1) CO_2 气体保护焊的焊接过程

CO_2 气体保护焊是以二氧化碳为保护气体的电弧焊。如图 8-9 所示，用焊丝作电极，靠焊丝和焊件之间产生的电弧熔化焊件金属与焊丝并形成熔池，凝固后成为焊缝。焊丝的送进靠送丝机构实现，焊丝由送丝机构送入软导管，再经导电嘴送出。二氧化碳气体从喷嘴中以一定流量喷出，在电弧引燃后，焊丝端部及熔池被二氧化碳气体包围，可防止空气对高温金属的侵害。但二氧化碳是氧化性气体，在电弧作用下能分解为 CO 和 O_2，使钢中的碳、锰、硅及其他合金元素烧损。为了保证焊缝的合金成分，需采用含锰、硅较高的焊接钢丝或含有相应合金元素的合金钢焊丝。

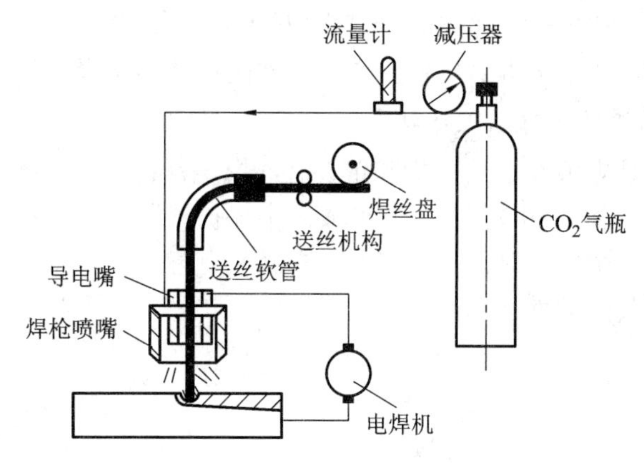

图8-9 CO_2气体保护焊

2) CO_2气体保护焊的特点

(1) 成本低。焊接成本仅是埋弧焊和手工电弧焊的40%。

(2) 生产率高。焊丝送进是机械化或自动化的，电流密度大，电弧热量集中，焊接速度快。焊接后没有渣壳，节省了清渣时间，生产率比手工电弧焊高1～3倍。

(3) 操作性能好。CO_2气体保护焊是明弧焊，可清楚看到焊接过程，容易发现问题，并及时调整处理。

(4) 质量较好。电弧在气流压缩下燃烧，热量集中，因而焊接热影响区较小，变形和产生裂纹的倾向小。氧化性气体保护，焊缝含氢量低。

CO_2气体保护焊的缺点是二氧化碳的氧化作用使熔滴飞溅较为严重，因此焊接成形不够光滑。另外，如果操作不当，CO_2气体保护焊容易产生气孔。

CO_2气体保护焊主要适用于焊接低碳钢和强度等级不高的普通低合金结构钢焊件，焊件厚度最厚可达50 mm(对接形式)。

2. 氩弧焊

氩弧焊又称氩气体保护焊。就是在电弧焊的周围通上氩弧保护性气体，将空气隔离在焊区之外，防止焊区的氧化。

氩弧焊技术是在普通电弧焊的原理基础上，利用氩气对金属焊材的保护，通过高电流使焊材在被焊母材上融化成液态并形成溶池，使被焊母材和焊材达到冶金结合的一种焊接技术。由于在焊接中不断送上氩气，使焊材不能和空气中的氧气接触，从而防止了焊材的氧化，因此可以焊接铜、铝、合金钢等有色金属。

氩弧焊按照电极的不同分为熔化极氩弧焊和非熔化极氩弧焊两种。非熔化极氩弧焊的非熔化极通常是钨极，所以氩弧焊也叫钨极氩弧焊。

1) 熔化极氩弧焊的工作原理及特点

焊丝通过丝轮送进，导电嘴导电，在母材与焊丝之间产生电弧，使焊丝和母材熔化，并用惰性气体氩气保护电弧和熔融金属来进行焊接，如图8-10(a)所示。熔化极氩弧焊和钨极氩弧焊的区别是一个是焊丝作电极，并被不断熔化填入熔池，冷凝后形成焊缝；另一个是采用保护气体，随着熔化极氩弧焊的技术应用，保护气体已由单一的氩气发展出多种混合气体的广泛应用，如 Ar80% + $CO_2$20%的富氩保护气。通常保护气体为单一氩气的熔化极氩弧焊称为 MIG，保护气体为混合气体时称为 MAG。从操作方式看，目前应用最广的是半自动熔化极氩弧焊和富氩混合气保护焊，其次是自动熔化极氩弧焊。

2) 非熔化极氩弧焊的工作原理及特点

非熔化极氩弧焊是电弧在非熔化极和工件之间燃烧，在焊接电弧周围流过一种不和金属起化学反应的惰性气体(常用氩气)，并形成一个保护气罩，使钨极端头，电弧和熔池及已处于高温的金属不与空气接触，防止其氧化和吸收有害气体，如图 8-10(b)所示，从而形成致密的焊接接头，其力学性能非常好。

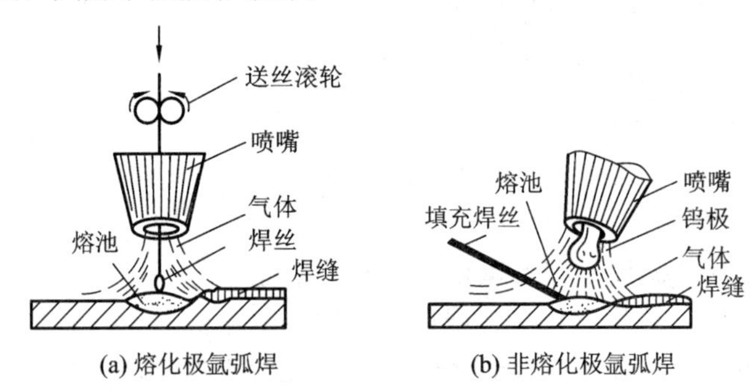

图 8-10　氩弧焊示意图

熔化极氩弧焊与钨极氩弧焊相比，有如下特点：

(1) 效率高。因为焊接电流密度大，热量集中，熔敷率高，焊接速度快。另外，容易引弧。

(2) 需加强防护。因弧光强烈，烟气大，所以要加强防护。

3) 氩弧焊的特点

(1) 用氩气保护可焊接化学性质活泼的非铁金属及其合金或特殊性能的钢，如不锈钢等。

(2) 电弧燃烧稳定，飞溅小，表面无焊渣，焊缝成形美观，焊接质量好。

(3) 电弧在气流压缩下燃烧，热量集中，焊缝周围气流冷却，热影响区小，焊后变形小，适宜薄板焊接。

(4) 明弧可见，操作方便，易于自动控制，可实现各种位置焊接。

(5) 氩气价格较贵，焊件成本高。

综上所述，氩弧焊适合焊接铝、镁、钛及其合金、稀有金属、不锈钢、耐热钢等。脉冲钨极氩弧焊还适于焊接 0.8 mm 以下的薄板。

8.1.7　等离子弧焊接与切割

1. 等离子弧焊接

借助水冷喷嘴等对电弧的拘束与压缩作用，获得较高能量密度的等离子弧进行焊接的方法，称为等离子弧焊接。

一般电弧焊所产生的电弧也是一种等离子体，只是电弧区内的气体电离还不是很充分，能量也不够集中，电弧的温度只能在 6000～8000 K。在等离子弧焊接时，焊炬把电弧充分压缩，使等离子效应加剧，形成一个稳定的单向强射流热源，电弧的温度为 16 000～33 000 K，最高温度为 24 000～50 000 K。

等离子弧的形成如图 8-11 所示，在钨极和焊件之间接上一个较高的直流电压，再用一个高频发生器引燃电极与喷嘴之间的“维持电弧”。维持电弧是电离了的气体，它使喷嘴到焊件间的间隙成为导体，当此间隙小于一定的临界距离时，焊接主电弧就立刻引燃。电弧通过焊炬中的小孔时，受到“机械压缩”，使电弧截面积缩小，再从进气管送入一定压力和流量的气体，如氢气、氮气，使弧柱的外层受到强烈冷却，电离度减少，迫使电流从弧柱的中心通过，这样，弧柱的截面缩得更小了。这样的压缩称“热收缩效应”，与此同时，由于电弧内电流密度很高，电磁力也使电弧进一步收缩，这称为“电磁收缩”。在这三种效应的作用下，电弧被压缩得很细，电弧区内的气体充分电离，成为等离子弧。等离子弧焊接实质上是一种具有压缩效应的钨极气体保护焊。

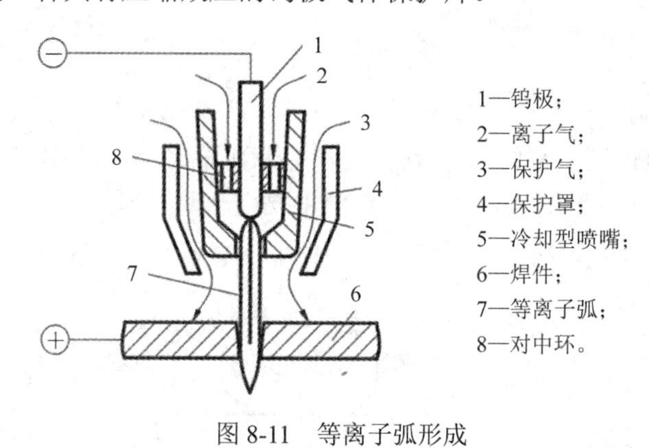

图 8-11　等离子弧形成

2. 等离子弧切割

等离子弧用于切割时，称为等离子弧切割。等离子弧切割是由于弧柱温度远远超过目前绝大部分金属及其氧化物的熔点，从原理上来说，等离子弧能切割所有的材料。

等离子弧切割的原理与氧气的切割原理有着本质的不同。氧气切割主要是靠氧与部分金属的化合燃烧和氧气流的吹力，使燃烧的金属氧化物熔渣脱离基体而形成切口的。因此氧气切割不能切割熔点高、导热性好、氧化物熔点高和黏滞性大的材料。等离子弧切割过程不是依靠氧化反应，而是依靠高温和高速的等离子弧及其焰流，把切割区的材料熔化及蒸发，并吹离母材，随着割矩的移动而形成割缝。等离子弧的温度高(可达 50 000 K)，目前所有金属材料及非金属材料都能被等离子弧熔化，因而等离子弧切割不仅切割效率比氧气切割高 1～3 倍，而且还可以切割不锈钢、铜、铝及其合金以及难熔的金属和非金属材料。

等离子弧切割特点如下：

(1) 切割速度快，生产率高。等离子弧切割是目前常用的切割方法中切割速度最快的。

(2) 切口质量好。等离子弧切割切口窄而平整，产生的热影响区和变形都比较小，特别是切割不锈钢时能很快通过敏化温度区间，故不会降低切口处金属的耐蚀性能；在切割淬火倾向较大的钢材时，虽然切口处金属的硬度也会升高，甚至会出现裂纹，但由于淬硬层的深度非常小，通过焊接过程可以消除，所以切割边可直接用于装配焊接。

(3) 应用面广。由于等离子弧的温度高，能量集中，所以能切割几乎各种金属材料，如不锈钢、铸铁、铝、镁、铜等，在使用非转移性等离子弧时，还能切割非金属材料，如石块、耐火砖和水泥块等。

8.2　其他常用焊接方法

8.2.1　电阻焊

电阻焊是将焊件压紧于两电极之间，并通以电流，利用电流流经焊件接触面及邻近区域产生的电阻热将焊件加热到熔化或塑性状态，使之形成金属结合的一种方法。

1. 电阻焊的种类

电阻焊方法共有点焊、缝焊、凸焊和对焊 4 种。

1) 点焊

点焊是将焊件装配成搭接接头，并压紧在两柱状电极之间，利用电阻热熔化母材金属，形成焊点的电阻焊方法，如图 8-12 所示。点焊主要用于薄板焊接。

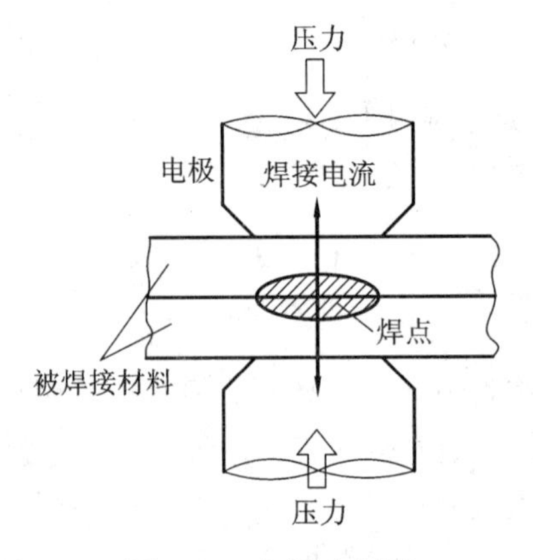

图 8-12　点焊示意图

点焊的焊接过程如下：

(1) 预压：保证焊件接触良好。

(2) 通电：使焊接处形成熔核及塑性环。

(3) 断电锻压：使熔核在压力继续作用下冷却结晶，形成组织致密、无缩孔、裂纹的焊点。

2) 缝焊

缝焊与点焊的区别：缝焊是以圆盘状铜合金电极 (滚轮电极)代替点焊的棒状电极，如图 8-13 所示。

在焊接时，滚轮电极压紧焊件的同时，并作滚动，使焊件产生移动。电极在滚动过程中通电，每通一次电就在焊件间形成一个焊点。连续通电，在焊件间便出现相互重叠的焊点，从而形成连续的焊缝。亦可断续通电或滚轮电极以步进式滚动时通电获得重叠的焊点。焊缝接头也须是搭接的，由于焊缝是焊点的连续，所以用于焊接要求气密或液密的薄壁容器，如油箱、水箱、暖气包和火焰筒等。

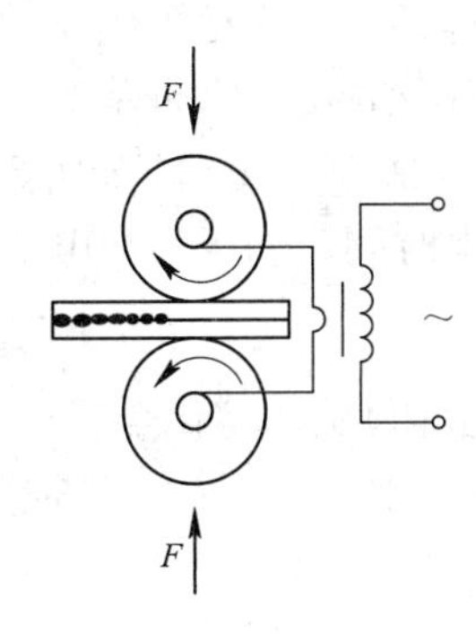

图 8-13　缝焊示意图

3) 凸焊

凸焊是点焊的一种变形。在焊接前首先在一个工件上预制凸点(或凸环等)，焊接时在电极压力下电流集中从凸点通过，电流密度很大，凸点很快被加热、变形和熔化而形成焊点，如图 8-14 所示。凸焊在接头上一次可焊成一个或多个焊点。

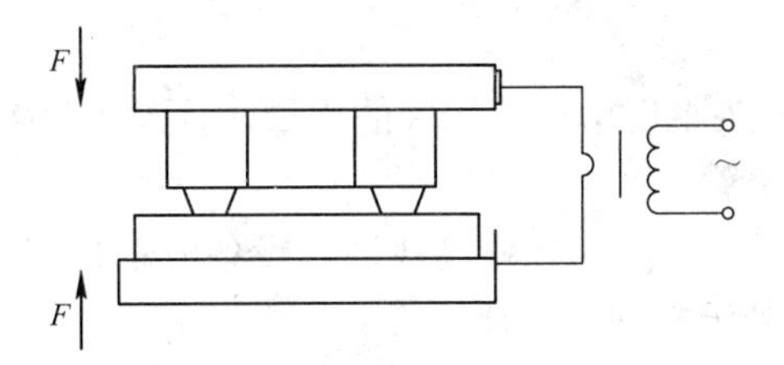

图 8-14　凸焊示意图

4) 对焊

(1) 电阻对焊。电阻对焊是将焊件装配成对接接头，使其端面紧密接触，利用电阻热加热焊件至塑性状态，然后断电并迅速施加顶锻力完成焊接的方法，如图 8-15(a)所示。

电阻对焊主要用于截面简单、直径或边长小于 20 mm 和强度要求不太高的焊件。

(2) 闪光对焊。闪光对焊是将焊件装配成对接接头，接通电源，使其端面逐渐移近至局部接触，利用电阻热加热这些接触点，在大电流作用下，产生闪光，使端面金属熔化，直至焊件端部在一定深度范围内达到预定温度时断电并迅速施加顶锻力完成焊接的方法，如图 8-15(b)所示。

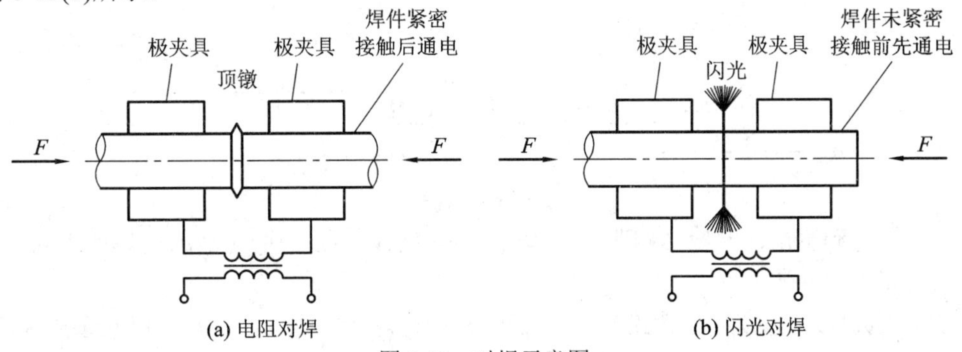

图 8-15　对焊示意图

闪光对焊的接头质量比电阻对焊的好，焊缝的力学性能与母材相当，而且焊前不需要清理接头的预焊表面。闪光对焊常用于重要焊件的焊接，可焊同种金属，也可焊异种金属，可焊直径 0.01 mm 的金属丝，也可焊 20 000 mm 的金属棒和型材。

电阻焊接的品质是由电流、通电时间、加压力和电阻顶端直径 4 个要素决定的。

2. 电阻对焊的优点

(1) 在熔核形成时，始终被塑性环包围，熔化金属与空气隔绝，焊接过程简单。

(2) 加热时间短，热量集中，故热影响区小，变形与应力也小，通常在焊后不必安排校正和热处理工序。

(3) 不需要焊丝、焊条等填充金属，以及氧、乙炔、氢等焊接材料，焊接成本低。

(4) 操作简单，易于实现机械化和自动化，改善了劳动条件。

(5) 生产率高，且无噪声及有害气体，在大批量生产中，可以和其他制造工序一起编到组装线上。但闪光对焊因有火花喷溅，需要隔离。

3. 电阻对焊的缺点

(1) 目前还缺乏可靠的无损检测方法，焊接质量只能靠工艺试样和工件的破坏性试验来检查，以及靠各种监控技术来保证。

(2) 点、缝焊的搭接接头不仅增加了构件的重量，且因在两板焊接熔核周围形成夹角，致使接头的抗拉强度和疲劳强度均较低。

(3) 设备功率大，机械化、自动化程度较高，设备成本较高，维修较困难，并且常用的大功率单相交流焊机不利于电网的平衡运行。

8.2.2 摩擦焊

摩擦焊是利用两个焊件接触端面在相对运动中相互摩擦所产生的热，使焊件端部达到热塑性状态，然后迅速顶锻，完成焊接的一种压焊方法。图 8-16 所示为摩擦焊焊接示意图，其焊接过程如下：焊件 1 作旋转运动，焊件 2 作轴向运动，并以一定的顶压力 F_1 使焊件 2 和焊件 1 的端面接触而作相对摩擦。在摩擦过程中，两焊件接触面上的氧化膜或其他杂质遭到破坏和清除，形成纯净金属间的接触和摩擦运动。由于摩擦生热，两个焊件的接头部分被加热到焊接温度，这时急速停止焊件 1 的旋转运动，并在焊件 2 的端面加大顶压力至 F_2。在压力和热量的作用下，便形成了牢固的焊接接头。

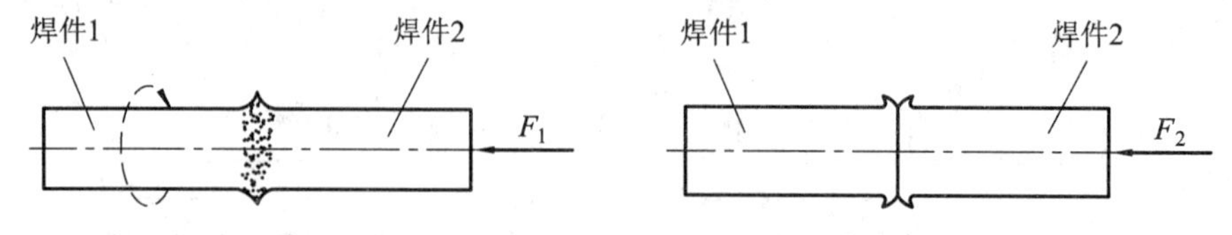

图 8-16　摩擦焊

从焊接过程看出，摩擦焊接头是在被焊金属熔点以下形成的，故摩擦焊属于固态焊接的方法。摩擦焊的特点如下：

(1) 焊接接头质量好而且稳定。在摩擦过程中，焊接接触表面的氧化膜与杂质被清除，因此，接头组织致密，不易产生气孔和夹渣等缺陷。

(2) 可焊接的金属范围广，不仅可焊接同种金属，也可焊接异种金属。

(3) 生产率高，成本低，焊接操作简单，不需要焊丝，容易实现自动控制，电能消耗少。

(4) 设备复杂，一次性投资大，只有大批量集中生产时，才能降低焊接生产成本。

(5) 摩擦焊主要是一种焊件高速旋转的焊接方法，其中一个焊件必须有对称轴，且它能绕此轴旋转。因此焊件的形状和尺寸受到限制，对于非圆形截面焊件的焊接很困难，盘状焊件或薄壁管件，由于不易夹紧也很难施焊。

8.2.3 钎焊

将钎料加热到熔化温度而将两块或几块熔点高于钎料的金属部件连接起来的过程叫钎焊。钎焊过程是在钎料的熔化温度中进行的。在钎焊时，由于钎料在连接表面上的渗透(扩散)和钎料与连接金属间的相互溶解作用而把金属连接起来。

在钎焊时大多应使用熔剂，熔剂的作用在于清除焊接表面的氧化物及其他脏物，增加钎料的流动性，使熔化的钎料与基本金属密切而均匀地接触。熔剂的熔点应低于钎料金属的熔点，蒸发点高于钎料金属的熔点。

与一般熔化焊相比，钎焊的主要特点是焊接过程中只需使填充金属熔化，因此焊件加热温度低，其组织和机械性能变化很小，变形也很小，接头光滑平整，焊件尺寸精确。钎焊可以焊接相同金属，也可以焊接性能差异很大的异种金属。钎焊还可以焊接很复杂的接头，并且生产率高。但焊接接头强度较低，故多用搭接接头，接头的工作温度也不高。在钎焊前，对工件的清洗和装配工作要求较严。

钎焊可用于各种碳素钢、合金钢、有色金属及其合金的焊接。目前，钎焊在机械、仪表、航空、空间技术中都得到了广泛的应用。

根据熔点不同，钎料分为软钎料和硬钎料。

1. 软钎料

熔点低于450℃的钎料，有锡铅基、铅基($T<150$℃，一般用于钎焊铜及铜合金，耐热性好，但耐蚀性较差)和镉基(是软钎料中耐热性最好的一种，$T=250$℃)等合金。

软钎料主要用于焊接受力不大和工作温度较低的工件，如各种电器导线的连接及仪器、仪表元件的钎焊(主要用于电子线路的焊接)。

常用的软钎料有锡铅钎料(应用最广，具有良好的工艺性和导电性，$T<100$℃)、镉银钎料、铅银钎料和锌银钎料等。

软钎焊指使用软钎料进行的钎焊。钎焊接头强度低(小于70 MPa)。

2. 硬钎料

熔点高于450℃的钎料有铝基、铜基、银基和镍基等合金。

硬钎料主要用于焊接受力较大、工作温度较高的工件，如自行车架、硬质合金刀具、钻探钻头等(主要用于机械零、部件的焊接)。

常用的硬钎料有：铜基钎料、银基钎料(应用最广的一类硬钎料，具有良好的力学性能、导电导热性、耐蚀性，广泛用于钎焊低碳钢、结构钢、不锈钢、铜以及铜合金等)、铝基钎料(主要用于钎焊铝及铝合金)和镍基钎料(主要用于航空航天部门)等。

硬钎焊指使用硬钎料进行的钎焊。钎焊接头强度较高(大于200 MPa)。

8.2.4 电子束焊接

随着原子能和火箭技术的发展，一些稀有的和难熔的金属如锆、钛、钼及其合金等，已被大量应用。这些材料的焊接，如果采用气体保护电弧焊，是不能得到满意结果的。为此，1956 年研制出了电子束焊接的方法。图 8-17 所示为真空电子束焊接示意图。

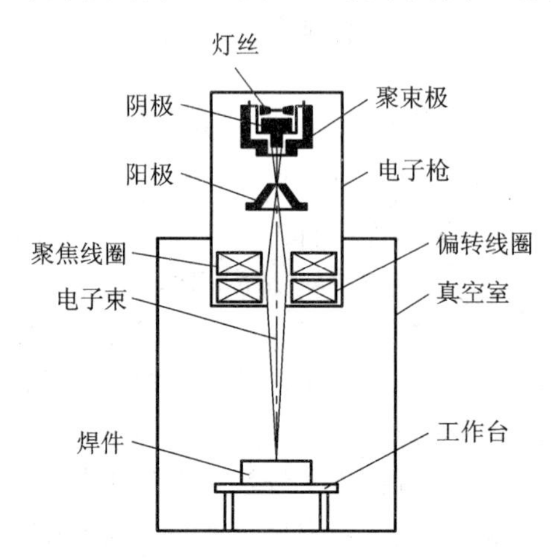

图 8-17　真空电子束焊接

电子枪、工件及夹具全部装在真空室内，电子枪系由加热灯丝、阴极、阳极及聚焦装置等组成。当阴极被灯丝加热到 2600 K 时，将发射出大量电子，这些电子在阴极与阳极(焊件)间高电压的作用下，获得极大的速度(可达 161 000 km/s 以上)，经电磁透镜使电子流聚焦成束，并以极高的速度射向焊件局部待焊的表面。这时冲击金属焊件电子的大部分动能转变成热能(这种热能的能量密度比普通电弧的能量密度约大 5000 倍)，使该处金属达到熔化温度。根据被焊件边缘的熔化程度，逐渐移动焊件，即能得到焊接接头。

电子束焊接特点如下：

(1) 效率高、成本低。电子束的能量密度很高，穿透能力强，焊接速度快，焊缝深宽比大，在大批量或厚板焊件生产中，焊接成本仅为焊条电弧焊的 50%左右。

(2) 电子可控性好、适应性强，焊接参数范围宽且稳定，单道焊熔深 0.03～300 mm。电子束焊可以焊接低合金钢、不锈钢、铜、铝、钛及其合金，又可以焊接稀有金属、难熔金属、异种金属和非金属陶瓷等。

(3) 焊接质量很好。由于在高真空下进行焊接，无有害气体和金属电极污染，保证了焊缝金属的高纯度。焊接热影响区小，焊件变形也很小。

(4) 厚焊件也不用开坡口，焊接时一般不需另加填充金属。

(5) 电子束焊接的缺点是焊接设备复杂，价格高，使用维护技术要求高，焊件尺寸受真空室限制，对接头装配质量要求严格。

电子束可焊接的范围从全焊的微型电子线路组件到采用高速单道焊焊接大型结构断面。还能焊接用一般方法制造有困难或往往是不可能的形状复杂的工件。各种活泼金属、难熔金属，一些特殊的合金以及组合材料(金属和非金属的)都可进行焊接。在原子能工业中，如燃料元件的密封、离子推进系统的制造、火箭中的高压容器、超声速飞机中的钛合金锻件和深水潜艇的高强度钢等，都广泛地应用电子束焊接方法。

8.2.5 超声波焊接

超声波焊接是通过频率为15～20 kHz的机械振动，使焊件之间在相对摩擦而产生的强烈塑性变形及较高的温度作用下，加速焊件原子之间的扩散过程，达到在固态状态下牢固结合的一种特殊的焊接方法。由于焊接过程中所选用的振动频率，超过了人类听觉频率范围的上限(16 kHz)，因此把这种焊接方法命名为超声波焊。

超声波焊接原理如图 8-18 所示。当磁致伸缩换能器的绕组中通过高频电流后(由超声波发生器供给)，它即将高频电振荡变为机械振动，再由变幅杆将其振幅放大后传至末端的声极上。焊件夹在上声极和下声极之间。当超声波电流接通后，由于超声波机械振动的作用，焊件间进行着肉眼觉察不到的快速往复运动，就像把一块金属放在另一块金属上研磨一样，于是金属表面的氧化膜被破坏，同时表面的不平处也被碾平。由于在焊接处施加压力的结果，使得变成可塑性状态的两块金属表面紧紧贴合，并发生原子间的扩散过程，从而形成牢固的焊接接头。

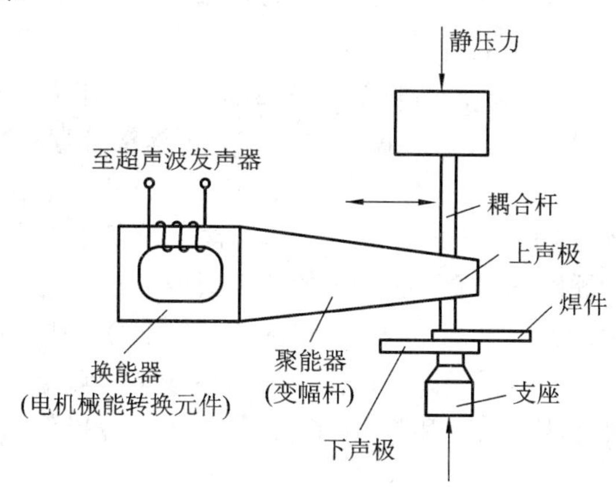

图 8-18 超声波焊接

超声波焊与一般焊接方法的比较，具有以下优点：

(1) 不加热到高温，没有熔化和过热现象，所以金属的组织性能变化极小。因此超声波焊接特别适宜焊接高导热性和导电性的轻金属及高温或超高温的合金材料，也可用来焊接活泼金属及可焊性极差的金属。

(2) 可以进行异种金属之间、金属与半导体、金属与非金属之间的焊接。

(3) 对焊件焊接前的表面及焊接操作熟练程度的要求不高。

(4) 可以应用在特殊形式的接头及结构条件对接触焊不利的场合，如蜂窝结构。电能的消耗仅为接触焊时的5%，而接头强度一般比接触焊高15%～20%。

(5) 可以焊接箔、丝、网等微小零件，也可以焊接厚度相差很大的焊件，如 0.002 mm的金箔，除超声波焊之外，其他焊接方法是难以实现的。

超声波焊的缺点是设备价格昂贵，使用与保养麻烦，焊接质量很难检验。在焊接厚大工件时，功率需要大大提高，使设备制造产生困难。另外，由于受聚能器长度的限制，焊件尺寸不能太大。

超声波焊在电子、半导体、原子能、航空、电机制造和仪表及包装业等应用极广。

8.3 常用金属材料的焊接

8.3.1 金属材料的可焊性

所谓可焊性，是指金属材料经过焊接加工后，能否获得优良焊接接头的可能性。可焊性是用来相对衡量金属材料，在一定焊接工艺条件下，获得优良接头难易程度的尺度。可焊性好的金属材料，一般可采用普通的焊接方法和简单的工艺措施进行焊接，就能获得优良的焊接接头；对可焊性差的金属材料，则必须选用特定的焊接方法和复杂的工艺措施才能进行焊接，有时还需进行适当的热处理，才能获得符合要求的焊接接头。

由实践可知，影响可焊性的因素很多，如采用手工电弧焊时，低碳钢好焊，易保证质量，而铝合金就难焊；若改用氩弧焊时铝合金就好焊了。总的说来，金属材料的成分、焊接方法、具体工艺及参数等均影响可焊性。下面我们就金属材料中所含的碳、锰、硅、磷、硫等元素对钢的可焊性的影响简述如下：

(1) 碳。钢中碳的含量越多，钢的强度和硬度越高，但韧性(表现在延伸率、收缩率、冲击韧性等方面)越低。含碳量越多，钢的可焊性越差，焊接时容易产生裂纹，也增加焊缝气孔产生的可能性。

(2) 锰。锰能提高钢的强度、硬度和韧性。锰的含量较高时，能大大增加钢的耐磨性，但韧性要降低。锰是一种脱氧剂，能除去钢中的氧而减少气孔。锰还能与硫形成化合物，减少硫的危害性。我国锰资源比较丰富，因此我国的普通低合金钢中都以锰为主要合金元素。

(3) 硅。硅是一种强烈的脱氧元素。但由于容易造成焊缝非金属夹杂物，使焊接困难。

(4) 钛。钛是一种很好的脱氧剂和除气剂，也是一种比较贵重的元素。在低合金钢中，钛能提高钢的强度和塑性。

(5) 钒。钒也是一种强脱氧剂和除气剂，是较贵重的元素。在低合金钢中，钒能提高钢的强度和塑性。

(6) 铌。铌是一种贵重元素，铌能提高钢的屈服点、塑性和韧性，并能改善焊缝的抗裂性。

(7) 硫。硫在钢中主要是一种杂质。硫的含量增多时，会使钢在高温状态下发脆，即所谓热脆性，在焊接时容易产生热裂缝。通常在用于焊接的钢中，限制硫的含量在 0.05%以下。

(8) 磷。磷通常也是钢中的杂质。磷的含量增多，会使钢变脆，韧性显著降低。当温度低于 200℃时，容易使钢材和焊缝中出现冷裂缝。所以一般碳素钢中的含磷量不超过0.045%。但有几种普通低合金钢中含磷量较高(0.05%～0.12%)。磷作为一种合金元素，用以改善钢的耐腐蚀性。

当采用新材料制造焊接结构件时，了解及评定新材料的可焊性，是产品设计、施工准备及正确制订焊接工艺的重要依据。因此，如何评定金属材料的可焊性是十分重要的。通常，工业生产上评定金属材料可焊性的方法有直接试验法和碳当量法等。

8.3.2 碳钢的焊接

碳钢按其熔炼的方式不同，可分为沸腾钢、镇静钢和半镇静钢。碳钢的机械性能和可焊性随钢中含碳量而异，故按习惯将碳钢又可分为以下三类：低碳钢(含碳量小于 0.25%)、中碳钢(含碳量 0.25%～0.60%)和高碳钢(含碳量大于 0.60%)。

1. 低碳钢的焊接

低碳钢塑性好很容易进行焊接，一般无淬硬倾向，可焊性好，故不必采取特殊措施。许多焊接方法，如手弧焊、自动焊、半自动焊、气焊、CO_2 保护焊和接触焊等，都能保证低碳钢的焊接质量。由于工艺简单，在常温条件下，一般的结构件在焊接前均不必预热，焊接后也不必进行热处理，因此可在不同场合下采用。低碳钢已广泛用于多种结构件的制造中。

2. 中、高碳钢的焊接

中碳钢的强度比低碳钢高，中碳钢经过适当的热处理后，可以改善其机械性能，故多用于制造各种机器零件，如轴、连杆、齿轮、螺钉等。但也常用于大型铸造机件，如传动轴、轧辊等。后一类产品是焊接中常见到的。

高碳钢比中碳钢具有更高的硬度与耐磨性，故多用于制造刀具、量具、冲模等工具。也有在钢中加入某些合金元素而用来制造锻模、铸钢车轮等。

中碳钢和高碳钢由于含碳量高，淬火倾向大，在焊接时的困难在于设法避免焊缝与近缝区产生裂缝。

为了避免焊缝中产生热裂缝，应尽量减少熔池中的含碳量。为此，应该采用开坡口的接头，选用小电流和细焊丝以减小熔深。此外，还应尽量用多层焊接。

为避免近缝区产生裂缝，必须减慢冷却速度，减小过热区的宽度。为此，必须在焊前进行焊件预热和焊后缓冷，尽量采用多层焊，必要时还要进行焊后热处理。

8.3.3 合金结构钢的焊接

凡是用作机械、机构零件及建筑工程金属结构件的钢，都称为结构钢。所谓合金结构钢，就是在钢中加入少量合金元素，以大大提高钢的强度，并保证必要的塑性及韧性的高强度钢。

按钢中合金元素含量的多少，合金结构钢可分为两种，即低合金钢，合金元素总量不超过 5%；中合金钢，合金元素总量在 5%～10%之间。一般结构钢中常用的合金元素，有锰、硅、铬、钼、钨、钒、钛、铜、铝、硼及镍。焊接金属结构件采用最多的是可焊接低合金结构钢(或称可焊接低合金高强钢)。

合金结构钢在焊接时的热影响区存在淬硬倾向，所以合金结构钢的焊接容易出现裂纹。热裂纹是焊缝金属在高温状态下产生的裂纹。影响热裂纹产生的因素很多，从合金元素方面来看，碳和硫是增大热裂纹倾向的主要元素，其次是铜，而锰是提高钢抗裂性的主要元素。由于我国普低钢及焊接材料的特点之一是含碳量较低，且大部分含有一定量的锰，所以，普低钢抗热裂纹的性能比较好。

根据目前低合金结构钢所常用的焊接工艺方法，这里所说的焊接材料，是指手工焊焊条、埋弧焊以及二氧化碳保护焊焊丝。选择焊接材料，首先要满足焊缝金属与母材等强度以及其他机械性能指标符合有关规定的要求。焊缝强度等于或稍高于母材即可，如果强度过高，则会出现裂缝。随着钢材强度等级的提高，焊缝产生冷裂纹的倾向也加剧。在钢种一定的条件下，产生冷裂纹的主要因素有三个：第一，焊缝及热影响区的含氢量；第二，热影响区的淬硬程度；第三，接头的刚度所决定的焊接残余应力。为了避免冷裂纹，必须把各种影响因素综合起来考虑，尤其在刚度极大的焊接接头中，在焊接后如果不及时进行热处理，焊缝很容易产生冷裂纹和属于冷裂纹性质的“延迟裂纹”。“延迟裂纹”是在焊后没有及时进行热处理的情况下，焊件在停放一段较长时间后产生的冷裂纹。必要时需采用预热处理，对于强度级别高的低合金钢件，焊前一般均需预热，焊后不能立即热处理的，可先进行消氢处理，即焊后立即将工件加热到200～300℃，保温2～6 h，以加速氢扩散逸出，防止产生因氢引起的冷裂纹。

8.3.4 铸铁的补焊

铸铁是机械制造业中应用最广泛的一种材料。铸件在铸造及使用的过程中经常会出现各种缺陷，以致在使用过程中有时会发生局部损坏或断裂，此时可用焊接手段将其修复，其经济效益是很大的。所以，铸铁的焊接主要是焊补工作。

铸铁具有强度低、塑性差、对冷却速度很敏感等特性，而一般焊接过程又具有使工件加热、冷却快及受热不均匀等特点，这样就使灰口铸铁的焊接产生了其本身所特有的几个矛盾。

(1) 焊接接头上易产生白口组织。白口组织是一种脆硬的组织，白口组织的存在，增加了焊接接头发生裂纹的可能性，严重破坏了铸件焊后的机械加工性能，并降低俦件焊补后的使用性能，故白口组织问题就成了铸铁焊接时的一个主要矛盾。

(2) 铸铁强度低，塑性差，焊接接头上易产生裂纹。可通过预热、缓冷及其他工艺措施减小热应力，也可采用分段断续焊及分散焊的焊接方法，以避免母材局部过热，有助于减小热应力。

(3) 铸铁含碳量高，焊接时易生成 CO_2 和 CO 气体，焊缝易产生气孔。铸铁的焊接方法可根据不同的铸件要求而选定。按照焊接前铸件有无预热可分为热焊和冷焊。热焊是预先将铸件全部或局部加热到600～650℃，在此温度下完成焊接过程；冷焊是铸件不经过预热就进行焊接。

8.3.5 有色金属的焊接

1. 铜和铜合金的焊接

铜和铜合金的焊接比低碳钢的焊接要困难得多，这和它们本身的物理性质和化学性质是分不开的。铜及其合金的导热性和热容量很大，焊接时必须采用较大的热源，并需要预热，因此加热区域比钢要大得多，因而热影响区较大，而且在热影响区容易产生缺陷。高的热膨胀系数与大的焊接热源，对于刚度较小的工件来说，容易产生变形，而对于刚度较大的工件来说，由于内应力增大，接头会产生裂缝。铜及其合金在液态时的流动性很大，也增加了焊接操作的困难。

铜的焊接主要困难是在焊接过程中熔化金属很易氧化，形成的氧化物妨碍焊缝金属中晶粒的联结，降低了焊缝的强度和塑性，在热影响区中，由于金属过热而得到粗晶粒的组织，降低了强度；熔化的铜具有很大的吸气性(特别是吸收氢)而易生成气孔和裂纹；铜有很大的导热性，增大热影响区。为克服上述困难，在焊接铜时必须采用一些特殊的方法。铜合金比纯铜更容易氧化，例如黄铜(铜锌合金)中的锌沸点很低，极易烧蚀蒸发并生成氧化锌。锌的烧损不但改变了焊接接头的化学成分，降低焊接接头性能，而且所形成的氧化锌烟雾易引起焊工中毒。铝青铜中的铝，在焊接中易生成难熔的氧化铝，增大熔渣黏度，易生成气孔和夹渣。

铜及铜合金可用氩弧焊、气焊、碳弧焊和钎焊等进行焊接，其中氩弧焊主要用于焊接紫铜和青铜件，气焊主要用于焊接黄铜件。

2. 铝和铝合金的焊接

铝和铝合金有很多优良的性能，如比强度大(比强度 = 强度极限 / 比重)，抗腐蚀性好，导热性及导电性高，因此在工业中的应用越来越广泛。

铝和铝合金的焊接也比较困难，其焊接特点有以下几个方面：

(1) 铝的熔点低(858℃)、导热性高、热熔量大和线膨胀系数大，这就要求在焊接时采用能量集中的高功率热源，否则将增大热影响区，产生严重变形及未焊透现象。在高温时，由于铝的强度小，常常支持不住液体熔融金属的重量而破坏焊缝的形成，为此，在焊接时要采用垫板和夹具。

(2) 铝和氧有很强的结合能力，形成难熔的三氧化二铝(熔点为 2050℃)，而这种氧化物性质柔软，比重大(3.85)，这不但妨碍焊接过程的顺利进行，而且有可能造成夹杂物。因此，在焊接时必须设法去除、防止或减少这种氧化物的生成。

(3) 铝在液态时可吸收大量氢，而在固态时却几乎不溶解氢。因此，铝的焊接易生成气孔。

(4) 铝和铝合金由固态转变为液态时，并无颜色的变化，因此很难确定接缝坡口在什么时候已经熔化，这就造成了焊接操作上的困难。

随着铝合金的应用与发展，铝和铝合金的焊接技术也得到了迅速发展。目前已有一系列焊接铝的方法，其中主要的有气焊、钨极氩弧焊、熔化极氩弧焊及钎焊等。其中氩弧焊是焊接铝和铝合金较好的方法，在焊接时可不用焊剂，但要求氩气纯度大于 99.9%。气焊常用于要求不高的铝和铝合金工件的焊接。

8.4 焊接结构设计

8.4.1 合理选择和利用材料

选材是结构设计中重要的一环。根据所采用的焊接方法和加工方式的不同，焊接结构材料在选择时必须同时能满足使用性能和加工性能要求。使用性能包括材料的强度、塑性、韧性、耐磨、抗腐蚀和抗蠕变等。加工性能主要是保证材料的焊接性，其次是考虑材料冷、热加工的性能，如热切割、热弯、冷弯、金属切削和热处理等性能。

在满足使用性能和加工性能的前提下，应优先选用焊接性较好的材料：

(1) 选用低合金钢：含碳量小于 0.25%的低碳钢和碳含量小于 0.4%的低合金钢，都具有良好的焊接性。

(2) 选用镇静钢：因脱氧完全、组织致密和质量较好，重要的焊接结构应选用镇静钢。

(3) 不宜选用沸腾钢：因含氧量较高，组织成分不均匀，有较显著的区域偏析、疏松和夹杂物，焊接时易产生裂纹。

采用异种材料焊接时，要特别注意材料的焊接性。化学成分和物理性能相近的材料，焊接一般困难不大；成分和性能差别很大的材料，一般焊接困难较大，通常应以焊接性差的材料确定焊接工艺。

各种常用金属材料的焊接性如表 8-2 所示。

表 8-2　常用金属材料的焊接性

合金材料	气焊	手工电弧焊	埋弧焊	CO_2保护焊	氩弧焊	电渣焊	点焊、缝焊	对焊	钎焊
低碳钢	A	A	A	A	A	A	A	A	A
中碳钢	A	A	B	B	A	A	B	A	A
低合金钢	B	A	A	A	A	A	A	A	A
不锈钢	A	A	B	B	A	B	A	A	A
铸铁	B	B	C	C	B	B	(—)	D	B
铝合金	B	C	C	D	A	D	A	A	C

注：A—焊接性良好；B—焊接性较好；C—焊接性较差；D—焊接性不好；(—)—很少采用。

8.4.2　焊接接头的工艺设计

1. 焊接方法的选择

选择焊接方法时必须根据被焊材料的焊接性、接头形式、焊接厚度、焊缝空间位置、焊接结构特点以及工作等多方面因素综合考虑后予以确定。在保证产品质量的前提下，优先选择常用的焊接方法，若生产批量大，还必须考虑尽量提高生产效率和降低成本。

低碳钢和低合金结构钢焊接性能好，各种焊接方法均适用，但一般不应选用氩弧焊等高成本的焊接方法；当焊接合金钢和不锈钢等重要工件时，则应采用氩弧焊等保护条件较好的焊接方法；若焊件板厚为中等厚度(10～20 mm)，可选用手工电弧焊、埋弧焊和气体保护焊，氩弧焊成本较高，一般不宜选用；长直焊缝或大直径环形焊缝、生产批量较大，可选用埋弧焊；单件生产，或焊缝短且处于不同空间位置，选用手工电弧焊；薄板轻型结构，且无密封要求，则采用点焊可提高生产效率，如果有密封要求，则可选用缝焊。

对于稀有金属或高熔点合金的特殊构件，焊接时可考虑采用等离子弧焊接、真空电子束焊接、脉冲氩弧焊焊接，以确保焊接件的质量。对于微型箔件，则应选用微束等离子弧焊或脉冲激光点焊。

2. 焊缝的布置

在焊接结构中，焊缝布置是否合理，对焊接接头质量和生产率都有很大的影响。在焊接时焊缝应尽量放在平焊位置，尽可能避免仰焊焊缝，减少横焊焊缝等。

焊缝布置一般原则如下：

(1) 焊缝布置应尽可能分散，避免密集交叉，如图 8-19(a)所示。

(2) 焊缝的位置尽可能对称，如图 8-19(b)所示。

(3) 焊缝应尽量避开最大应力断面和应力集中位置，如图 8-19(c)所示。

(4) 焊缝应尽量避开机械加工表面，如图 8-19(d)所示。

(5) 焊缝位置应便于焊接操作，如图 8-19(e)所示。

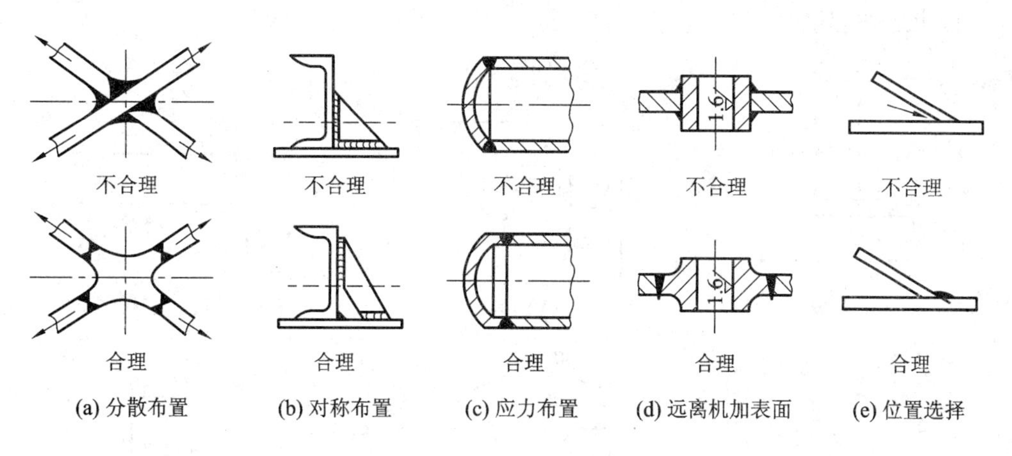

图 8-19　焊缝布置

好的焊接结构设计，还应尽量使全部焊接部件，至少是主要部件能在焊接前一次装配点固，以简化装配焊接过程，节省场地面积，减少焊接变形，提高生产效率。

3. 接头形式的选择

焊接碳钢和低合金钢的接头形式可分为对接接头、角接接头、T 形接头和搭接接头(如图 8-20 所示)。焊接接头的选择主要依据焊接结构形式、焊件厚度、焊缝强度要求及施工条件等情况。各种接头形式特点如下：

(1) 对接接头。受力均匀，在静载和动载作用下都具有很高的强度，且外形平整美观，是应用最多的接头形式，但对焊前准备和装配要求较高，重要的受力焊缝应尽量采用。

(2) 角接接头。接头成直角或一定角度，通常只起连接作用，只能用来传递工作载荷。

(3) T 形接头。受力情况较对接接头复杂，用于接头呈直角或一定角度的连接。T 形接头广泛应用在空间类焊件上，具有较高的强度，如船体结构中约 70%的焊缝采用了 T 形接头。

(4) 搭接接头。焊前准备简便不需要开坡口，装配时尺寸要求不高，对某些受力不大的平面连接和空间构架，采用搭接接头可节省工时，但受力时产生附加弯曲应力，降低了接头强度。

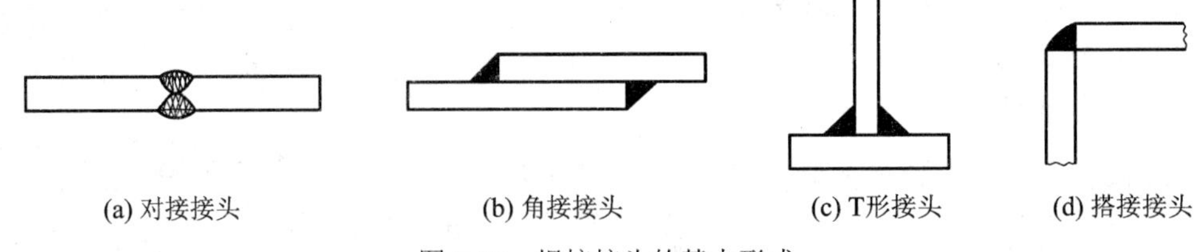

(a) 对接接头　(b) 角接接头　(c) T形接头　(d) 搭接接头

图 8-20　焊接接头的基本形式

4. 坡口形式

为使厚度较大的焊件能够焊透，常将金属材料边缘加工成一定形状的坡口，并且坡口能起到调节母材金属和填充金属比例即调节焊缝成分的作用。

坡口根据其形状可分为三类：基本型，如 I 形、V 形、U 形、Y 形、双 Y 形、双 U 形、双 V 形等(如图 8-21 所示)；特殊型，如卷边的、带垫板的、锁边的和塞焊、开槽焊等；组合型，由上述各型组合而成。

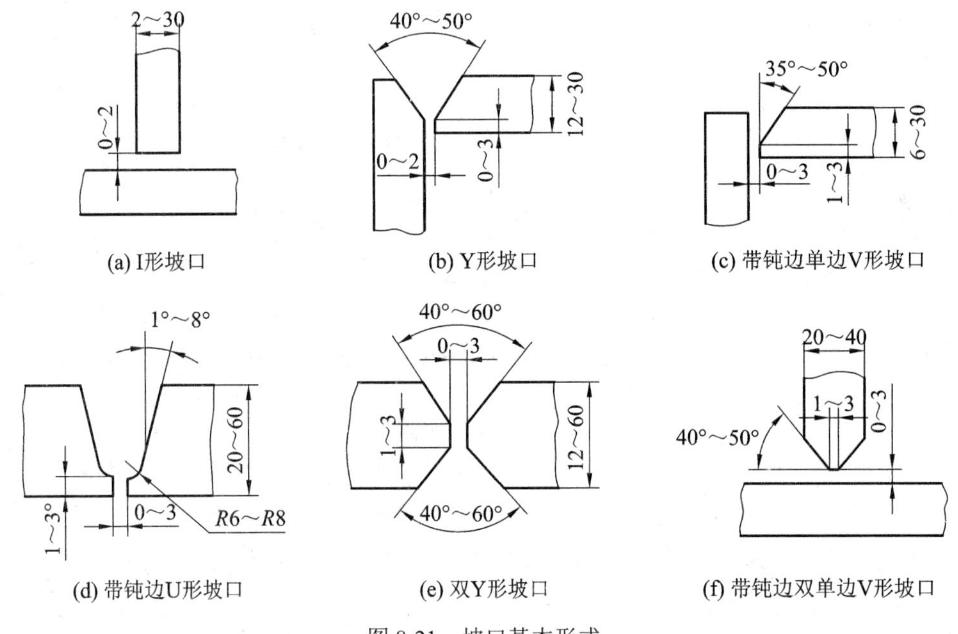

(a) I形坡口　(b) Y形坡口　(c) 带钝边单边V形坡口

(d) 带钝边U形坡口　(e) 双Y形坡口　(f) 带钝边双单边V形坡口

图 8-21　坡口基本形式

采用双 V 形、单边 V 形、双单边 V 形、V 形、Y 形、I 形等坡口可用气割、等离子弧切割，也可用金属切削方法加工。但双 U 形、带钝边 U 形、U 形、Y 形坡口一般需用刨边机加工，效率较热切割低；内径较小的容器或管道，不便翻转的结构，为避免仰焊及不能从内侧施焊，可采用 Y 形、带垫板 Y 形、带垫板 V 形、VY 形、带钝边的 U 形坡口的接头和焊缝形式；同样板厚 Y 形比双 Y 形坡口的熔敷金属量增加最大可达 50%，双 U 形或 U、Y 形则更加节省熔敷金属。因此，对于大厚度的焊接接头，为减小焊接材料的消耗量采用这种较经济的坡口。

总之，无论选择哪一种坡口形式，都首先要保证接头质量，同时还要考虑经济性。

5. 接头过渡形式

厚度不同的材料，易造成接头处的应力集中，且接头两侧受热不匀易产生未焊透等缺陷。应在较厚的板料上加工出单面或双面斜边的过渡形式，如图 8-22 所示。厚度不同的金属材料焊接时，在允许的厚度差内可以不加工斜边过渡形式。不同厚度材料焊接时允许的厚度差如表 8-3 所示。

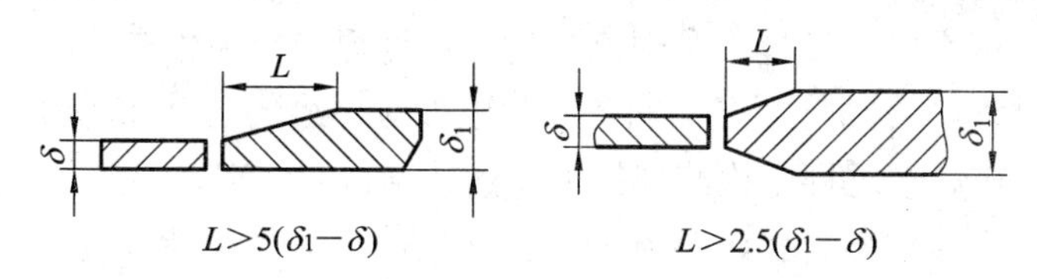

图 8-22　不同厚度金属材料对接的过渡形式

表 8-3　不同厚度材料焊接时允许的厚度差

材料厚度/mm	2～5	6～8	9～11	≥12
允许厚度差$(\delta_1-\delta)$/mm	1	2	3	4

8.5　焊接技术的新进展

焊接技术自发明至今已有百余年的历史，工业生产中的一切重要产品，如航空、航天及核能工业中产品的生产制造都离不开焊接技术。当前，新兴工业的发展迫使焊接技术不断前进，如微电子工业的发展促进了微型连接和设备的发展；陶瓷材料和复合材料的发展促进了真空钎焊、真空扩散焊、喷涂以及黏接工艺的发展。所以，焊接技术将随着科学技术的进步而不断发展，主要体现在以下几个方面：

1. 能源方面

目前，焊接热源已非常丰富，如火焰、电弧、电阻、超声、摩擦、等离子、电子束、激光束、微波等等，但焊接热源的研究与开发并未终止。

首先是对现有热源的改善。使热源更为有效、方便、经济实用，在这方面，电子束和激光束焊接的发展较显著；其次是开发更好、更有效的热源。采用两种热源叠加以求获得更强的能量密度，例如在电子束焊中加入激光束等；再次是节能技术，如太阳能焊、电阻点焊中利用电子技术的发展来提高焊机的功率因数等。

2. 计算机在焊接中的应用

目前以计算机为核心建立的各种控制系统包括焊接顺序控制系统、PID 调节系统、最佳控制及自适应控制系统等。这些系统均在电弧焊、压焊和钎焊等不同的焊接方法中得到应用。

计算机软件技术在焊接中的应用越来越得到人们的重视。目前，计算机模拟技术已用于焊接热过程、焊接冶金过程、焊接应力和变形等的模拟；数据库技术被用于建立焊工档案管理数据库、焊接符号检索数据库、焊接工艺评定数据库、焊接材料检索数据库等；在焊接领域中，CAD/CAM 的应用正处于不断开发阶段，焊接的柔性制造系统也已出现。

3. 焊接机器人和智能化

焊接机器人的主要优点是稳定和提高焊接质量，保证焊接产品的均一性；提高生产率，可一天24小时连续生产；可在有害环境下长期工作，改善了工人作业条件；降低了对工人的操作技术要求；可实现小批量产品焊接自动化；为焊接柔性生产线提供了技术基础。

为提高焊接过程的自动化程度，除了控制电弧对焊缝的自动跟踪外，还应实时控制焊接质量，为此需要在焊接过程中检测焊接坡口的状况，如熔宽、熔深和背面、焊道成形等，以便能及时地调整焊接参数，保证良好的焊接质量，这就是智能化焊接。智能化焊接的第一个发展重点在视觉系统，智能化焊接的关键技术是传感器技术。

有关焊接工程的专家系统，近年来国内外已有较深入的研究，并已推出或准备推出某些商品化焊接专家系统。焊接专家系统是具有相当于专家的知识和经验水平，以及具有解决焊接专业问题能力的计算机软件系统。

在此基础上开发的焊接质量计算机综合管理系统在焊接中也得到了应用，其内容包括对产品的初始试验资料和数据的分析、产品质量检验、销售监督等，其软件包括数据库、专家系统等技术的具体应用。

4. 提高焊接生产率

提高生产率的途径有两个方面：其一是提高焊接熔敷率。手弧焊中的铁粉焊、重力焊、躺焊等，埋弧焊中的多丝焊、热丝焊均属此类，其效果显著。例如三丝埋弧焊，其工艺参数分别为 2200 A × 33 V、1400 A × 40 V 和 1100 A × 45 V，采用坡口截面较小，背面采用挡板或衬垫，50～60 mm 的钢板可一次焊透成形，焊速达到 0.4 m/min 以上，其熔敷效率是手弧焊的100倍以上。其二是减少坡口截面及熔敷金属量。近10年来最突出的成就是窄间隙焊接，窄间隙焊接采用气体保护焊为基础，利用单丝、双丝或三丝进行焊接，无论接头厚度如何均可采用对接形式。例如，钢板厚度范围为50～300 mm，间隙均设计为13 mm左右，因而所需熔敷金属量成数倍、数十倍地降低，从而大大提高了生产率。电子束焊、激光束焊及等离子弧焊时，可采用对接接头，且不用开坡口，因此是理想的窄间隙焊接法。

技 能 训 练

一、手工电弧焊的操作

1. 实训目的

培训学生掌握手工电弧焊的实际操作过程。

2. 实训设备及用品

焊机、焊条、焊件。

3. 实训指导

焊条电弧焊是手工电弧焊的一种，也是应用最广的一种焊接方法。下面我们以低碳钢板对接向上立焊为例，讲述手工电弧焊的实际操作过程。

1) 低碳钢板对接向上立焊操作技术特点

低碳钢板对接向上立焊，焊件坡口呈垂直向上位置，在焊接时，熔滴和熔渣受重力的作用很容易下淌。当焊条角度、运条方法、焊接参数选择不当时，就会形成焊缝背面烧穿、焊瘤、未焊透，正面焊缝表面成形不良、咬边、夹渣、气孔等缺陷。为了保证焊接质量，在焊接过程中，要采取相应措施，防止上述焊接缺陷的产生。

2) 焊前准备

(1) 焊机。选用 BX3-500 交流电焊机 1 台。

(2) 焊条。选用 E4303 酸性焊条，焊条直径为 3.2 mm，焊前经 75～150℃烘干，保温 2 h。焊条在炉外停留时间不得超过 4 h。焊条药皮开裂或偏心度超标的不得使用。

(3) 焊件(试板)。采用 Q235-A 低碳钢板，厚度为 12 mm，长为 300 mm，宽为 125 mm，用剪板机或气割下料，然后用刨床加工成 V 形 30° 坡口。气割下料的焊件，其坡口边缘的热影响区焊前应该刨去。

(4) 辅助工具和量具。辅助工具和量具包括焊条保温筒、角向打磨机、钢丝刷、敲渣锤、样冲、划针、焊缝万能量规等。

3) 焊前装配定位及焊接

装配定位的目的是把两块焊件装配成合乎焊接技术要求的 Y 形坡口(带钝边的 V 形坡口)的试板。立焊 V 形坡口焊件如图 8-23(a)所示。

(1) 准备试板。用角向打磨机将焊件两侧坡口面及坡口边缘 20～30 mm 范围以内的油污、锈、垢清除干净，使之呈金属光泽。然后，在钳工台虎钳上修磨坡口钝边，使钝边尺寸保持在 0.5～1.5 mm，最后在距坡口边缘 100 mm 处的焊件表面，用划针划上与坡口边缘平行的平行线，如图 8-23(b)所示，并打上样冲孔，作为焊后测量焊坡口每侧增宽的基准线。

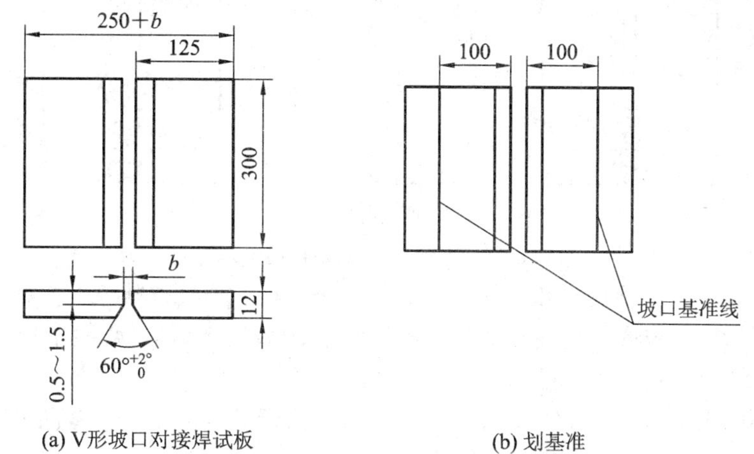

(a) V形坡口对接焊试板　　(b) 划基准

图 8-23　对接立焊 V 形坡口试板的装配

(2) 焊件装配。将打磨好的焊件装配成 V 形坡口的对接接头，装配间隙始焊端为 3.2 mm，终焊端为 4 mm(可以用 ϕ3.2 mm 和 ϕ4 mm 焊条头夹在焊件坡口的钝边处，定位焊牢两焊件，然后用敲渣锤打掉定位用的 ϕ3.2 mm 和 ϕ4 mm 焊条头即可)。终焊端放大装配间隙的目的是克服焊件在焊接过程中，因为焊缝横向收缩而使焊缝间隙变小，影响背面焊缝的焊透质量。再者，电弧由始焊端向终焊端移动，在 300 mm 长的焊缝中，终焊端不仅有电弧的直接加热，还有电弧在 0～300 mm 长的移动过程中传到终焊端的热量，随着热量的叠加，使终焊端处温度高，焊缝的横向收缩力加大，所以，终焊端间隙要比始焊端间隙大。

装配好焊件后，在焊缝的始焊端和终焊端 20 mm 内，用一只 3.2 mm 的 N4303 焊条进行定位焊接，定位焊缝长为 10～15 mm(定位焊缝焊在正面焊缝处)，对定位焊缝的焊接质量要求与正式焊缝一样。

(3) 反变形。焊件焊后，由于焊缝在厚度方向上的横向收缩不均匀，两块焊件会离开原来的位置翘起一个角度，这就是角变形，翘起的角度称为变形角。12～16 mm 厚焊件焊接时，变形角控制在 3° 以内。为此在焊件定位焊时，应将焊件的变形角向相反的方向做成 3° 的反变形角。

(4) 焊接操作。板厚为 12 mm 的焊件，对接向上立焊，焊缝共有四层：第一层为打底层，第二、三层为填充层，第四层为盖面层。焊缝层次分布如图 8-24 所示。

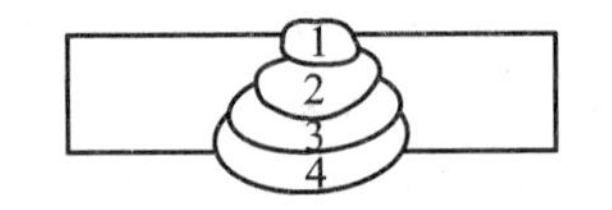

图 8-24　焊缝层

① 打底的断弧焊。焊条直径为3.2 mm，焊接电流为90～100 A，焊接速度为6～7 cm/min。焊接从始焊端开始，引弧部位在始焊端上部 10～20 mm 处，当电弧引燃后，迅速将电弧移到定位焊缝上，预热焊 2～3 s 后，将电弧压到坡口根部，听到击穿坡口根部而发出“噗噗”的声音后，在焊接防护镜保护下看到定位焊缝以及相接的坡口两侧金属开始熔化并形成熔池，这时迅速提起焊条、熄灭电弧。此处所形成的熔池是整条焊缝的起点，从这一点开始，以后的打底层焊采用两点击穿法焊接，如图 8-25 所示。

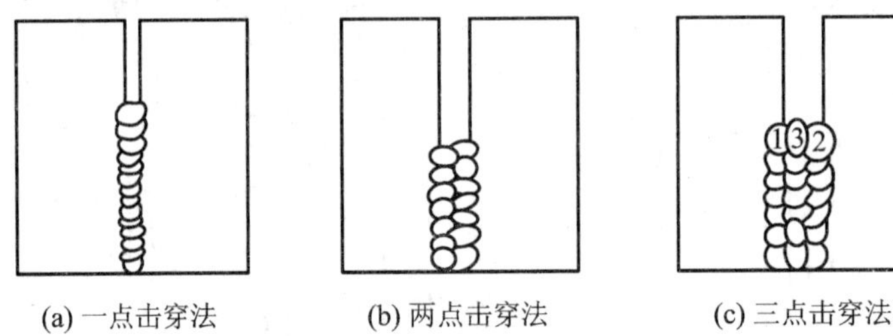

(a) 一点击穿法　(b) 两点击穿法　(c) 三点击穿法

图 8-25　立焊位置断弧焊操作方法

断弧焊法每引燃、熄灭电弧一次，就完成一个焊点的焊接，其节奏控制在每分钟灭弧 45～55 次之间。焊工应该根据坡口根部熔化程度(由坡口根部间隙、焊接电流、钝边的大小、待焊处的温度等因素决定)，控制电弧的灭弧频率。在断弧焊过程中，每个焊点与前一个焊点重叠 2/3，焊接速度应控制在 1～1.5 mm/s，打底层焊缝正面余高、背面余高以 2 mm 左右为佳。

当焊条长度剩余 50～60 mm 时，需要作更换焊条的准备。此时迅速压低电弧，向焊缝熔池边缘连续过渡几滴熔滴，以便使焊缝背面熔池饱满，防止形成冷缩孔。与此同时，还在坡口根部形成了每侧熔化 0.5～1 mm 的熔孔，这时应该迅速更换焊条，并在熔池尚处在红热状态下，立即在熔池上端 10～15 mm 处引弧。电弧引燃后，稍作拉长并退至原焊接熔池处进行预热，预热时间控制在 1～2 s 内。然后将电弧移向熔孔处压低电弧，看到被加热的熔孔有出汗的现象，继续压低电弧击穿坡口根部，听到发出“噗噗”的声音后，按两点击穿法，继续完成以后的打底层焊道的焊接。

② 填充焊。焊条直径为3.2 mm，施焊时焊条与焊缝下端的夹角为55°～65°，采用连弧焊法，锯齿形横向摆动焊条。为了防止出现焊缝中间高、两侧低的现象，焊条从坡口一侧摆动到另一侧时应该稍快些，并在坡口两侧稍作停顿。为了保证焊缝与母材熔合良好和避免夹渣，在焊接时电弧要短。为了防止在焊接过程中产生偏弧，使空气侵入焊缝熔池产生气孔，在焊接过程中，也不要随意加大焊条角度。填充层焊完后的焊道表面应该平滑整齐，不得破坏坡口边缘，填充金属表面与母材表面相差约0.5～1.5 mm，以保持坡口两侧边缘的原始状态，为盖面层焊接打好基础。

③ 盖面焊。保证盖面层焊接质量的关键是在焊接过程中焊条摆动要均匀，严格控制咬边缺陷的产生，使焊缝接头良好。

在盖面层焊前应将填充层焊缝表面的焊渣清理干净。在施焊过程中，焊条角度要调整，即焊条与焊缝下端的夹角为70°～80°，采用连弧焊法，焊接电弧的1/3弧柱应将坡口边缘熔合 1～1.5 mm，摆动焊条时，要使电弧在坡口一侧边缘稍作停留，待液体金属饱满后，再将电弧运至坡口的另一侧，以避免焊趾处产生咬边缺陷。

在焊接过程中，更换焊条要迅速，从熔池上端引弧，然后将电弧拉向熔池中间并指向弧坑，在弧坑填满后即可正常焊接。

4) 焊缝清理

在焊接完后，用敲渣锤清除焊渣，再用钢丝刷进一步将焊渣、焊接飞溅物等清理干净，使焊缝处于原始状态，交付专职检验前不得对各种焊接缺陷进行修补。

5) 焊接质量检验

(1) 焊缝外形尺寸：焊缝余高 0～4 mm，焊缝余高差≤3 mm，焊缝宽度比坡口每侧增宽 0.5～2.5 mm，宽度差≤3 mm。

(2) 焊缝表面缺陷：咬边深度≤0.5 mm，焊缝两侧咬边总长度不超过 30 mm，背面凹坑深度≤2 mm，总长度＜30 mm，焊缝表面不得有裂纹、未熔合、夹渣、气孔、焊瘤和未焊透。

(3) 焊件变形：焊件(试板)焊后变形角度 $\theta \leq 3°$，错边量≤2 mm。

(4) 焊缝内部质量：焊缝经 JB 4730—1994《压力容器无损检测》标准检测，射线透照质量不低于 AB 级，焊缝缺陷等级不低于Ⅱ级。

二、CO_2气体保护焊的操作

1. 实训目的

培训学生掌握 CO_2 气体保护焊的实际操作过程。

2. 实训设备及用品

焊枪、焊件。

3. 实训指导

下面以厚度为 12 mm 薄板的 V 形坡口对接平焊为例，讲述 CO_2 气体保护焊的实际操作过程。

1) 装配及定位焊

装配间隙及定位焊如图 8-26 所示，试件对接平焊的反变形如图 8-27 所示。

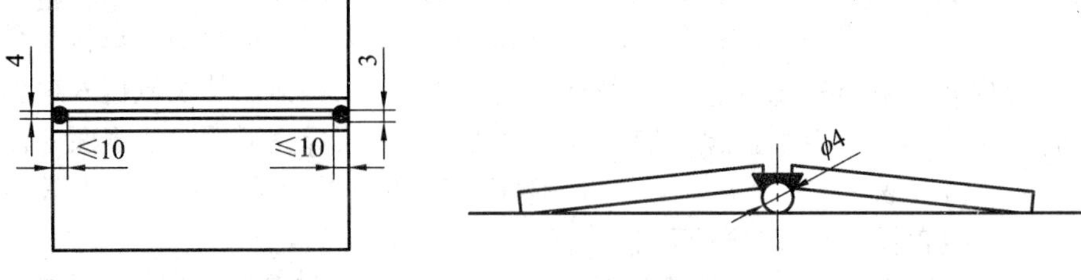

图 8-26　装配间隙及定位焊　　　　图 8-27　对接平焊的反变形

2) 焊接参数

焊接参数如表 8-4 所示，介绍了两组参数：第一组用直径为 1.2 mm 的焊丝，较难掌握，但适用性好；第二组用直径为 1.0 mm 焊丝，比较容易掌握，但因直径 1.0 mm 的焊丝不普遍，适用性较差，使用受到限制。

表 8-4　焊接参数

组别	焊接层次位置	焊丝直径/mm	焊丝伸出长度/mm	焊接电流/A	电弧电压/V	气体流量/(L/min)	层数
第一组	打底焊	1.2	20～25	90～100	18～20	10～15	3
	填充焊			220～240	24～26	20	
	盖面焊			230～250	25	20	
第二组	打底焊	1.0	15～25	90～95	18～20	10	3
	填充焊			110～120	20～22		
	盖面焊			110～120	20～22		

3) 焊接要点

(1) 焊枪角度与焊法。采用左向焊法，三层三道，对接平焊的焊枪角度如图 8-28 所示。

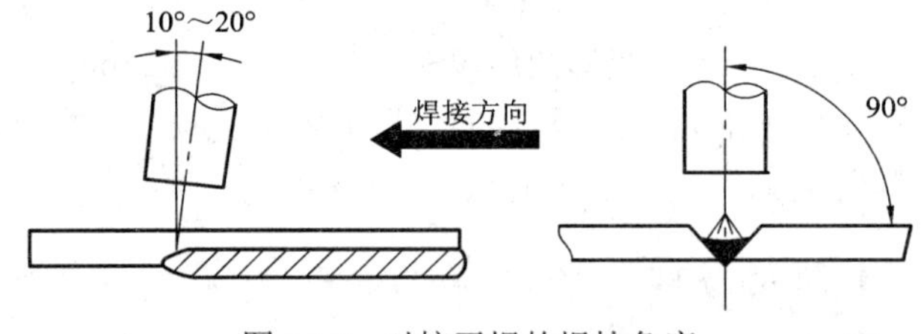

图 8-28　对接平焊的焊枪角度

(2) 焊件位置。焊前先检查装配间隙及反变形是否合适，间隙小的一端放在右侧。

(3) 打底焊。调试好打底焊的焊接参数后，在焊件右端预焊点左侧约 20 mm 处坡口两侧引弧，待电弧引燃后迅速右移至焊件右端头，然后向左开始焊接打底焊道，焊枪沿坡口两侧作小幅度横向摆动，并控制电弧在离底边约 2～3 mm 处燃烧，当坡口底部熔孔直径达到 3～4 mm 时转入正常焊接。

(4) 填充焊。调试好填充层的焊接参数后，在焊件右端开始焊填充层，焊枪横向摆动的幅度较打底层焊稍大，应注意熔池两侧的熔合情况，保证焊道表面平整并稍下凹。

焊填充层时要特别注意，除保证焊道表面的平整并稍下凹外，还要掌握焊道厚度，其要求如图8-29所示，焊接时不允许熔化棱边。

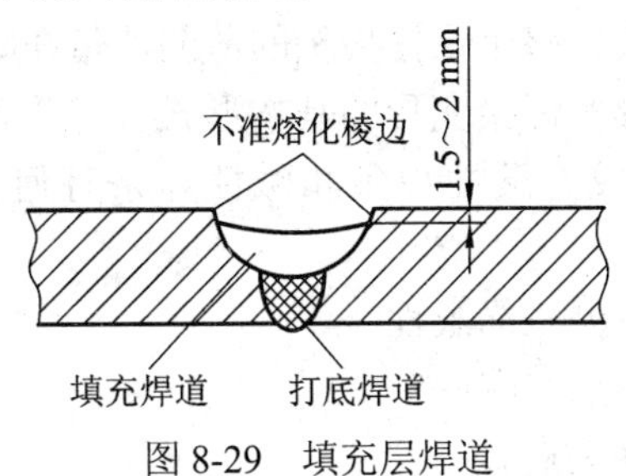

图8-29 填充层焊道

(5) 盖面焊。调试好盖面层的焊接参数后，从右端开始焊接，需注意以下事项：

① 保持喷嘴高度，特别注意观察熔池边缘，熔池边缘必须超过坡口上表面棱边0.5～1.5 mm，并防止咬边。

② 焊枪的横向摆动幅度比填充焊时稍大，尽量保持焊接速度均匀，使焊缝外形美观。

③ 收弧时要特别注意，一定要填满弧坑并使弧坑尽量短，防止产生弧坑裂纹。

项目小结

1. 电弧焊属于不加压的熔焊焊接方法，电弧焊是利用电弧加热和熔化金属进行焊接的方法。按电极不同，电弧焊可分为熔化电极焊和不熔化电极焊两种。电弧焊的应用极广，它可以焊接结构钢、铸铁、铜、铝及其合金、镍、铅等。

2. 除电弧焊外，其他常用焊接方法有电阻焊、摩擦焊、钎焊、电子束焊接、高频焊、超声波焊接等。

3. 可焊性是指金属材料经过焊接加工后，能否获得优良焊接接头的可能性。金属材料的成分、焊接方法、具体工艺及参数等均影响可焊性。

4. 低碳钢可焊性好，不必采取特殊措施。中碳钢和高碳钢焊接时设法避免焊缝与近缝区产生裂缝。

5. 合金结构钢就是在钢中加入少量合金元素，以大大提高钢的强度，并保证必要的塑性和韧性的高强度钢。合金结构钢的焊接容易出现裂纹。

6. 铸铁的焊接主要是焊补工作。按照焊接前对铸件有无预热可分为热焊和冷焊。

7. 铜和铜合金可用氩弧焊、气焊、碳弧焊、钎焊等进行焊接。其中，氩弧焊主要用于焊接紫铜和青铜件；气焊主要用于焊接黄铜件。

8. 根据所采用的焊接方法和加工方式的不同，焊接结构材料在选择时必须同时能满足使用性能和加工性能要求。

9. 选择焊接方法时必须根据被焊材料的焊接性、接头形式、焊接厚度、焊缝空间位置、焊接结构特点以及工作等多方面因素综合考虑后予以选择确定。

习 题

1. 什么是金属的焊接？焊接的种类有哪些？

2. 什么叫焊接电弧？电弧中各区的温度有多高？

3. 焊接接头由几部分构成？整个焊接接头的薄弱地带在哪？

4. 什么是焊接应力与变形？焊接变形的基本形式有哪些？

5. 电焊条由哪些部分组成？酸性焊条和碱性焊条有何不同？焊接时怎样合理选用焊条？

6. 埋弧焊有哪些特点？有哪些局限性?

7. 氩弧焊的种类和焊接特点有哪些？

8. 简述电阻焊的种类和优缺点。

9. 简述钎焊的分类和应用。

10. 金属材料的可焊性是什么意思？金属材料中所含除铁外的元素对钢的可焊性影响是什么(至少说出三种)？

11. 中、高碳钢焊接存在的问题是什么？如何解决？

12. 简述铜及铜合金的焊接容易出现的问题及可采用的焊接方法。

13. 焊缝布置原则和接头形式都有哪些？

14. 焊件为什么要开坡口？破口形式有哪些？

15. 为下列制品选择焊接方法：

自行车车架，钢窗，汽车油箱，电子线路板，锅炉壳体，汽车覆盖件，铝合金板

综合应用篇

项目 9　机械零件材料及毛坯制造工艺的选择

技能目标

(1) 了解毛坯的制造方法，会选择机械零件的材料和毛坯。

(2) 通过实例初步掌握零件加工工艺路线。

思政目标

对比“原材料经过冷、热加工成为用于工程领域的合格零件”与“每个人经过学习训练，成为对社会有用的人”，激励学生认真学习专业知识，树立专业意识，树立专业思维能力。

知识链接

机械零件在结构设计后的制造包括毛坯成形和切削加工两个阶段，毛坯成形方法的合理与否直接影响到零件的质量、使用性能、成本和生产效率；而零件的材料选定以后，其毛坯成形方法也大致确定了。因此，在结构设计后，合理地选材，确定毛坯成形方法是至关重要的，它直接关系到产品的质量及经济效益。

选择机械零件的材料、毛坯的类型和对于机械制造具有重要意义。本章将着重介绍材料、毛坯选择的原则及典型机械零件材料、毛坯加工工艺路线的选择。

9.1　机械零件材料的选择

选材合理性的标志应是在满足零件性能要求的前提下，最大限度地发挥材料的潜力，做到“物尽其用”。既要考虑提高材料强度和使用水平，同时也要减少材料的消耗和降低加工成本。因此要做到合理选材，必须要进行全面分析及综合考虑。

9.1.1　零件选材的一般原则

选材的一般原则是首先在满足零件使用性能的前提下，再考虑材料的工艺性和经济性；

机械零件的使用性能包括力学性能和理化性能。零件不同的结构形式，则采用不同方法制造，不同制造方法则要求选用不同的材料。此时，不但要求制造工艺简单、成本低，还要求材料价格低、来源供应充足。

1. 按零件使用性能要求选材

零件选材应满足零件工作条件对材料使用性能的要求。材料在使用过程中的表现，即使用性能，是选材时考虑的最主要根据。不同零件所要求的使用性能是不一样的，有的零件主要要求高强度，有的则要求高的耐磨性，而另外一些甚至无严格的性能要求，仅仅要求有美丽的外观。因此，在选材时，首要的任务就是准确地判断零件所要求的主要性能。

2. 按制造工艺性能要求选材

材料的工艺性能可定义为材料适应各种加工工艺而获得规定的性能和外形的能力，因此工艺性能影响了零件的内在性能、外部质量以及生产成本和生产效率等。

材料选择与工艺方法的确定应同步进行，工艺性能也是选材时应考虑的因素。在理想情况下，所选材料应具有良好的工艺性能，即技术难度小、工艺简单、能量消耗低、材料利用率高，保证甚至提高产品的质量。

3. 按经济性原则要求选材

质优、价廉、寿命高是保证产品具有竞争力的重要条件。在选择材料和制订相应的加工工艺时，应考虑选材的经济性原则。

所谓经济性选材原则，不是指选择价格最便宜的材料或是生产成本最低的产品，而是指运用价值分析的方法，综合考虑材料对产品功能与成本的影响，以达到最佳的技术经济效益。

9.1.2 零件选材的基本步骤

(1) 分析零件的工作条件及失效形式，找出引起失效的主要力学性能指标，初步确定材料的类型和范围。

(2) 对同类产品的用材情况进行研究，进一步缩小材料的类型和范围。

(3) 决定产品每个构件所要求的性能，对各种候选材料在性能上进行比较。

(4) 对外形、材料和加工方法进行综合考虑，并确定零件的热处理要求或其他强化处理方法。

(5) 审核关键性能指标要满足使用性能要求。

(6) 审核所选材料的综合经济指标。

(7) 投产前进行小批量生产试验。

9.1.3 机械零件的失效

1. 失效的基本概念

系统、装置或零件在加工或使用过程中丧失其规定功能的现象，我们称为失效。一般零件存在以下三种情况中的一种，都认为零件已经失效：

(1) 零件完全破坏，不能继续工作。

(2) 零件严重损伤，继续工作很不安全。

(3) 零件虽能安全工作，但已不能达到预定的效果。

零件的失效有达到预期寿命的正常失效，也有远低于预期寿命的早期失效。正常失效是比较安全的，而早期失效则会带来经济损失，甚至可能造成人身和设备事故。

2. 零件失效的形式

一般零件常见的失效形式有以下几种：

(1) 过量变形失效。零件在使用过程中的变形量超过允许范围而造成的失效。

(2) 断裂失效。零件因断裂而无法正常工作的失效。

(3) 表面损伤失效。零件在工作过程中，因机械或化学作用，使零件表面损伤而造成的失效。

对一些工程构件来说，常因腐蚀而影响其使用的也属于一种失效。

3. 零件失效的原因

引起零件失效的因素很多，涉及零件的结构设计、材料选择与使用、加工制造、装配、使用保养等。但就零件失效形式而言，则与其工作条件有关。零件工作条件包括：应力情况(应力的种类、大小、分布、残余应力及应力集中情况等)、载荷性质(静载荷、冲击载荷、变动载荷)、温度(低温、常温、高温或交变温度)、环境介质(有无腐蚀性介质、润滑剂)以及摩擦、振动条件等。

4. 零件的失效分析

零件失效分析的目的就是要找出零件失效的原因，并提出相应的改进措施。零件的失效分析是一项综合性的技术工作，大致有如下程序。

(1) 尽量仔细地收集失效零件的残骸，并拍照记录实况，确定重点分析的对象，样品应取自失效的发源部位，能反映失效的性质或特点。

(2) 详细记录并整理失效零件的有关资料，如设计情况(图纸)、实际加工情况及尺寸和使用情况等。根据这些资料全面地从设计、加工和使用进行具体的分析。

(3) 对所选试样进行宏观(用肉眼或立体显微镜)及微观(用高倍的光学或电子显微镜)断口分析，以及必要的金相剖面分析，确定失效的发源点及失效的方式。

(4) 对失效样品进行性能测试、组织分析、化学分析和无损探伤，检验材料的性能指标是否合格、组织是否正常、成分是否符合要求、有无内部或表面缺陷等等，全面收集各种必要的数据。

(5) 断裂力学分析。在某些情况下需要进行断裂力学分析，以便于确定失效的原因及提出改进措施。

(6) 综合以上各方面的分析做出判断，确定失效的具体原因，并提出改进措施，写出报告。

在现代工业中零件的工作条件日益苛刻，零件的失效往往会带来严重的后果，因此对零件的可靠性提出了越来越高的要求。另外，从经济性方面考虑，也要求不断提高零件的寿命。这些都使得零件失效分析变得越来越重要，失效分析的结果对于零件的设计、选材、加工以至使用，都有很大的指导意义。

9.2 机械零件毛坯的选择

零件毛坯的选择是指根据零件的图纸确定毛坯的类别、毛坯的制造方法、毛坯的形状(与成品零件的接近程度)、毛坯的公差等级、毛坯各加工表面的总余量及毛坯的技术要求等。本节重点介绍毛坯类别与毛坯制造方法的选择。

9.2.1 毛坯选择的原则

机械零件常用的毛坯类型有铸件、锻件、轧制型材、挤压件、冲压件、焊接件、粉末冶金件和注射成形件等，每种类型的毛坯都有多种成形方法，在选择时我们应遵循的原则是在保证毛坯质量的前提下，力求选用高效率、低成本、制造周期短的毛坯生产方法。一般毛坯选择步骤是首先由设计人员提出毛坯的材料和在加工后要达到的质量要求，然后再由工艺人员根据零件图纸、生产批量，并综合考虑交货期限及现有可利用的设备、人员和技术水平等选定合适的毛坯生产方法。具体要考虑的因素有以下几方面：

(1) 适用性原则。零件的使用要求主要包括零件的结构形状和尺寸精度、零件的工作条件(通常指零件的受力情况、工作环境和接触介质等)以及对零件性能的要求等。

(2) 工艺性原则。零件的工艺性是指在一定条件下，将材料加工成合格零件或毛坯的难易程度。它将直接影响零件的质量、生产率和成本。

(3) 经济性原则。应根据零件的选材和使用要求确定毛坯的类型，再根据零件的结构形状、尺寸大小和毛坯的结构工艺性及生产批量大小确定零件具体的生产方法，必要时还可对原设计提出修改意见，以利于降低毛坯生产成本。

(4) 兼顾现有生产条件原则。兼顾零件的使用要求和生产成本两个方面，在选择毛坯时还必须与本企业的具体生产条件相结合，保证方便、快捷地制造出高质量的产品。

9.2.2 毛坯的分类

1. 型材毛坯

机械制造中常用的型材有圆钢、方钢、扁钢、钢管及钢板，在切割下料后可直接作为毛坯进行机械加工。型材根据精度分为普通精度的热轧料和高精度的冷拉料。普通机械零件的毛坯多采用热轧型材，当成品零件的尺寸精度与冷拉料精度相符时，其最大外形尺寸可不进行机械加工。型材的尺寸有多种规格，可根据零件的尺寸选用，使切去的金属最少。

2. 焊接组合毛坯

根据毛坯的形状和尺寸及精度要求，用铸件、锻件、冲压件、型材或经局部机械加工的半成品组合焊接而成的毛坯。焊接组合毛坯适用于单件小批量生产中制造大型毛坯，其优点是制造简便、加工周期短、毛坯重量轻、成本较低；缺点是焊接件抗振动性差，在机械加工前需经过时效处理以消除内应力。

3. 铸造毛坯

铸造生产方法较多，根据零件的产量、尺寸及精度要求，可以采用不同的铸造方法。手工砂型铸造一般用于单件小批量生产，尺寸精度和表面质量较差；机器造型的铸件毛坯生产率较高，适于成批大量生产；熔模铸造适用于生产形状复杂的小型精密铸钢件；金属型铸造、压力铸造和离心铸造等特种铸造方法生产的毛坯精度、表面质量、力学性能及生产率都较高，但对零件的形状特征和尺寸大小有一定的适应性要求。

按铸造方法不同有砂型铸造、金属型铸造、离心铸造、压力铸造、熔模铸造等。

4. 锻压毛坯

锻件适用于要求强度较高、形状不太复杂的零件毛坯。锻件由于经过塑性变形，内部晶粒较细、均匀，没有铸造毛坯的内部缺陷，其机械性能优于同样材料的铸件。凡承受重载、交变应力的零件，如主轴、齿轮和连杆等零件都是常用锻件毛坯。锻造方法很难得到形状复杂、大型的毛坯，特别是有复杂内腔的毛坯。

按锻造方法不同，锻件可分为自由锻件、热模锻件、精密模锻件和冷挤压件等几种类型。

5. 冲压毛坯

绝大多数冲压件是在常温下对具有良好塑性的金属薄板进行变形或分离制成的。冲压件的主要特点是具有足够强度和刚度、有很高的尺寸精度、表面质量好、少或无切削加工性及互换性好，因此，冲压件应用十分广泛。但冲压件的模具生产成本高，故冲压件只适于大批量生产。

6. 粉末冶金毛坯

粉末冶金件是以金属粉末为原料，在压力机上通过模具压制成形后经高温烧结而成。粉末冶金件生产效率高、零件的精度高、表面粗糙度值小、一般可不再进行精加工，但金属粉末成本较高，适用于大批大量生产中只需少许或都不需加工的毛坯，主要用于中等复杂程度，不带螺纹的小型结构的零件。

9.2.3 常用零件的毛坯选择

常用的机器零件按照其结构形状特征可分为：轴杆类零件、盘套类零件和机架、箱体类三大类零件。这三大类零件的结构特征、基本工作条件和毛坯的一般制造方法大致如下：

1. 轴杆类零件

轴杆类零件是各种机械产品中用量较大的重要结构件，常见的有光轴、阶梯轴、曲轴、凸轮轴、齿轮轴、连杆和销轴等，如图 9-1 所示。轴在工作中大多承受着交变扭转载荷、交变弯曲载荷和冲击载荷，有的同时还承受拉-压交变载荷。

轴杆类零件常采用钢或铸铁，采用锻造或铸造毛坯，经机械加工成形。光轴毛坯一般采用热轧或冷轧圆钢；阶梯轴采用圆钢(尺寸及受力较小时)或锻件(尺寸及受力较大时)作毛坯；凸轮轴及曲轴一般采用球墨铸铁作毛坯，有时采用锻件毛坯。在特殊情况下，有时也采用锻-焊或铸-焊方法制造轴类零件的毛坯。

2. 盘套类零件

在盘套类零件中，除套类零件的轴向尺寸有部分大于径向尺寸外，其余零件的轴向尺寸一般小于径向尺寸、或两个方向尺寸相差不大。属于这一类的零件有齿轮、带轮、飞轮、模具、法兰盘、联轴节、套环、轴承环以及螺母、垫圈等，如图 9-2 所示。

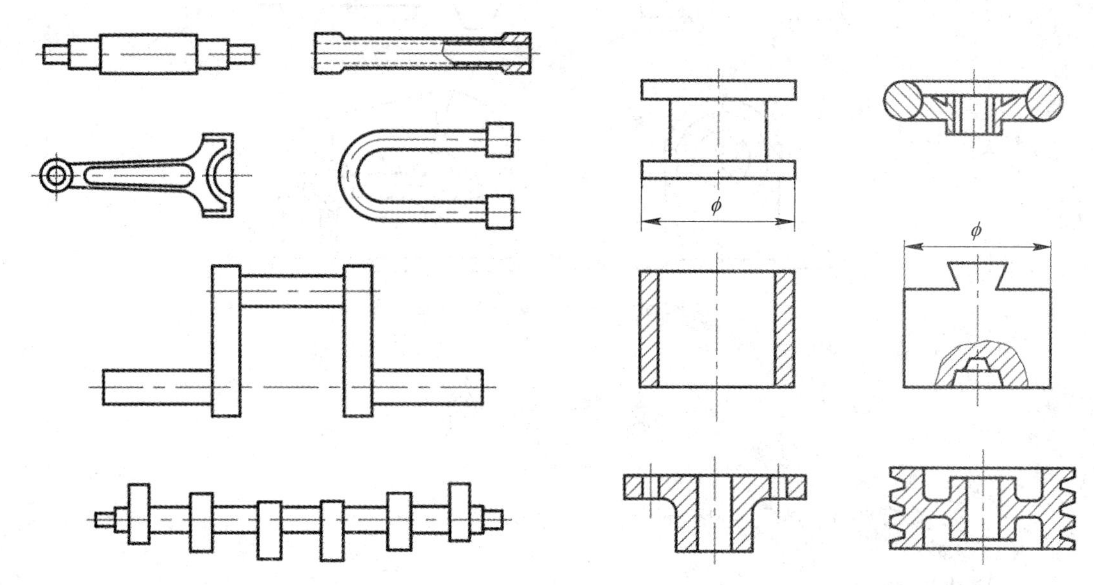

图 9-1　轴杆类零件　　　　图 9-2　盘套类零件

(1) 齿轮。齿轮是各类机械中的重要传动零件，运转时齿面承受接触应力和摩擦力，齿根要承受弯曲应力，有时还要承受冲击力。故要求齿轮具有良好的综合力学性能，一般选用锻钢毛坯。

(2) 带轮、飞轮、手轮和垫块等。这些零件受力不大、结构复杂或以承压为主的零件，通常采用灰铸铁件，单件生产时也可采用低碳钢焊接件。

(3) 法兰、套环等。根据工作情况、受力大小及尺寸、形状等，可分别采用圆钢、铸件或锻件为毛坯。

(4) 钻套、导向套、滑动轴承、液压缸、螺母等。这些套类零件，在工作中承受径向力或轴向力和摩擦力，通常采用钢、铸铁、非铁合金材料的圆棒材、铸件或锻件制造，有的可直接采用无缝管下料。在零件尺寸较小、大批量生产时，还可采用冷挤压和粉末冶金等方法制坯。

3. 机架、箱座类零件

常见机架、箱座类零件有床身、底座、支架、床头箱、轴承座、泵体、阀体和内燃机气缸体等，如图 9-3 所示。一般来说，这类零件的尺寸较大、结构复杂、薄壁多孔、设有加强筋及凸台等结构，重量由几千克到数十吨。要求具有一定的强度、刚度、抗震性及良好的切削加工性。

鉴于这类零件的结构特点和使用要求，通常都以铸件为毛坯，且以铸造性良好，价格便宜，并有良好耐压、减摩和减振性能的灰铸铁为主；少数受力复杂或受较大冲击载荷的机架类零件，如轧钢机、大型锻压机等重型机械的机架，可选用铸钢件毛坯，不易整体成形的特大型机架可采用连接成形结构；在单件生产或工期要求急迫的情况下，也可采用型钢—焊接结构。航空发动机中的箱体零件，为减轻重量通常采用铝合金铸件。

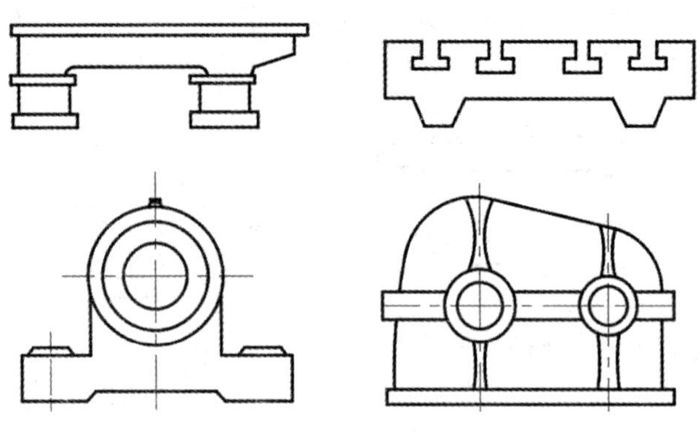

图 9-3　箱体、机架类零件

技能训练

一、轴类零件材料及毛坯制造工艺的拟定

1. 实训目的

(1) 练习选择轴类零件的材料和毛坯。

(2) 掌握轴类零件加工工艺路线。

2. 实训设备及用品

传动轴。

3. 实训指导

图 9-4 为单级圆柱齿轮减速箱的传动轴，是传动轴的典型结构，现仅就其材料和毛坯选择以及加工工艺路线的拟定进行介绍。

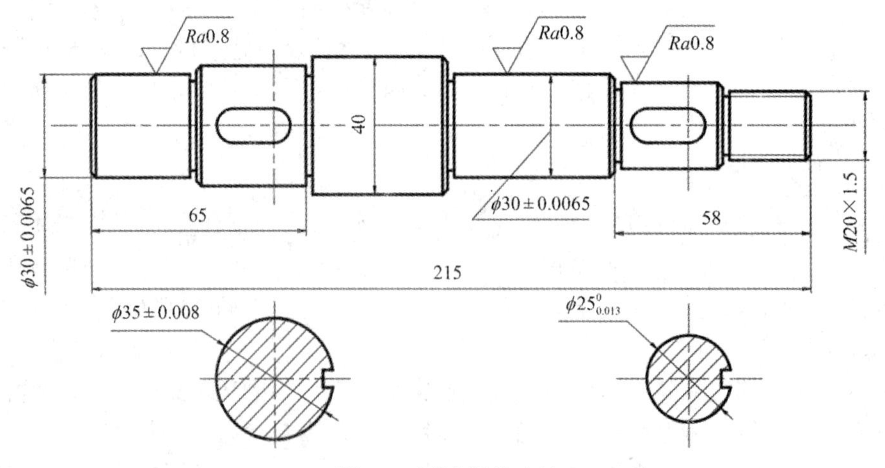

图 9-4　减速器传动轴

1) 材料选择

轴类零件最常用的材料为锻造或轧制的碳素钢和合金钢。近年来，采用球墨铸铁或合

金铸铁制造形状复杂的轴(如曲轴)已获得很大成功。随着铸造质量的进一步提高，“以铁代钢”将取得更加飞速的发展。

轴之所以最常用碳素钢和合金钢制造，是因为轴属于较为重要且精密的零件。轴本身要求足够的强度和刚度(包括变形刚度和接触刚度)、足够精确的尺寸和较小的表面粗糙度、与滑动轴承配合处的轴颈表面还应有高的硬度。因而轴的材料应具备优良的综合性能，而碳素钢和合金钢则满足这些要求。尤其是碳素钢，因其价格低廉，锻造工艺性能良好，对应力集中没有合金钢敏感，所以应用尤为广泛。

对载荷不大或不太重要时，轴的材料可用 Q235-A 钢等；载荷较大，较为重要时，以 45 号钢最为常用；重载，且轴的尺寸和重量受到限制时，或轴的工作条件恶劣时，则采用合金钢，如 40Cr、38CrMoAlA、1Cr18Ni9Ti 等。

综上所述，图 9-4 所示的传动轴以选 45 号钢为宜。

2) 毛坯选择

该轴尺寸不大，考虑到该轴的最大直径(ϕ40)与最小直径(ϕ20)差值不大，如单件小批量生产选圆钢毛坯即可。若批量较大选锻造毛坯为宜，考虑到该轴的尺寸和重量采用模锻是可行的。

3) 工艺路线的拟定

从结构上分析，图 9-4 所示的轴主要由六段圆柱组成，再加上两个键槽。从精度和粗糙度要求分析，轴有四段圆柱要求达到 IT6 级精度，其中安装齿轮的ϕ35 和ϕ25 尺寸和安装轴承的两个ϕ30 尺寸要求粗糙度 Ra 都为 0.8 μm。以上四段圆柱之间又要求较高的位置精度。根据该轴主要由圆柱构成和多数段均要求较高的加工精度和较小的粗糙度这一特点，在拟定工艺路线时，应以外圆表面的加工贯穿始终，将全轴的加工分成粗、半精和精加工三个阶段，而将键槽和螺纹的加工穿插于各加工阶段中。在加工开始应该在轴两端加工出中心孔，其作用是为加工时提供安装定位基准。

现将在大批量生产时，减速箱传动轴的加工工艺路线如表 9-1 所示，以供参考。

表 9-1　减速箱传动轴的加工工艺路线

工序	工序名称	工序内容	定位与夹紧
1	锻	锻造毛坯(模型锻造)	
2	热处理	正火	
3	粗车	粗车各段外圆及端面，打中心孔	中心孔、夹头
4	热修理	调质	
5	半精车	半精车各段外圆及端面、倒角	中心孔、夹头
6	研	研中心孔	外圆
7	精车	精车ϕ40、$M20 \times 1.5$ 至要求	中心孔、夹头
8	立铣	铣两处键槽	外圆
9	精磨	精磨ϕ35、ϕ25、ϕ30 至要求	中心孔、夹头

热处理(调质)安排在粗加工之后，是为了给热处理提供平整光滑的表面，以保证热处理的质量；安排在半精加工之前(有时也安排在精加工之前)，是为了通过半精加工(或精加工)修正热处理产生的变形。在精车后铣键槽，容易保证键槽深度，同时可防止精车时产生

断续切削以影响精车质量。

二、箱体类零件材料及毛坯制造工艺的拟定

1. 实训目的

(1) 练习选择箱类零件的材料和毛坯。

(2) 掌握箱类零件加工工艺路线的拟定。

2. 实训设备及用品

双级圆柱齿轮减速箱箱体。

3. 实训指导

箱体类零件按其结构特点可分为整体式和分离式。图 9-5 所示为双级圆柱齿轮减速箱箱体的结构简图，它由箱盖和底座两部分组成，在结构上属分离式箱体。现将其材料选择和加工工艺路线简单介绍。

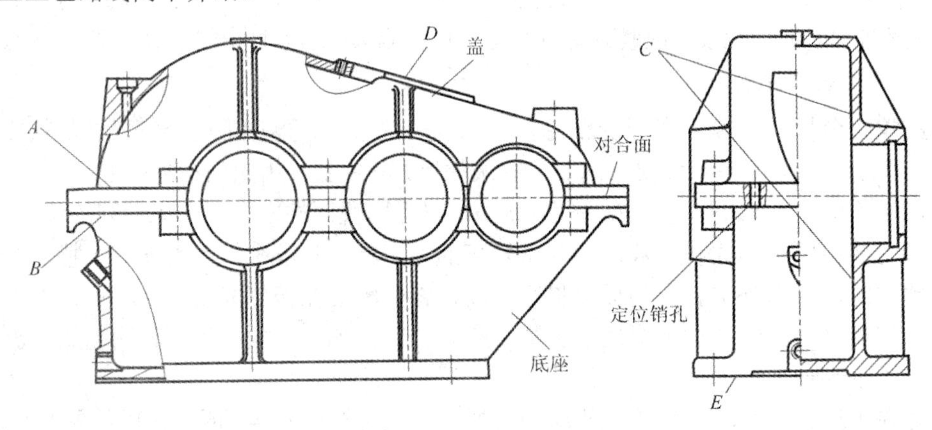

图 9-5　双级圆柱齿轮减速箱箱体

1) 材料选择

一般箱体类零件的材料常采用牌号 HT200 和 HT300 的灰铸铁。这是因为箱体形状较复杂，以采用铸造毛坯为宜，而在各种铸造合金中，又以铸铁成本最低，且铸铁的铸造性能与切削性能均较优良，更兼有良好的吸振性。只有在单件小批量生产中，为缩短生产周期、降低成本，才采用焊接的箱体。这是因为采用焊接箱体可省去制造木模、铸型及熔铁的费用及时间，有时也为减轻重量采用轻金属合金铸造，如航空发动机上的箱体多采用铝镁合金铸造。

如图 9-5 所示为中等尺寸的减速箱箱体，由于其上有较高精度的三对轴承孔，又承受了较大的载荷，故选用 HT300 灰铸铁铸造。

2) 毛坯选择

该箱体材料选用了 HT300 灰铸铁，显然以采用铸造毛坯为宜。如果该箱体生产批量较小，则应用木模手工造型；若生产批量大，则用木模机器造型或金属模机器造型为宜。

3) 工艺路线的拟定

由图 9-5 不难看出，箱体零件的结构要比轴的结构复杂得多，且要加工的部位多，表面形状多样(有平面、圆柱孔、螺纹孔、沟槽等)。此外，各主要加工表面有较高的精度和

较小粗糙度要求、相互之间又有较高的尺寸和位置精度要求、箱体壁较薄且厚薄不均匀。上述这些也是箱体类零件的共同特点，在拟定加工工艺时必须特别予以重视。

在拟定箱体的加工工艺时，一般都按平面-孔-平面-孔的加工顺序安排。这是因为箱体上孔的加工比平面的加工困难得多，先以孔为粗基准加工平面，再以加工过的平面为精基准反过来加工孔，可保证加工孔时定位可靠，余量均匀。

图 9-5 所示的分离式箱体的主要加工部位有轴承孔、结合面、底平面和两端面。在拟定其加工工艺路线时，必须考虑到其结构上可分离这一特点。在大批量生产该箱体时，其加工工艺路线可按表 9-2 分离式箱体的加工工艺路线所列的方案进行。

表 9-2　分离式箱体的加工工艺路线

工序	工序名称	工 序 内 容	定位与夹紧
1	铸造	铸造毛坯	
2	热处理	时效	
3	粗铣	盖各底座的结合面	盖以 *A* 面定位；底座以 *B* 面定位
4	粗铣	*D*、*E* 面和轴承孔两端面，均一次加工至尺寸	结合面及 *C* 面
5	精铣	结合面	盖以 *D* 面和轴承孔一端面定位；底面以 *E* 面和轴承孔一端面定位
6	钻	钻所有连接孔至尺寸，钻结合面上销孔	结合面和轴承孔端面
7	钳工	用螺栓将盖与底座连接，合铰结合面上两定位销孔，打入定位销，铰底面两定位孔	
8	粗镗	所有轴承孔	*E* 面及轴承孔一侧端面
9	精镗	所有轴承孔加工至尺寸要求，切孔的内槽	*E* 面及轴承孔一侧端面
10	钻	油面指示孔和出油孔	

项目小结

1. 零件选材的一般原则：使用性原则、工艺性原则和经济性原则。
2. 零件常见的失效形式：过量变形失效、断裂失效和表面损伤失效。
3. 毛坯选择的一般原则：适应性原则、经济性原则、可行性原则和兼顾现有生产条件原则。
4. 毛坯的种类包括铸件、锻件、冲压件、焊件以及型材等。

习　　题

1. 零件材料选择的一般原则都有哪些，各是什么意思？
2. 零件选材的基本步骤都有哪些？
3. 机械零件失效的基本概念是什么？在什么情况下可以认为零件已经失效？
4. 毛坯的分类有哪些(至少说出三种)？
5. 常用的机器零件按照其结构形状特征可分为哪几种？

参考文献

[1] 徐晓峰. 工程材料与成形工艺基础[M]. 北京：机械工业出版社，2017.
[2] 陈志毅. 金属材料与热处理[M]. 北京：中国劳动社会保障出版社，2007.
[3] 倪红军，黄明宇. 工程材料[M]. 北京：机械工业出版社，2021.
[4] 高红霞. 工程材料成形基础[M]. 北京：机械工业出版社，2021.
[5] 于文强，陈宗民. 工程材料与热成形技术[M]. 北京：机械工业出版社，2020.
[6] 姜敏凤，宋佳娜. 机械工程材料及成形工艺[M]. 北京：高等教育出版社，2020.
[7] 杜则裕. 焊接冶金学：基本原理[M]. 北京：机械工业出版社. 2018.
[8] 李荣德，米国发. 铸造工艺学[M]. 北京：机械工业出版社，2013.
[9] 范祖贤. 金工练习册[M]. 北京：机械工业出版社，2000.
[10] 崔忠圻. 金属学与热处理[M]. 北京：机械工业出版社，2011.
[11] 徐跃，张新平. 工程材料及热成形技术[M]. 北京：国防工业出版社，2015.
[12] 邓文英. 金属工艺学[M]. 北京：高等教育出版社，2000.
[13] 李新成. 材料成形学[M]. 北京：机械工业出版社，2006.
[14] 程晓宇. 工程材料与热加工技术[M]. 西安：西安电子科技大学出版社，2017.
[15] 石德珂. 材料科学基础. 北京：机械工业出版社，1999.
[16] 束德林. 金属力学性能. 北京：机械工业出版社，2001.
[17] 孙玉福. 实用工程材料手册[M]. 北京：机械工业出版社，2014.
[18] 彭成红. 机械工程材料综合实验[M]. 广州：华南理工大学出版社，2017.
[19] 张福润. 机械制造技术基础[M]. 武汉：华中科技大学出版社，2000.
[20] 朱张校，姚可夫. 工程材料习题与辅导[M]. 北京：清华大学出版社，2011.
[21] 张勇，陈明彪，杨潇，等. 先进高熵合金技术[M]. 北京：化学工业出版社，2019.